高等学校电子信息类系列教材

Linux 操作系统

孙　斌　主编

陕西开放软件技术研究所　组编

西安电子科技大学出版社

内 容 简 介

计算机操作系统是任何一台计算机不可或缺的系统软件，Linux 操作系统随着开源软件的自由交流与推广，深入应用到千万台电脑与移动终端设备上，今后还将进一步继续深入普及应用到人们生活的点点面面，掌握 Linux 操作系统的应用将成为了全球网络时代的一项基本技能。

本书深入浅出地介绍了 Linux 操作系统的应用、管理与编程方法。本书各个章节内容包括：概述、Linux 系统安装、Linux 用户接口、Linux 文件管理、Linux 磁盘管理、Linux 系统管理、Linux 网络管理、Linux 常用工具、Shell 编程、Linux C 编程、C++编程。

本书可作为国家工业与信息化部教育考试中心 —— 全国信息化人才培养工程《Linux 系统操作员》技术认证考试的教学用书，也可作为高等学校电子信息类专业学生的教材，同时可作为计算机软件技术爱好者的参考用书。

图书在版编目(CIP)数据

Linux 操作系统 / 孙斌主编. —西安：西安电子科技大学出版社，2011.2(2021.7 重印)
ISBN 978-7-5606-2454-9

Ⅰ. ① L…　Ⅱ. ① 孙…　Ⅲ. ① Linux 操作系统　Ⅳ. ① TP316.89

中国版本图书馆 CIP 数据核字(2010)第 248849 号

策　　划　毛红兵
责任编辑　南　景　张　玮　毛红兵
出版发行　西安电子科技大学出版社(西安市太白南路 2 号)
电　　话　(029)88202421　88201467　　邮　　编　710071
网　　址　www.xduph.com　　电子邮箱　xdupfxb001@163.com
经　　销　新华书店
印刷单位　广东虎彩云印刷有限公司
版　　次　2011 年 2 月第 1 版　2021 年 7 月第 4 次印刷
开　　本　787 毫米×1092 毫米　1/16　印　张　18
字　　数　415 千字
定　　价　42.00 元
ISBN 978-7-5606-2454-9/TP
XDUP 2746001-4
如有印装问题可调换

序

Linux操作系统软件是自由软件和开放源代码发展中最著名和最成功的范例，它是集中了世界各地成千上万名程序员的智慧和经验设计和实现的。这个系统是一个多用户、多任务、支持多线程和多CPU的操作系统，是不受任何商品化软件的版权制约的、全世界都能免费自由使用的产品。与传统的商品操作系统，如Unix和Windows等相比，它具有使用与维护成本低、安全性和可信度高、不受厂商的约束等优势，已成为越来越多的网站服务供应商们首选的操作系统平台。随着Linux应用的广泛普及和推广，以及培训学习需求的不断扩大，编写和出版高质量的讲授Linux操作系统的书籍与教材便显得相当重要。

很多关于Linux操作系统的论著和教材，多仅限于理论和原理的讲解，或者流于一种用户操作手册式的说明。这样的书籍不仅枯燥乏味，也给读者的学习、理解和操作应用带来相当大的困难。

本书由多位常年使用和研究Linux操作系统，具有丰富实践经验和较高的学术水平的专家所编写。本书有别于同类的书籍和教材，具有鲜明的特色和时代特征。该书主要特点是遵照国家"十二五"高等教育规划教材的要求，以全新的讲解角度与思路编写，从实际应用与编程开发的角度考虑，针对服务器、网络、应用网络类软件中实际问题的解决，适合于各种类型和不同层次的读者学习。该书编者还都有长期的教学经验，对学生的认知规律、实践过程及学习吸收能力比较了解，克服了枯燥的纯理论讲解的弊端，图文并茂，生动地将各个复杂专业问题简单而具体化，既有启发性又有思想性。本书特别弥补了其它教材的不足之处，增添了常被忽略和遗漏的重要内容。无论何种程度的读者，在阅读完本书后都会有一定程度的提高与进步。此外本书还尽可能地融入了一些最新的技术和概念，力图跟上时代的步伐，满足时代的需求。

本书最大优势在于它根植于实践，其编著过程本身就是一个教学实践的过程，是一种将传统与创新相融合的过程。考虑到适用于不同教学对象的差异性，该书曾在西安电子科技大学、西北工业大学、西北大学、苏州大学、西南民族大学等诸多知名高校的不同专业中试用，成效显著。本书在教学实践中得到了不断的完善和提高，该书的再次印刷，将进一步满足广大读者全面学习、了解和使用Linux操作系统的急需。

新世纪带来了新挑战。为促进我国信息化的进程，普及计算机的专业知识，我国计算机基础教育水平，尤其是各大高等学校的计算机教育水平亟待提高。这对计算机教材的编写出版提出了更高的要求。在这里，我向广大计算机爱好者推荐此书。希望广大读者通过该书的学习，不仅在专业知识和能力上有所提高，更希望能在此基础上实现一些新的创造，开发出具有特点的、高质量的应用软件成果，这正是我们这些老一代计算机科学工作者长期追求和殷切期待的事情。

我衷心希望能有更多这样的具有先进性和实用性的教材出版问世，这是一项意义重大且影响深远的工作。

西北大学　教授

郝克刚

2014年1月17日

高等学校电子信息类专业系列教材

编 审 委 员 会

前　言

计算机操作系统软件是任何一台计算机硬件都不可或缺的系统级软件。随着Internet的大规模应用的普及，Linux操作系统的开放性、可移植性等诸多技术优势，使其在移动终端、网络服务器、大规模云计算、云存储平台领域的占有率持续增长；同时，Linux系统也是移动终端的嵌入式操作系统的一个极具吸引力的必选系统。

本书结合最新的Linux应用技术，深入浅出地介绍了Linux操作系统的应用管理及编程方法，已满足广大师生及计算机软件技术爱好者和软件开发人士要求快速掌握并自如应用Linux操作系统的需求，以期更好的推广Linux操作系统，让更多人掌握这门开源技术。

本书共分11章，对Linux操作系统的应用进行了全方位的讲解，内容涉及Linux系统的安装，其用户接口、文件管理、磁盘管理、系统管理和网络管理等功能，以及Shell编程、Linux C 编程和 C ++编程等。笔者结合多年的经验撰写本书，通过对理论内容的详解和典型案例的精选，力图以理论和实际相结合的方式把Linux及其相关技术与知识展现给高等学校学生和想快速掌握这类知识的相关人士。

我所经国家工业与信息化部教育考试中心授权，开发“全国信息技术人才培训工程”的Linux系统操作员技术认证考试，本教材作为该考试用书，由陕西开放软件技术研究所主持，孙斌所长主编、李万东、齐晓斐、李志刚、刘世伟、王泽华、赵飞、刘伟副主编共同编撰完成。其中，第1章、第2章、第3章、第7章由孙斌编写；第8章、第10章、第11章由李万东副教授编写；第4章、第5章、第6章、第9章由齐晓斐副教授编写。西北工业大学李志刚 负责本书全文的编辑与修订。

本书编写过程中，李学干教授、张继刚副所长、程明定教授、齐长远教授等行业资深专家与学者在百忙之中，给予了诸多宝贵的意见。在此，感谢拥有国产自主知识产权红旗Linux的红旗教育学院的贺唯佳院长的大力支持，同时感谢西安电子科技大学出版社臧延新副社长、毛红兵主任对本书出版的大力支持。

由于时间仓促，书中难免有错误或不妥之处，请与作者联系，予以商榷和修订，E-mail:msacom@126.com，www.oetc.cn

作者

2010年10月24日于西安

目　　录

第 1 章 概 述

Linux 是现今工业、信息技术业、金融业、商业等多个行业及高校、研究所、军队等机构广为采用的网络操作系统，其高效率、灵活性、方便性、可移植性、防抗病毒能力等优势已使它成为主流的操作系统之一，其发展速度快于 Unix、Windows、Solaris、Mac、NetWare 等操作系统。本着自由软件基金会(Free Software Foundation)的自由、开源精神，Linux 在软件开发与应用和 Internet 的广泛普及中扮演着愈来愈重要的角色。

1.1 Linux 操作系统简述

1.1.1 自由软件简介

软件按其提供的方式和是否赢利可分为三种模式，即商业软件(Commercial Software)、共享软件(Shareware)和自由软件(Freeware 或 Free Software)。

商业软件是指由开发者出售拷贝，提供软件技术服务，用户只有使用权，不能非法进行拷贝、扩散和修改的软件。共享软件是指由开发者提供软件试用程序拷贝授权，用户在使用该程序拷贝一段时间后，必须向开发者缴纳使用费，开发者则提供相应的软件升级和技术服务。自由软件则是指由开发者提供全部源代码，任何用户都有权使用、拷贝、扩散、修改该软件，同时也有义务将自己修改过的程序代码公开，但不可在分发时加入任何限制。

自由软件的自由(Free)有两层含义：其一是可自由下载，供任何用户使用；其二是它的源代码公开和可自由修改。所谓可自由修改是指用户可以对公开的源代码进行修改，以使自由软件更加完善，还可在对自由软件进行修改的基础上开发上层软件。

自由软件的出现给人们带来了很多的好处，最明显的是软件的性能价格比高。其次，自由软件的源代码公开，可吸引更多的开发者参与软件的查错与改进(Peering)。

1.1.2 Linux 及 Linux 操作系统

Linux 是一个基于开源文化、可供自由下载的类 Unix 系统，它属于自由软件范畴，其源代码在网络上自由、公开。编制开发它的一个主要目的是建立不受任何商品化软件版权制约、全世界都能自由使用的 Unix 兼容产品。而 Linux 操作系统是指基于 Linux 内核(Linux Kernel)以及各个功能性开源应用组件，同时根据不同地域文化和市场需要结合其它商业技术组件而构造成的商业化操作系统平台产品，可用于现实商业技术服务应用。通常说的 Linux 泛指可实际运用的 Linux 操作系统的发布版本。

1.1.3　使用 Linux 的原因

Linux 是具有 Unix 系统全部功能的操作系统，也是主要基于自由软件技术组合而成的系统，用户可以自由下载该软件及其源代码，还可以同时获得大量的应用程序，而且可以任意地对其进行修改和补充。这对用户学习、了解 Linux 操作系统的内核非常有益。学习和使用 Linux，不仅要了解其优秀的技术架构和源代码，还要领会其广博的文化思想，以及其鼓励创新的意识与理念。

Linux 引起众多用户感兴趣的主要原因有：

(1) Linux 迎合了实际的需要，对软件开发人员来说，在实际工作中迫切需要这种效率高、故障低、方便、实用、占用存储空间小、防病毒、抗攻击的系统；

(2) 可以站在技术前沿，和高手交流，学习掌握核心技术，并能尽情发挥自己的优势，不断提高自己的计算机软件、网络和应用系统的专业水平；

(3) 对实际工作有好处，计算机系统技术是个边缘学科，可以和任何人所从事的行业、工作领域的实际工作相结合，通过修改 Linux 使之更符合实际应用的要求；

(4) 物美价廉，投入成本低；

(5) 有利于嵌入式、Internet 等技术的高效发展。

1.2　Linux 的起源与发展

1.2.1　Linux 操作系统的产生

Linux 最初是芬兰赫尔辛基大学计算机系大学生 Linus Torvalds 在 1990 年末至 1991 年的几个月中为了完成自己的操作系统课程和上网用途而编写的。他在自己的 Intel 386 PC 机上，利用 Andrew Tannebaum 教授设计的微型 Unix 操作系统 Minix 作为开发平台。开始，Linus 并没有想到要编写一个操作系统的内核，更是没有想到他的工作会在计算机界产生如此重大的影响。最初他只是设计了一个进程切换器，然后又为上网需要而自行编写了终端仿真程序，再后来又为从网上下载文件而编写了硬盘驱动程序和文件系统，这时他发现已经实现了一个几乎完整的操作系统内核。这就是最初的 Linux。不过，0.0.1 版本的 Linux 必须在装有 Minix 的机器上编译以后才能运行。之后，Linus 抛开 Minix，重新开发了一个全新的系统，该系统能运行在 386、486 个人计算机上，并且具有 Unix 操作系统的全部功能。他在 1991 年 10 月 5 日推出了以此为基础的 Linux 0.0.2 版。出于对这个内核的信心和美好的奉献精神与发展希望，Linus 希望这个内核能够免费扩散使用。谨慎的他并没有在 Minix 新闻组中公布它，而只是于 1991 年底在赫尔辛基大学的一台 FTP 服务器上发了一则消息说，用户可以下载 Linux 的公开版本(基于 Intel 386 体系结构)和源代码。从此以后，奇迹开始发生了。

Linux 的兴起可以说是 Internet 创造的一个奇迹。到 1992 年 1 月为止，全世界大约只有 100 个用户在使用 Linux，但由于它是在 Internet 上发布的，使得任何人在任何地方都可以通过上网得到 Linux 的源代码，并可通过电子邮件发表评论或者修改源代码。这些 Linux 的爱好者大部分是以 Linux 作为学习对象的大专院校的学生，也有将 Linux 作为研究对象的科研院所的工作人员，当然也有一些大名鼎鼎的黑客，他们提供了所有 Linux 发展初期的上载代码和评论。后来，事实证明这一自由性质的活动对 Linux 的发展至关重要。正是在众多自由软件爱好者的共同努力下，Linux 在很短的时间里成为了一个功能完善、性能可靠、运行稳定的操作系统。

1.2.2 Linux 操作系统的发展

随着 Internet 的发展，网络安全、网络服务器的效率已为人们广泛关注，而 Linux 的高安全性、高效率满足了人们的需求。目前，国际上已有许多一流的企业和团体在进行 Linux 系统的进一步开发，其中包括 NASA、迪斯尼、洛克希德、通用电气、波音、Emst&Yound、UPS、Nasdaq 以及多家美国一流的大学等；同时，嵌入式 Linux 操作系统也正在以惊人的速度在各个行业发展。在国内也有多家公司在从事 Linux 的发展与推广工作。其中，拥有我国自主知识产权的红旗 Linux 操作系统是由北京中科红旗软件技术有限公司主导开发的。目前，红旗 Linux 操作系统已在电信、邮政、航空、航天及通信领域和嵌入式设备、智能仪器仪表等诸多方面得到了广泛应用。

1.2.3 Linux 操作系统的未来

Linux 的未来非常光明。作为开放源代码的操作系统，Linux 的开发模式帮助其在发展和增加新特性的速度上超过了其它服务器操作系统。同样，价格低廉和技术支持广泛的特性也使 Linux 在同一层次的环境下比其它竞争性平台更具吸引力。

作为 Linux 发展的一个方向，其可以支持的硬件设备种类快速增加。Linux 与 Unix 的集成也已成为 Linux 技术发展的新方向。通过与 Unix 的集成能够提高 Linux 的可扩展性，从而能够适应直线上升的硬件性能。尽管目前的 Linux 离运行 128 个或 256 个处理器还有差距，但很明显，Linux 与 Unix 之间的距离正在急剧缩小。与此同时，Linux 的内核也在不断地升级，最新的 Linux 内核提供了对大量处理器芯片的支持，如增加了对 IA-64、S/390、SuperH 等体系结构的支持。相应地，目前主要的 Linux 厂商也已推出了基于 64 位 Intel Itanium 架构的 Linux 版本。

Linux 在存储领域的应用也充分显示了其特有的优势。一方面，Linux 系统越来越成熟，并有很好的网络支持和文件系统支持。Linux 支持几乎所有主流的网络硬件、网络协议和文件系统，是 NAS(网络附加存储)的一个很好的平台。另一方面，由于 Linux 有很好的文件系统支持，因此也是数据备份、同步和复制的很好的平台。再之，在 SAN(存储区域网络)领域，可以利用 Linux 系统和一般硬件作为存储服务器，这使得 Linux 在存储服务的主要领域起到了很大的作用。

服务竞争日益成为 Linux 厂商之间竞争的焦点，服务竞争进一步加剧的主要结果表现在：一是服务涵盖的范围越来越广，服务不单单指售后服务，还包括售前、售中阶段的服务；二是服务包含的项目越来越多，包括咨询、培训、实施等多种内容；三是服务的方式越来越多，包括电话、电子邮件、现场、呼叫中心等多种方式的服务；四是服务的分工越来越细；五是服务越来越灵活，能做到恰到好处的服务。目前，很多 Linux 厂商都把不同的服务交给不同的部门甚至不同的公司或有可靠把握的专业人士来做，其目的就是使服务更加专业化。

提供客户化解决方案是服务竞争的重要内容。随着 Linux 被越来越多的用户承认和接受，为用户提供基于 Linux 的解决方案便成为 Linux 领域新的经济增长点。在众多的解决方案中，尽管也存在和行业应用关系不大的邮件管理解决方案、OA 解决方案等，但是更多的还是和行业特殊应用紧密相关的、专门针对行业的解决方案，并且目前在这一领域成功的案例正逐渐增加。因此，无论是厂商还是用户都更加看好这一市场前景，使得 Linux 的开发在未来更加关注行业应用。

1.3 Linux 的技术特性

Linux 操作系统在短短的几年之内能得到迅速的发展，当然与 Linux 具有的良好技术特性相关。Linux 包含了 Unix 的全部功能和特性。简单地说，Linux 具有以下主要技术特性：

(1) 开放性。Linux 遵循开放系统互连(OSI)国际标准，可与遵循国际标准所开发的硬件和软件彼此兼容，可方便地实现互连。另外，源代码开放的 Linux 内核及组件构成的操作系统发布产品，可通过自由下载而方便地获得，而且使用 Linux 可节省费用。Linux 开放了源代码，使用户能控制源代码，并按照需要对部件混合搭配，建立自定义扩展。

(2) 多用户。多用户是指系统资源可以被不同用户各自使用，互不影响，每个用户对自己的资源(如文件、设备)有特定的权限。Linux 系统是通过配置严格权限访问管理机制来实现此功能的。

(3) 多任务。多任务是指计算机同一时间内可执行多个程序，而且各个程序的运行互相独立。这是现代计算机的一个最主要的特点。Linux 系统调度可以实现每一个进程平等地访问微处理器，从而实现多任务机制。

(4) 高可靠的稳定性。Linux 可以连续运行数月、数年而无需重新启动。与 NT(经常死机)相比，这一点尤其突出。即使作为一种台式机操作系统，与许多用户非常熟悉的 Unix 相比，它的性能也显得非常优越。Linux 没有苛刻的对 CPU 速度的要求，可以把处理器的性能发挥到极致。在使用中用户会发现，系统性能的提高主要受限于其总线和磁盘 I/O 的性能。

(5) 良好的用户界面。Linux 向用户提供了三种界面：用户命令界面、系统调用界面和图形用户界面。

(6) 丰富的网络功能。Linux 是在 Internet 基础上产生并发展起来的，因此，完善的内置网络是 Linux 的一大特点。Linux 在通信和网络功能方面优于其它操作系统。

(7) 高可靠的安全性。Linux 采取了许多安全技术措施，包括对读/写进行权限控制、带保护的子系统、审计跟踪、核心授权等，这为网络多用户环境中的用户提供了必要的安全保障。

(8) 良好的可移植性。可移植性是指将操作系统从一个平台转移到另一个平台后，仍然能按其自身方式运行的能力。Linux 是一种可移植的操作系统，能够在从微型计算机到大型计算机的任何环境中和任何平台上运行。可移植性为运行 Linux 的不同计算机平台与其它任何机器进行准确而有效的通信提供了保障，而不需要另外增加特殊和昂贵的通信接口。

(9) 标准兼容性。Linux 是一个与 POSI(Portable Operating System Interface)相兼容的操作系统，它所构成的子系统支持相关的 ANSI、ISO、IETF 和 W3C 等业界标准。为了使 Unix

system V 和 BSD 上的程序能直接在 Linux 上运行，Linux 还增加了部分 system V 和 BSD 的系统接口，使 Linux 成为一个完善的 Unix 程序开发系统。Linux 也符合 X/Open 标准，具有完全自由的 X Windows 实现。另外，Linux 在对工业标准的支持上做得非常好。各 Linux 发布厂商都能自由获取和接触 Linux 的源代码，但各厂家发布的 Linux 仍然缺乏标准，尽管这些差异非常小。它们的差异主要存在于所捆绑应用软件的版本、安装工具的版本和各种系统文件所处的目录结构。

1.4 Linux 的版本

Linux 的版本号分为两部分，即内核(Kernel)版本与发行(Distribution)版本。

1.4.1 Linux 的内核版本

内核版本是在 Linus 领导下的开发小组开发出的系统内核的版本号。内核版本号由 3 个数字与版本序列分隔符 r、x、y 组成。其中，r 代表目前发布的 Kernel 主版本；x 若为偶数则表示稳定版本，x 若为奇数则表示处于开发中的版本；y 表示修改错误和补充的次数。

一般来说，x 位为偶数的版本，表明这是一个可以使用的稳定版本，例如 2.4.4。若 x 位为奇数的版本，一般版本中加入了一些新的内容，不一定很稳定，或是测试版本，例如 2.1.111。Asianux 3.0 使用的内核版本是 Linux 2.6.9。

时至今日，Linux 的内核仍旧由 Linus 领导下的开发小组维护，可以访问 http://www.kernel.org 获得最新的参考。

1.4.2 Linux 的发行套件版本

发行套件版本是一些组织或厂商将 Linux 系统内核与应用软件和文档包装起来，并提供方便的安装界面、系统设置与管理工具的一种完整的 Linux 操作系统。目前全世界已经有上百种各类发行版本，而且数量还在不断地增加。例如，最常见的 Linux 发行套件版本有：Red Flag Linux、Red Hat Linux、Debian Ubuntu Linux、Fedora 等。发行套件的版本号随发布者的不同而不同，它与系统内核的版本号是相对独立的。

下面简要介绍一些较知名的 Linux 发行套件版本。

Red Hat Linux 是现今较成熟的一种 Linux 发行版本，是由其创始者 Bob Young 在 1995 年成立 Red Hat 公司时开发的。Red Hat Linux 以朴实、简洁、稳定的特点著称，是作为教学及商业应用的比较好的平台。Debian Ubuntu(国际音标：/ùbúntú/)Linux 是一个以桌面应用为主的 Linux 操作系统，基于 Debian 发行版和 GNOME 桌面环境。Ubuntu 覆盖了所有的桌面应用程序，从文字处理、电子表格到 Web 服务器和开发设计环境一应俱全。Red Flag(红旗)Linux 是我国自主知识产权的 Linux 发行版本，由北京中科红旗软件技术有限公司开发，同时，联合我国、日、韩、越、泰推出的 Asianux 技术标准，成为引领亚洲 Linux 技术的一面旗帜。该系统的特点是：中文环境、操作简便、功能强大、技术开发实力强，在业界有很强的权威性与知名度。

后面的章节主要介绍由北京中科红旗软件技术有限公司领导，联合日本 Miracle Linux 公司和韩国韩软公司在北京共同开发的 Asianux 操作系统和与其相关的开源软件。

本章小结

Linux 是一个发展迅速的网络操作系统，其以稳定、实用、抗攻击、防病毒、满足现实需要而著称。工业和信息技术的发展需要软件的支撑，Linux 以它所具有的一系列特点，如开放性、多用户、多任务、容易操作的用户界面、设备独立性以及丰富的网络功能等，而占据了一定的技术与市场优势。此外，本章还介绍了 Linux 的内核版本与发行版本的含义以及它们的区别。

习　题

1．简述 Linux 操作系统的优点。

2．市面上众多的 Linux 版本有何异同？

3．Linux 是多用户多任务的环境，何谓多任务(Multitask)与多用户(Multiuser)?

4．试说明什么是 GUI。

第 2 章　Linux 系统安装

随着 Linux 应用的不断发展，越来越多的用户开始感受到使用这一操作系统的益处，故基于这一环境下的教学、开发和应用日益增多。本章将详细介绍 Asianux 3.0 的安装过程，使读者对 Linux 系统有一个初步的了解。

2.1　Linux 安装前的准备

2.1.1　Linux 安装对硬件的要求

现以 Asianux 3.0 为例，说明要成功安装 Asianux 3.0 所需的最低硬件需求。

1. 对计算机系统 CPU 的要求

以采用的 Pentium 系列产品为例，文本模式下 200 MHz Pentium 系列就可安装且不限制更高配置；而图形模式推荐 400 MHz Pentium Ⅱ以上且不限制更高配置。

2. 对硬盘空间的要求

对硬盘空间的要求可根据用户数据和用户需要来确定，但若定制安装，至少要占用 475 MB 的硬盘存储空间；对于服务器系统，至少要占用 850 MB 的硬盘存储空间；对于个人桌面系统，如个人 PC 机，要占用 1.7 GB 的硬盘存储空间；对于工作站，要占用 2.1 GB 的硬盘存储空间；对于定制安装，Linux 的全部系统要占用 5.0 GB 的硬盘存储空间。

3. 对内存的要求

Linux 在文本模式下，要求不得小于 64 MB 的内存空间；而在图形化模式下，要求不得小于 128 MB 的内存空间，建议使用 192 MB 及以上的内存存储空间。

2.1.2　Linux 安装方式

Linux 系统安装方式分为两种：一种为本地安装，即利用本地存储设备进行安装；另外一种为网络安装。本地安装又分为本地光盘驱动器安装、本地硬盘安装和 U 盘安装等。网络安装又分为远程 NFS 安装、远程 FTP 安装和远程 HTTP 安装。

2.1.3　安装 Linux 前的磁盘分区

在安装 Linux 之前，应该先了解一些关于硬盘和分区的知识。硬盘是最为重要的硬件设备之一。通常，操作系统都要先安装到计算机的硬盘上，然后才能使用。当今绝大多数计算机操作系统都要求将系统安装在本地硬盘上。

硬盘有 IDE、SCSI、SATA、SATA II 等多种常用接口。SCSI 接口的硬盘读/写速度快但价格较贵；IDE 接口的硬盘读/写速度慢却价格便宜；SATA 以较高硬盘读/写速度与低于 IDE 硬盘的价格逐渐取代了桌面计算机 IDE 硬盘的地位。但是，要求较高的服务器应该选择使用 SCSI 接口的硬盘。

硬盘使用前要进行分区。对 MBR(Master Boot Record，硬盘主引导记录) 所在的磁盘，一块硬盘最多可创建 4 个主磁盘分区，或 3 个主磁盘分区加一个扩展分区。在扩展分区内，可创建多个逻辑驱动器，即可以划分多个逻辑分区。

2.2　安装与卸载 Linux

2.2.1　安装 Linux

1. 安装引导

安装 Linux 首先要将光盘放入光驱，并重新引导计算机。计算机重新启动后会出现如图 2-1 所示的界面。直接按 Enter 键即可进行有图形界面的 Linux 安装。

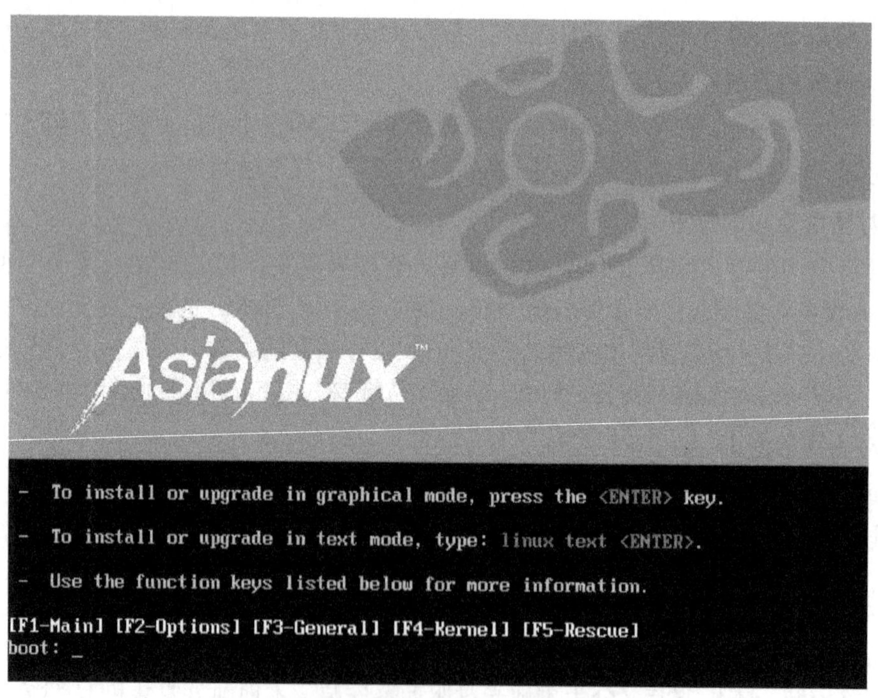

图 2-1　Asianux 3.0 的安装引导开始信息

2. 选择使用语言

在安装过程中需要确定 Linux 系统或应用软件系统使用的语言，我国大陆地区用户基本选择简体中文，港澳台地区和一些使用中文的其它地区或国家的用户一般选繁体中文，如图 2-2 所示。

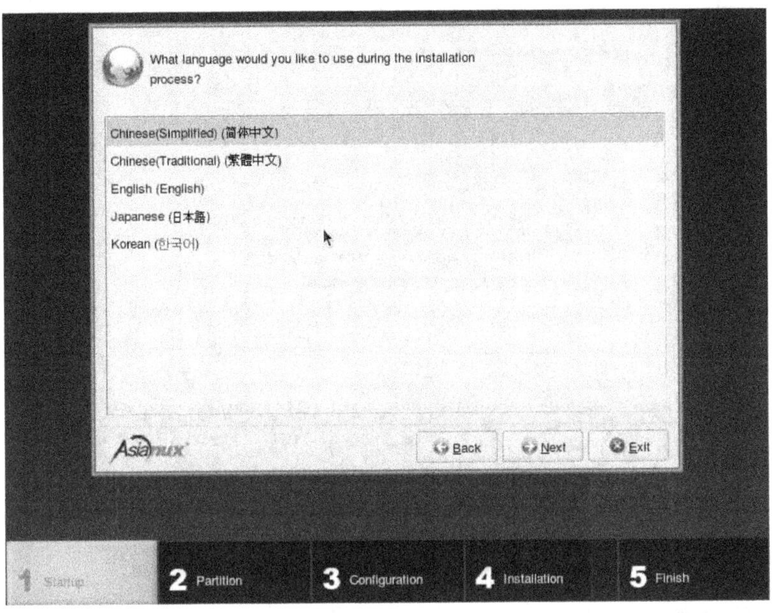

图 2-2　安装过程中的语言选择

3. 选择键盘类型

键盘类型有英语键盘和日语键盘可供选择，通常选择英语键盘，如图 2-3 所示。如满足日文服务或专门为日本订做或开发的软件，可选日语键盘。

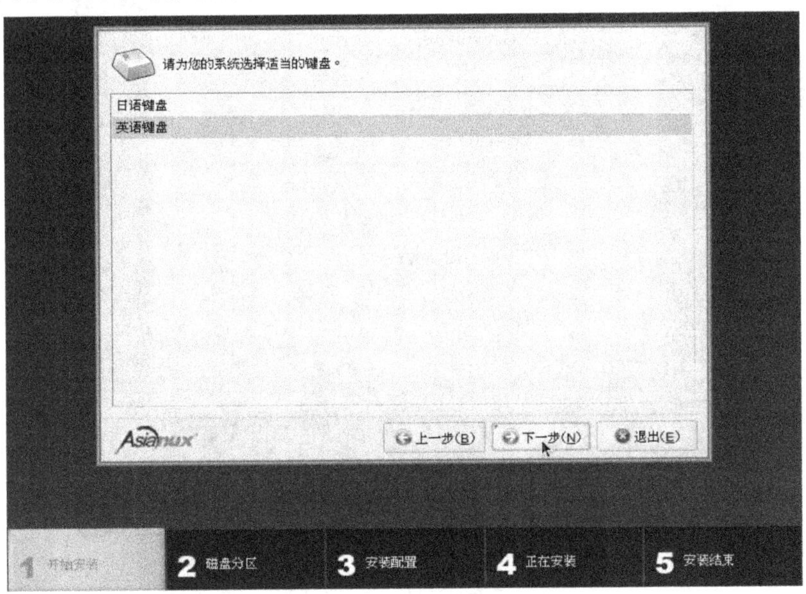

图 2-3　选择键盘类型

4. 确定是否初始化驱动器

确定创建新分区时是否对驱动器初始化，如图 2-4 所示。可按照需要确定是否初始化，若安装前计算机系统已分配好存储空间，则选否(N)；否则，选是(Y)。

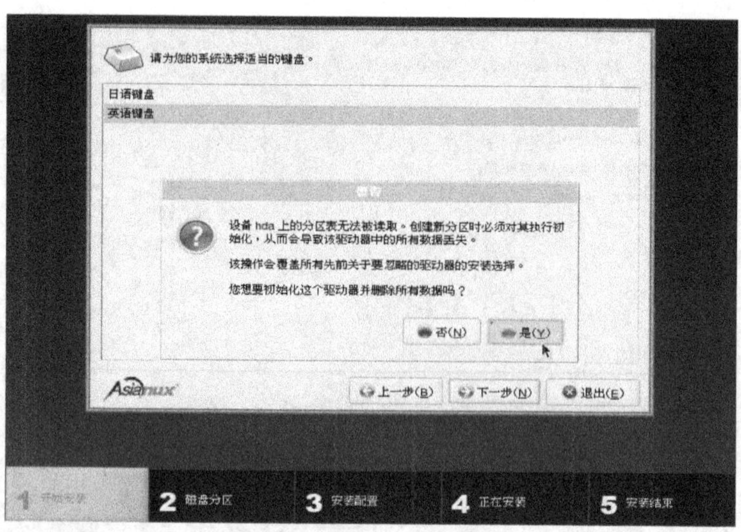

图 2-4　创建新分区时是否初始化提示界面

5. 选择分区方式

若在上一步中选择初始化，则开始磁盘分区，首先进入如图 2-5 所示的选择分区方式的界面。选择分区有两种方式：默认分区和建立自定义的分区结构。建议使用“建立自定义的分区结构”，选择后，单击“下一步”继续。

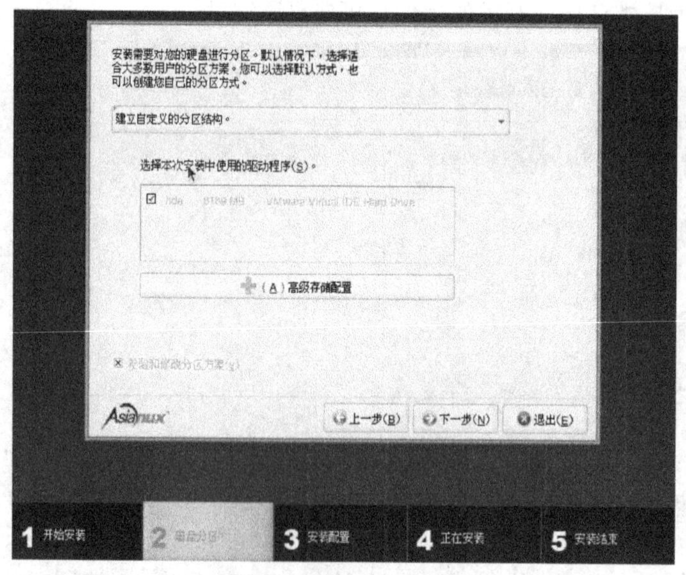

图 2-5　选择分区的方式

6. 磁盘分区方案

安装 Asianux 3.0 至少要创建一个“/”根分区和一个“SWAP”分区。最简单的办法是在硬盘上创建两个分区，创建第一个分区为“/”根分区，创建第二个分区为“SWAP”分区。但这一分区方案，是将所有的数据(包括系统程序和用户数据)都存放在“/”根分区内，系统安全性较差。所以对于系统要解决网络功能服务器的应用，建议采用如下的解决方案：

创建第一个分区为“/”根分区，存放系统文件(建议分区空间 1 GB)；

创建第二个分区为“/boot”分区，存放 Linux 的启动程序(建议分区空间 3 GB)；

创建第三个分区为“/usr”分区，存放 Linux 的应用程序(建议分区空间 3 GB)；

创建第四个分区为“SWAP”分区，用整个交换分区来提供虚拟内存，其分区大小一般应是系统物理内存的 2 倍。

创建硬盘分区相当于执行 DOS/Windows 下的 fdisk 命令，构建文件系统相当于执行 DOS/Windows 下的 format 命令。Windows 环境下的文件系统类型是 FAT32(Linux 下称为 vfat)或 NTFS，而 Linux 环境下的文件系统类型则是 EXT3，SWAP 分区的文件系统类型是 swap。

要创建分区和文件系统，需要在如图 2-6 所示的界面中单击“新建”按钮。图 2-7～图 2-9 为创建分区和文件系统的过程。

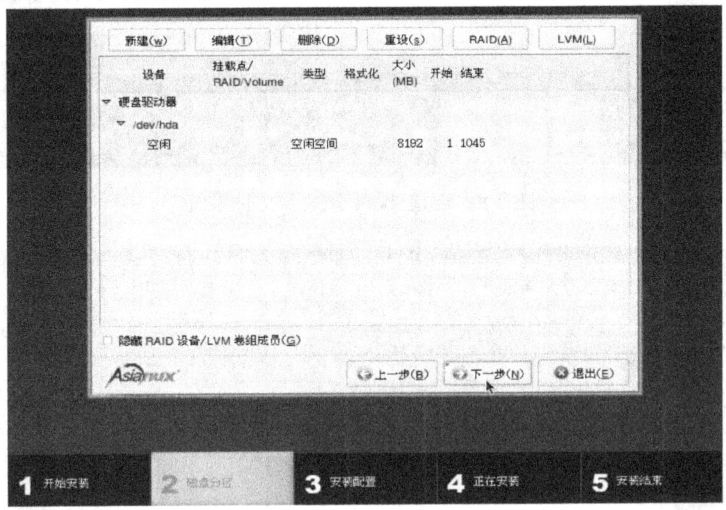

图 2-6　安装 Linux 之前的磁盘分区情况

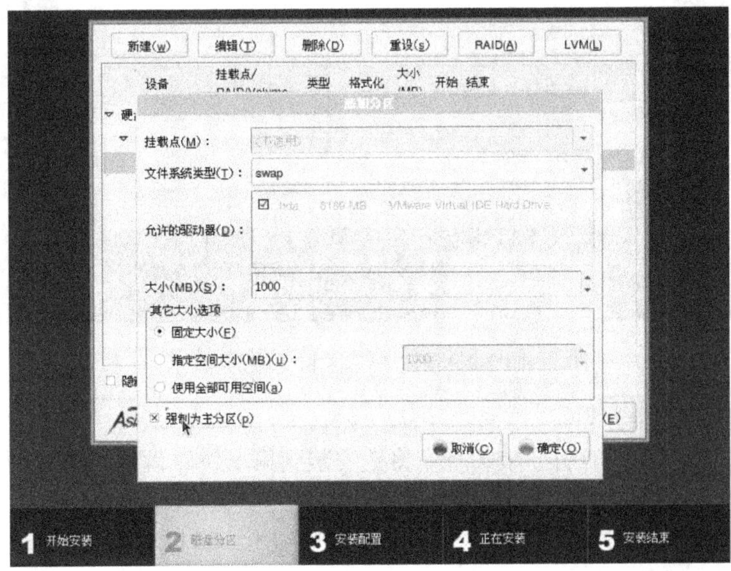

图 2-7　创建 SWAP 分区和文件系统

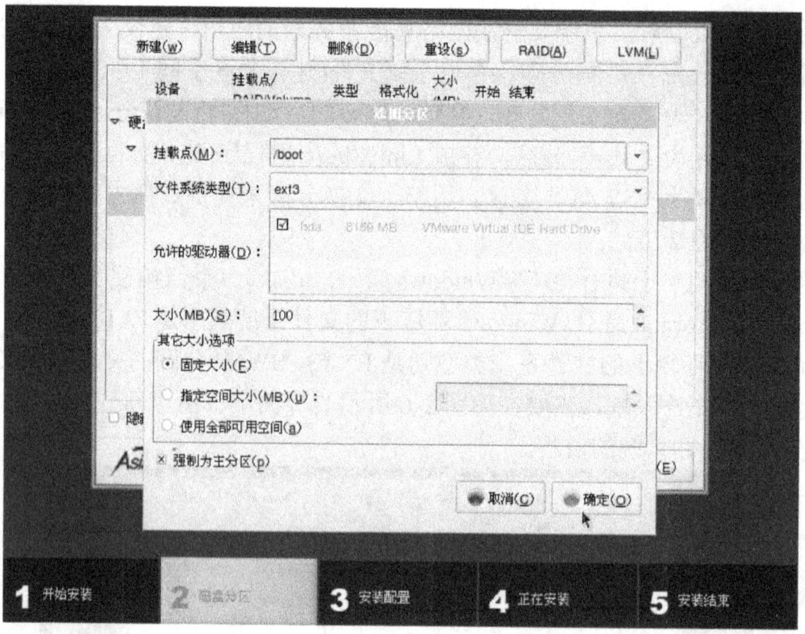

图 2-8　创建 /boot 分区和文件系统

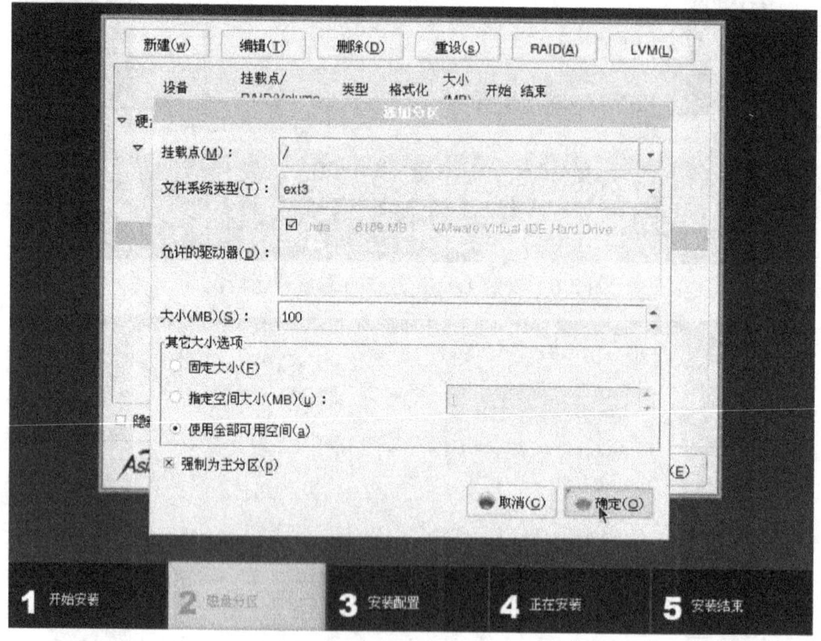

图 2-9　创建/根分区和文件系统

7. 配置引导装载程序

默认情况下，Linux 的引导装载程序将被安装到第一块磁盘的 MBR(硬盘主引导记录)区上，系统将自动安装无需更改。为了配置系统引导时默认启动的操作系统，可以在图 2-10 所示的“默认”复选框中单击选择。为了更改引导标签，可以单击“编辑”按钮，在弹出的窗口中修改。修改完毕，单击“下一步”继续。

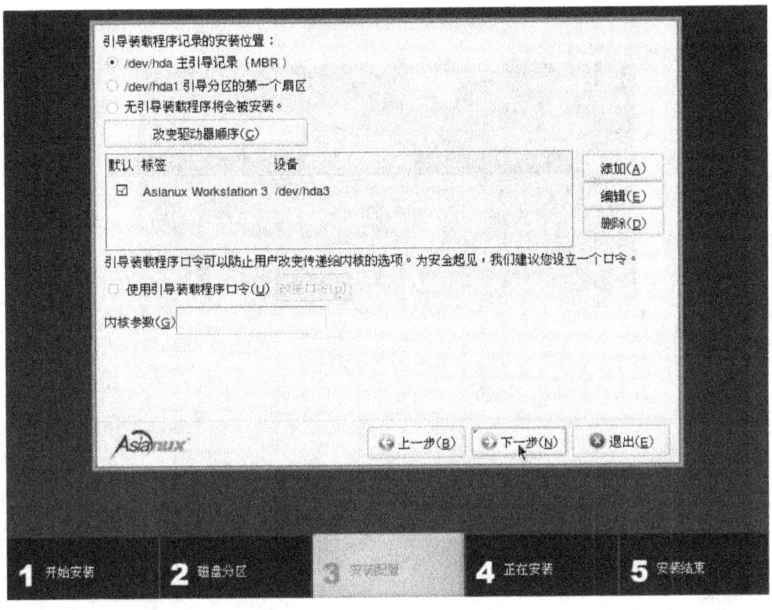

图 2-10　配置引导装载程序

8. 网络配置

Linux 网络配置如图 2-11 所示。若使用网络中的 DHCP 服务器为本机分配 IP 地址，则单击“下一步”按钮继续即可；若要配置静态 IP 地址，则单击“编辑”按钮，在弹出的对话框中输入 IP 地址和子网掩码，然后再单击“下一步”按钮。

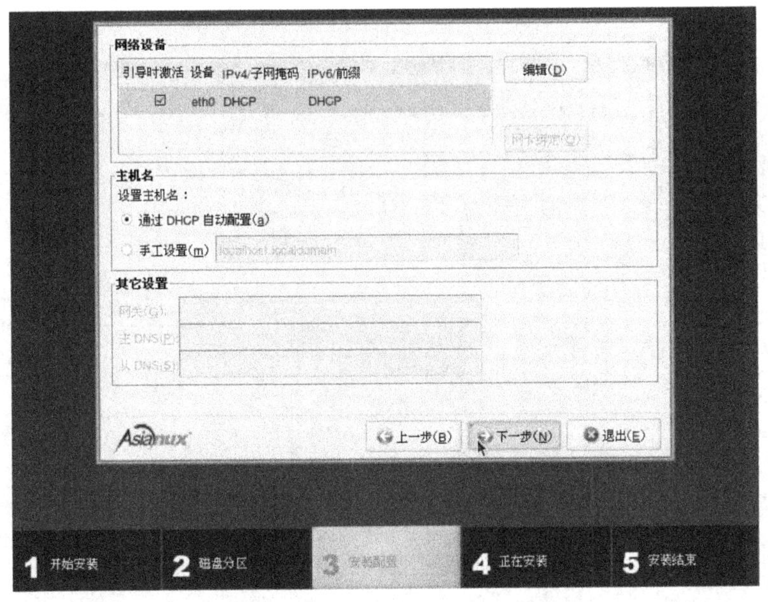

图 2-11　配置 IP 地址和子网掩码

9. 选择时区

在图 2-12 所示的界面中，可选择“亚洲/北京”时区。

图 2-12　选择时区

10. 设置 root 用户口令

在图 2-13 所示的界面中两次输入超级用户(root 用户)的口令，便可设置根口令(即 root 管理员密码)。root 帐号在系统中具有最高权限。设置完根口令后，单击“下一步”，会出现获取安装信息的提示。

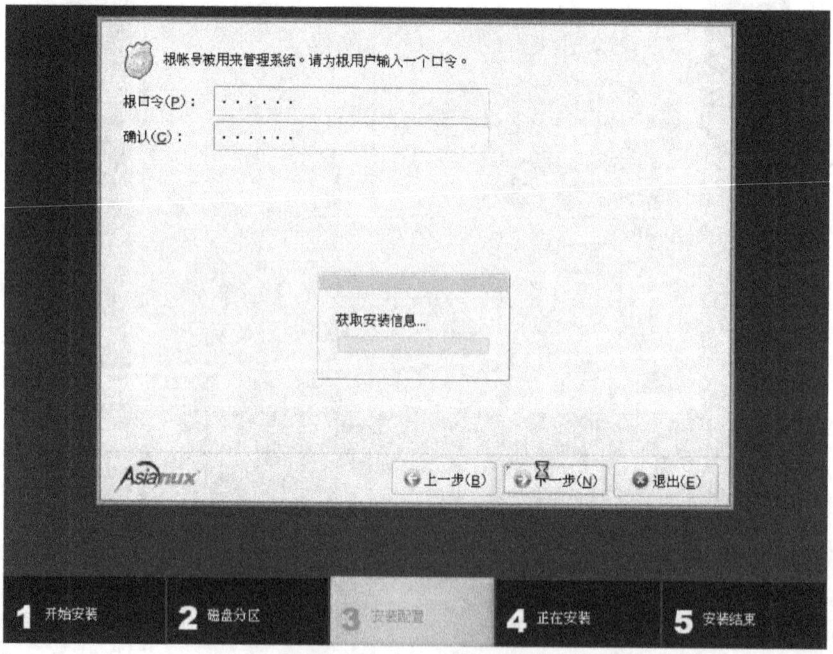

图 2-13　设置 root 用户口令

11. 选择安装的软件包

在图 2-14 所示的选择软件包方式界面中，单击“安装该组所有软件包”单选项来选择要安装的软件包组，单击“下一步”按钮继续，则出现图 2-15 所示的界面。

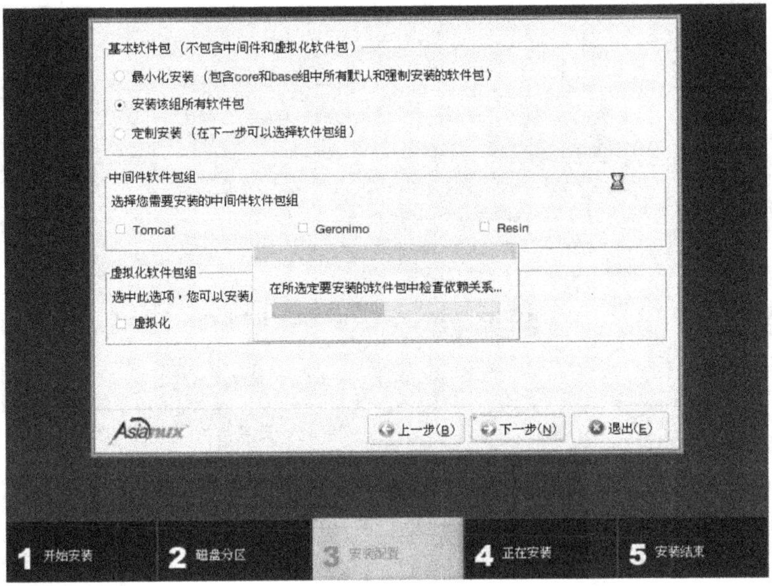

图 2-14　选择安装软件包方式界面

12. 即将安装界面

在图 2-15 所示即将安装的界面中，将会显示 Linux 系统桌面方式 Asianux Workstion 3(若系统采用桌面应用方式)所要安装的软件包数量和安装后所占用的磁盘空间大小。单击“下一步”按钮可继续安装。

图 2-15　即将安装界面

13. 提示准备安装光盘界面

在出现提示准备安装光盘界面后(如图 2-16 所示)，把待安装的光盘正确地放入光盘驱动器中，并单击“下一步”按钮，开始格式化文件系统。

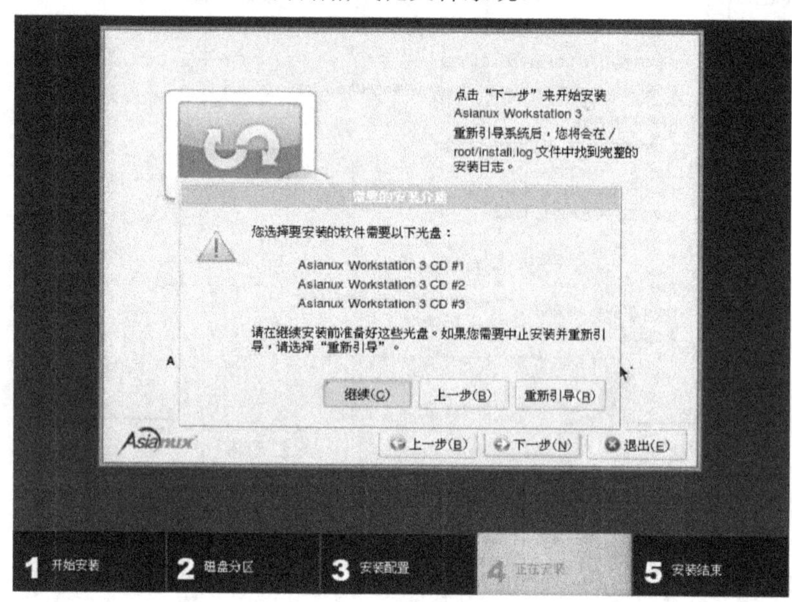

图 2-16　提示准备安装光盘信息界面

14. 格式化文件系统

在图 2-17 所示的界面中单击“下一步”按钮确认进行安装之后，Asianux 3.0 的安装程序首先初始化交换空间，格式化分区，然后将安装映像文件复制到硬盘，随后设置系统 RPM 数据库并准备安装。当安装准备工作结束后，系统将依次安装用户所选择的软件包(见图 2-18)。

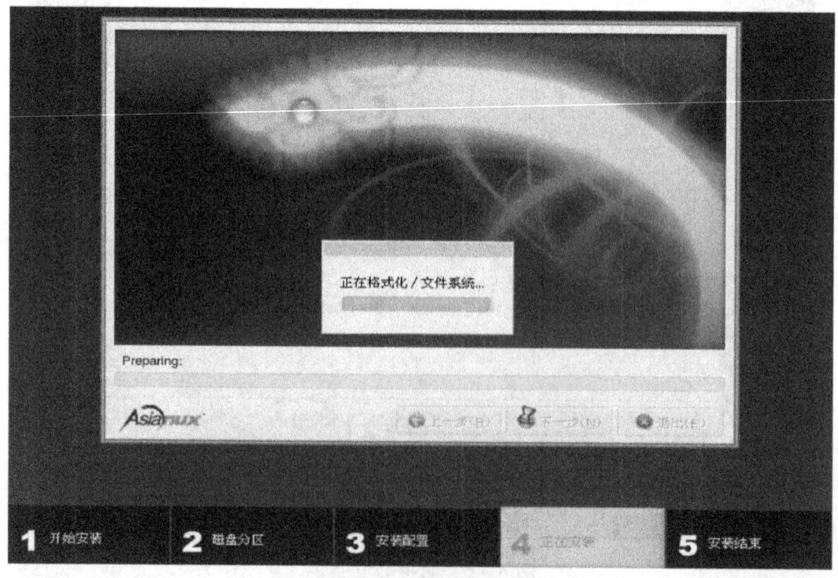

图 2-17　正在格式化的提示

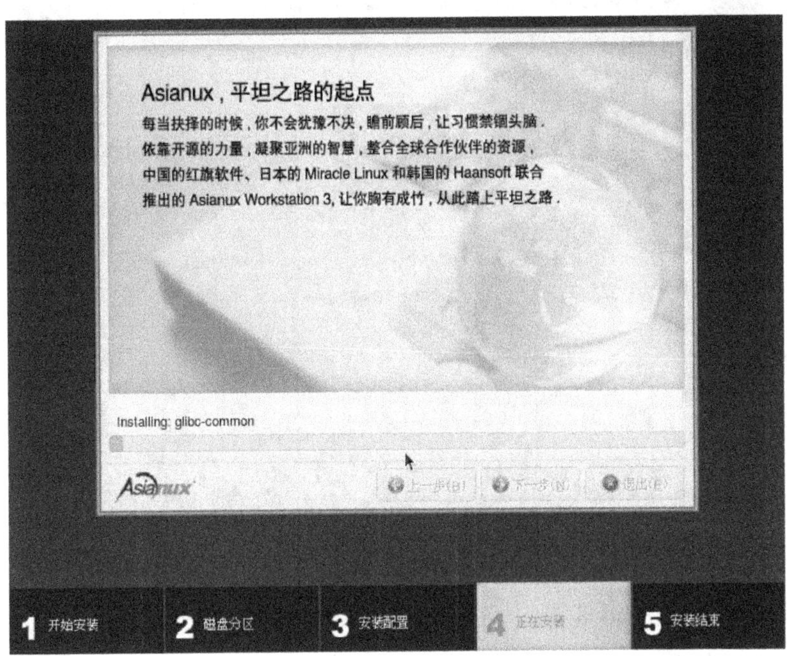

图 2-18 正在安装软件包的提示

安装过程中会弹出图 2-19 所示的更换光盘对话框。按要求更换光盘后，单击“确定”按钮继续。

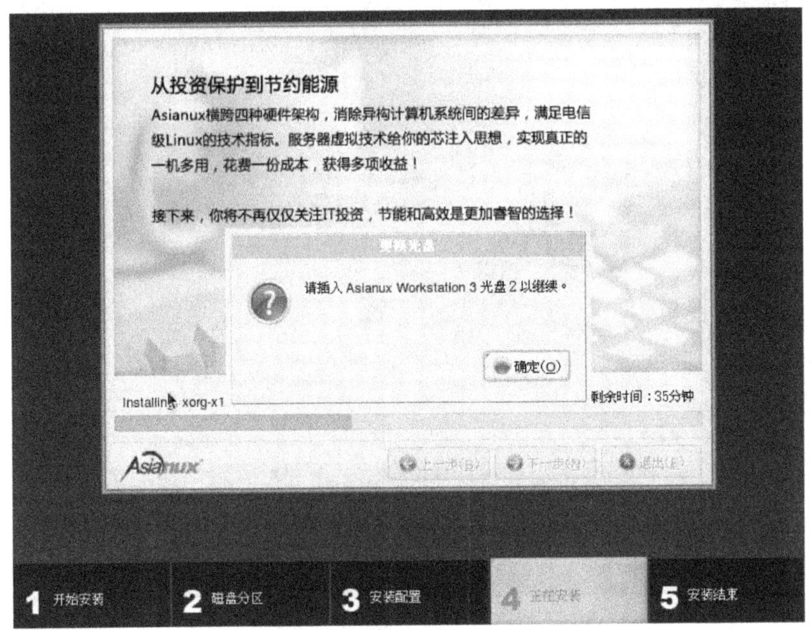

图 2-19 系统要求更换光盘界面提示

15. 配置色彩深度和屏幕分辨率

在图 2-20 所示的界面中选择屏幕分辨率和色彩深度，之后单击“下一步”按钮继续安装过程。如无特殊要求，保持默认设置即可。

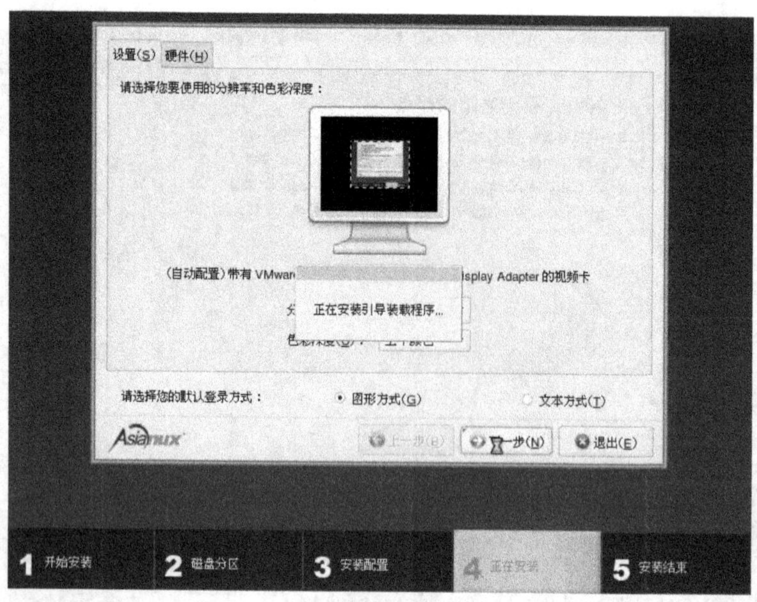

图 2-20　选择屏幕分辨率和色彩深度的提示

16. 正常安装结束

在一切配置结束后，会出现如图 2-21 所示的界面。至此，Asianux 3.0 系统安装已完成。单击“重新引导”按钮即可重新引导系统。

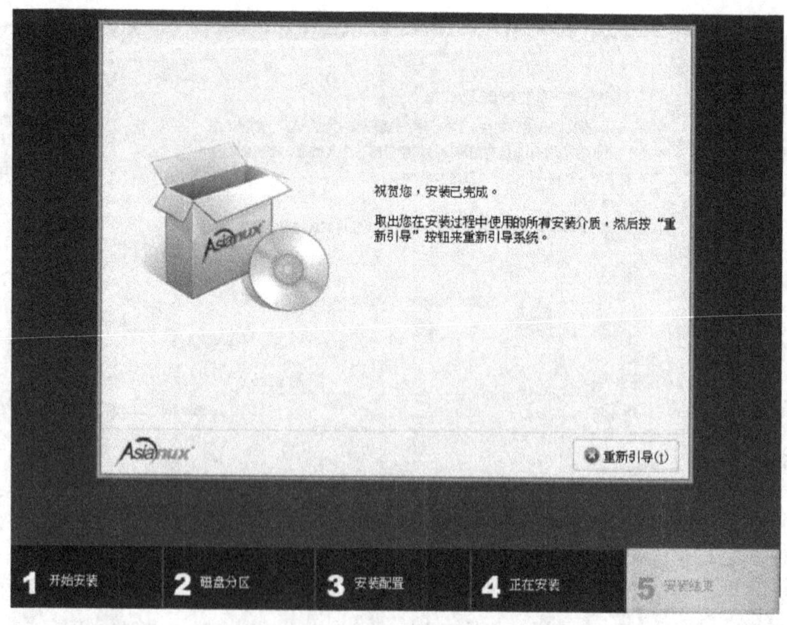

图 2-21　正常安装结束界面

2.2.2　卸载 Linux

从计算机系统中卸载 Asianux 3.0，主要是从硬盘的主引导记录(MBR)中删除有关 GRUB(全球唯一标识符)或 LILO(Linux Loader)的启动程序与信息。在 DOS 系统中，使用 fdisk

命令来重写硬盘的 MBR 即可完成这个过程，具体使用的命令是：

```
fdisk /mbr
```

如果需要从一个硬盘中卸载 Linux，并且已经尝试过用 DOS(Windows)的 fdisk 命令来实现，结果遇到“分区不存在”的状况，那么要删除这样的非 DOS 分区的最好办法是使用下面介绍的工具软件。

首先，插入 Asianux 3.0 系统第一张光盘来引导系统。然后在引导提示下键入 linux rescue，进入系统启动恢复模式程序。该程序会提示输入键盘和语言需求，输入与安装 Asianux 3.0 时相同的选择。单击“下一步”按钮，系统即开始寻找要恢复的 Asianux 安装，同时屏幕上会出现相应的提示，可在该提示下选择“跳过”，并等待屏幕上出现命令提示。

在提示下键入命令 list -harddrivers，列出系统中所有被安装程序识别的硬盘驱动器，以及它们的大小(以 MB 为单位)。

可使用分区工具 parted 来确定要删除分区。具体命令格式如下：

```
parted /dev/hda
```

其中，/dev/hda 是要删除分区所在的硬盘设备。

使用 print 命令可查看当前的分区表，从而判定要删除的分区，其使用命令如下：

```
print
```

print 命令还可以显示分区的类型(如 Linux-swap、EXT2 和 EXT3 等)。了解分区类型会帮助判定是否要删除该分区。

确定要删除的分区后，使用 rm 命令进行删除。删除分区后，再次使用 print 命令确认删除是否成功。一旦成功删除了指定的 Linux 分区，可输入 quit 以退出 parted。

退出 parted 后，在引导提示后键入 exit 来退出恢复模式并重新引导系统，系统会自动重新引导。如果没有自动重新引导，可以按 Ctrl + Alt + Del 键来重新引导系统。

2.3　Linux 引导与 GRUB

打开计算机电源直到机器加载操作系统的过程称为引导。当计算机启动后，BIOS(基本输入/输出系统)将做一些测试，以保证各个硬件一切正常，然后开始系统的引导与启动。例如，当一台 x86 机器启动后，系统 BIOS 将检测系统参数，如内存的大小、日期和时间、磁盘设备等。通常情况下，BIOS 都是被配置成首先检查软驱或光驱(或两者都检查)。检查完毕后，计算机将会尝试从软驱或光驱开始引导。如果在可移动的设备中没有找到可引导的介质，那么 BIOS 通常是转向第一块硬盘的第 0 柱第 0 面第 0 扇区，查找用于装载操作系统的程序。

启动过程中，计算机首先加载一小段被称为 Bootstrap loader 的程序。Bootstap loader 通常存储在硬盘或软盘的固定位置，由它加载存储于其它地方的操作系统。Bootstap loader 先选择一个硬盘，然后读第一个扇区，该扇区称为引导扇区，也称为该硬盘的主引导记录。主引导记录中包含一个小程序，该程序的任务是从磁盘读入操作系统并启动它。

GRUB(Grand Unified Bootloader)是一个多重启动管理器，它是比 LILO(Linux Loader)更新的一个功能强大的引导程序，专门处理 Linux 与其它操作系统共存的问题。它可以引导的操作系统有 Linux、OS/2、Windows 系列、Solaris、FreeBSD 和 NetBSD 等。它的优势在于能够支持大硬盘，支持开机画面，支持菜单式选择，并且分区位置改变后不必重新配置，使用非常方便。较新的各 Linux 发行版大多采用 GRUB 作为默认的引导程序。GRUB 支持三种引导方法，第一种是直接引导操作系统内核；第二种是通过 chainload 命令进行间接引导，又称为链式引导；第三种是通过网络引导操作系统。对于 GRUB 能够支持的 Linux、FreeBSD、NetBSD 和 GUN Mach 等，可以直接引导启动；对于 GRUB 不支持的操作系统(如 Windows)，则采用第二种方法链式引导。

2.3.1 Linux 引导过程

1. 从 BIOS 到 Kernel(内核)

Linux 的引导过程与前面所述基本一致，计算机在接通电源之后首先由 BIOS 进行通电自检(Power On Self Test，POST)，然后依据 BIOS 内设置的引导顺序从硬盘、软盘或 CD-ROM 中读入“引导块”。如果 BIOS 中设置的引导顺序是硬盘(C:)在最前面，那么就把第一个 IDE 硬盘的第 0 柱第 0 面第 0 扇区的内容读入内存，并执行。如前所述，这个扇区中的内容为主引导记录(Master Boot Record，MBR)。MBR 里存放的是一小段程序以及分区表的数据。在使用 Windows 时，这里面存放的代码就把分区表里标记为 Active 的分区的第一个扇区(一般存放着操作系统的引导代码)读入内存，并跳转到那里开始执行。

而在用 LILO 或 GRUB(Grand Unified Bootloader)引导 Linux 时，有两种选择：

(1) 把 LILO 或 GRUB 安装在 MBR 中。这时就由 BIOS 直接把 LILO 或 GRUB 代码调入内存，然后跳转执行 LILO 或 GRUB(在 MBR 中)，即

BIOS→LILO　或　GRUB(在 MBR 中)→Kernel

(2) 把 LILO 或 GRUB 安装在 Linux 分区，并把 Linux 分区设为 Active。这时，BIOS 调入的是 Windows 下的 MBR 代码，然后由这段代码来调入 LILO 或 GRUB 的代码(位于活动分区的第 0 个扇区)，即

BIOS→MBR→LILO　或　GRUB(在活动分区的第 0 个扇区)→Kernel

因为在读入及执行 MBR 时，操作系统还没有启动，所以只能由 BIOS Kernel 来进行磁盘操作。而此时，BIOS 只能读/写硬盘 1024 柱面之前的数据，由此可知任何操作系统的引导代码必须在 1024 柱面之前。对于 Linux 来说，不管使用上述哪一种方式启动，都要保证 Kernel 放在 1024 柱面之前。只有在 Kernel 启动以后，Linux 才有读/写 1024 柱面以后数据的能力。从上面的内容我们也可以看到，作为操作系统，它要能被正确引导，在现有的 BIOS 下，它们的引导部分都必须在 1024 柱面之前。

2. 从 Kernel 到 Login Prompt(系统提示)

在 Kernel 启动之后，将执行 /sbin/init。init 的工作是根据 /etc/inittab 来执行相应的脚本进行系统初始化，如设置键盘和字体、装载模块、设置网络等。

2.3.2 GRUB 应用与配置

近来，GRUB 已逐渐取代 LILO 成为引导加载方面居于统治地位的程序。新的 GNU GRUB 基于原来的 GRUB 程序(最初由 Erich Stefan Boleyn 所创建)，正在由自由软件基金会(Free Software Foundation)进行积极开发。

1. 使用 GRUB 作为引导加载程序

使用 GRUB 代替 LILO 作为引导加载程序所需要的步骤，取决于是安装全新的 OS(操作系统)还是已经安装了 Linux 并计划转移到 GRUB。如果是进行全新安装，那么可以在安装过程中直接配置 GRUB；如果已经安装了某个 Linux 发行版，那么通常可以先安装一个 GRUB，再对其进行配置。

计划转移到 GRUB 的当前 Linux 用户需要获得最新版本的 GRUB。与使用 LILO 作为引导程序时相同，在操作之前需要准备一张 Linux 引导盘。使用交互模式(后面将描述)则不需要这张磁盘，不过最好拥有一张以备急需时使用。将 GRUB 安装到系统中之后，让它接管 MBR 非常简单。先以 root 用户身份输入：

```
# /boot/grub/grub
```

这样将加载一个类似于 BASH 的命令提示符，可以在这里使用 GRUB 命令：

```
grub> install(hd1，3)/boot/grub/stage1(hd0) (hd1，3)/boot/grub/stage2 p(hd1，3)/
    boot/grub/menu.conf
```

上面的命令使用了 GRUB 安装命令，需要为它给出第一阶段映像的位置以及 MBR 的位置(install(hd1，3)/boot/grub/stage1(hd0))，也要给出第二阶段映像的位置((hd1，3)/boot/grub/stage2)。最后，可选项 p(hd1，3)/boot/grub/menu.conf 即为 GRUB GUI 菜单配置文件的位置。

在上面的示例中，hd1 是 Linux Disk，hd0 是 Windows 磁盘。这样，将使用当前 GRUB 默认值，并抹去 MBR 中所有内容(请阅读配置 GRUB 一节的内容，以确保能够按预期引导)。

2. 配置 GRUB

GRUB 的配置是通过位于 /boot/grub/grub.conf 的一个配置文件来完成的。下面的程序清单中给出了一个示例配置，可支持 Linux 和 Windows 机器的双重引导。

grub.conf 示例文件如下：

```
default=0
timeout=10
splashimage=(hd1，3)/grub/splash.xpm.gz
password --md5 $1$opeVt0$Y.br.18LyAasRsGdSKLYlp1
title Red Flag Linux
    password --md5 $1$0peVt0$Y.br.18LyAasRsGdSKLYlp1
    root (hd1，3)
    kernel /vmlinuz-2.6.9-11 ro root=LABEL=/
    initrd /initrd-2.6.9-11.img
title Windows XP
    password --md5 $1$0peVt0$Y.br.18LyAasRsGdSKLYlp1
    rootnoverify (hd0，0)
    chainloader +1
```

在 grub.conf 示例文件中各个选项的意义如下：

(1) “default=”通知 GRUB 在超时之后默认使用哪个映像进行引导。这一选项与

grub.conf 文件中的某个映像相关联。0 表示指定第一个映像，1 表示指定第二个映像，依此类推。如果没有在配置文件中指定此选项，那么它将引导文件中指定的第一个映像。

(2) “timeout=”在自动引导默认 OS(在本例中是 Asianux3)之前引导提示需等待的时间(s)。

(3) “splashimage=” 指定 GRUB GUI 背景图片所在的位置。

(4) “password” 指定使用 MD5 加密的口令，用于访问 GRUB 的交互式引导选项。注意，这个选项不会阻止用户选择引导已经定义的 OS。需要为每一个 title 设置 password 选项。为了生成一个 md5 口令，请运行 GRUB 所附带的 grub-md5-crypt 工具(以 root 身份)。它将提示输入一个希望加密的口令，然后输出使用 md5 加密的口令。将这个口令拷贝到 grub.conf 中 password-md5 之后，但是要在同一行上。通常这个口令可以设置为 root 口令，因为无论如何也只有 root 才可以读取 grub.conf 文件。注意：如果计划与其它用户共享此机器，那么不要将这个口令设置为 root 口令。

(5) “title” 选项标明了在运行期间能够从用户界面引导的具体 OS。与 LILO 不同，在这个名称中可以有空格。

(6) “root” 表明 GRUB OS 文件系统的实际位置。可见，GRUB 引用介质的方式与 LILO 不同。在上述 grub.conf 示例中，/dev/hdb3 是第二块硬盘中的第三个分区。GRUB 将此硬盘引用为(hd1，3)，即第二块硬盘的第三个分区(disk 0 是第一块硬盘)。

(7) “kernel/vmlinuz-X.X.XX-XX” root 目录中默认引导映像的名称。

(8) “initrd/initrd-X.X.XX-XX.img” root 目录中默认 initrd 映像的名称。

(9) “rootnoverify” 表明 GRUB 不要尝试去改变 OS 的 root。这样，当文件系统不被 GRUB 所支持时，不会出现引导错误。

(10) “chainloader +1”表明 GRUB 使用一个链式加载程序来加载这个 OS，加载 Windows 时需要这个选项。

在 grub.conf 文件中还可以配置很多其它参数，不过前面示例文件中列出的参数就足以让机器可用。要获得关于 grub.conf 的这些参数以及其它参数的进一步资料，请参考手册页(man grub.conf)。

与 LILO 的配置文件不同，grub.conf 会在引导时被读取，当修改后不必去更新 MBR。

3. 初始引导过程

与 LILO 类似，当 GRUB 初始加载时，从 MBR 加载第一阶段程序。加载后，进入第一阶段和第二阶段引导加载程序之间的中间阶段(为了方便讨论，可称为第 1.5 阶段)。之所以存在第 1.5 阶段，是为了能够对 /boot/grub 中的 GRUB 配置文件进行常规的文件系统访问，而不是去访问磁盘块。然后进入引导加载程序的第二阶段，GRUB 加载 grub.conf 文件。

加载 grub.conf 文件的同时，屏幕上将出现 GRUB 的图形界面(或字符界面、菜单界面)。对于熟悉 Windows 的用户来说，这个界面比 LILO 的文本界面更友好。不过，不要因为 GRUB 拥有 GUI 图形界面就认为它是一个不能处理数据的引导加载程序，它的可选项非常多。

4. 引导时的附加配置

在 GRUB GUI 中，按下任何键都会停止超时的计时。按下 P 键，就可以输入 GRUB 口令，并获得对 GRUB 交互式引导选项的完全访问权限。按下以下三个选项中的任何一个键，则可进行相应操作：

(1) 要在引导之前编辑命令，则按下 E 键。这时用户可以为当前选中的 OS 编辑具体的引导选项。GRUB 只会显示出与选中 OS 的引导相关的选项，供用户进行编辑。这在为 root 文件系统指定了错误的 HDD 时，尤其有用。如果需要以单用户模式访问机器(不需要指定口令就能够让你获得 root 访问权限)，用户可以在 GRUB 主屏幕上选择 Linux OS，然后，按下 E 键，并移到内核那一行(在本示例中是 kernel /vmlinuz-2.4.18-14 ro root=LABEL=/)，在行末添加 single。此后，可按下 B 键，使用修改过的 grub.conf 进行引导。在此编辑模式下所做的任何修改都不会保存在 grub.conf 文件中。

(2) 要修改内核参数，则按下 A 键。经验丰富的 Linux 用户，就可在这时根据需要调整内核参数。

(3) 要获得类似于 BASH 的命令行界面，则按下 C 键。这个小型的命令行界面允许用户在系统中查找 GRUB 配置文件，加载另外的配置文件，编辑配置文件中的行，以及直接输入 GRUB 命令。如果配置的变化(比如删除了某个分区)导致系统无法引导，就可能用到这个界面。如果需要将系统引导为单用户模式，或者要让运行级别为 3 而不是普通的运行级别，也可能会使用到它。

上述选项有很多用途，但超出了本书的范围，这里不再深入讨论。

由上可见，GRUB 增加了引导期间的灵活性。不过，这可能是一件好坏参半的事情，因为 GRUB 也潜在地允许攻击者在 OS 加载之前访问系统。GRUB 会被误用的主要开放领域是：

(1) 访问单用户模式。所有加载到单用户模式的用户都会得到 root 访问权限，使得 Linux 可被随意滥用。

(2) 访问其它操作系统。任何配置为不需要口令的可引导操作系统，比如 DOS，都将是开放的。

(3) 访问 GRUB 编辑器。这允许用户获得修改 GRUB 配置的完全访问权限。

在 GRUB 配置中，设置安全性非常重要，设置口令并使用 md5 加密，可以保证整个系统的安全。

5. GRUB 的未来

GRUB 将要被 GRUB2 所取代。原来的 GRUB 将要被重新命名为 GRUB Legacy，除了修复 bug 以外，不会再对它进行积极开发。GRUB2 将是对原来 GRUB 的完全重写。到目前为止，以下特性是 GRUB2 变化的核心部分：

(1) 通过创建压缩的核心映像取代 GRUB 的第 1.5 阶段；

(2) 支持核心映像的动态加载；

(3) 争取让整个 GRUB 框架成为面向对象的；

(4) 支持国际化，比如非 ASCII 字符集；

(5) 支持不同硬件体系结构和不同平台(不同于 Linux 的平台)。

本 章 小 结

安装 Linux 操作系统是使用它的前提。Linux 有多种安装方法，包括从硬盘、网络驱动器或 CD-ROM 安装。本章详细介绍了通常采用的光盘安装方法，在安装过程中对硬盘的分区操作须特别注意。

Linux 中有 LILO 和 GRUB 两个引导工具。GRUB 优点很多，在 Asianux 3.0 操作系统中，已经取代了 LILO 成为默认的引导工具。在本章中通过实例讲解了 LILO 和 GRUB 的使用方法。

习　题

1．在硬盘分割(Partition)时，最多有几个 primary + extended?

2．一般而言，安装 Linux 至少要有哪两个 partition?

3．安装 Linux 的主要流程是什么？

第 3 章　Linux 用户接口

3.1　Shell 基础知识

3.1.1　Shell 概述

Shell 是一种具备特殊功能的程序，是介于操作者和 Unix/Linux 操作系统核心程序(kernel)之间的一个接口，也是操作系统与外部最主要的接口。Shell 是操作系统的最外层，用于管理系统操作者与操作系统之间的交互，它接收操作者的输入，并向操作系统解释操作者的输入，且处理各种各样的操作系统输出结果。Shell 提供了操作者与操作系统之间通信的方式。

Shell 有两种工作模式，即交互式 Shell 和非交互式 Shell。也就是说，操作者与操作系统的通信可以以交互方式(如从键盘输入便可立即得到响应)，或者以 Shell script(非交互)方式执行。Shell script 是放在文件中的一串 Shell 和操作系统命令，它们可以被重复使用。本质上，Shell script 是将命令行中的命令简单地组合到一个文件中。

Shell 基本上是一个命令解释器，类似于 DOS 下的 command.com。它接收用户命令(如 ls 等)，然后调用相应的应用程序。较为通用的 Shell 有 Unix 中标准的 Bourne Shell(SH)和 C Shell(CSH)。

各种操作系统都有自己的 Shell，以 DOS 为例，它的 Shell 就是 command.com。如同 DOS 下有 NDOS、4DOS、DRDOS 等不同的命令解释程序可以取代标准的 command.com 一样，Unix 下除了 Bourne Shell(/bin/sh)外，还有 C Shell(/bin/csh)、Korn Shell(/bin/ksh)、Bourne again Shell(/bin/bash)、Tenex C Shell(tcsh)等其它的 Shell。Unix/Linux 中的 Shell 独立于核心程序之外，使得它就如同一般的应用程序，可以在不影响操作系统本身的情况下进行修改、更新版本或者添加新的功能。

1. Shell 的激活

在系统启动的时候，需要将核心程序加载到内存中，并由其负责管理系统的工作，直到系统关闭为止。核心程序管理并控制着处理程序、内存、文件系统、通信等。系统中的其它程序(包括 Shell 程序)都存放在磁盘中，在需要时由核心程序将它们加载到内存并执行，执行终止后，系统核心程序会清理系统。

Shell 是一个公用程序，它在登录时就会启动。

当用户登录(Login)并键入一个命令后，Shell 会进行以下操作：

(1) 分析命令的语法；

(2) 处理万用字符(Wildcards)、转向(Redirection)、管线(Pipes)与作业控制(Job Control)；

(3) 搜寻并执行命令。

如果经常会执行一组相同形式的命令，则可以将这些命令放入一个文件(也称为命令档，script)中，以后执行该文件便可。Shell 的命令文件很像是 DOS 下的批处理文件(如 Autoexec.bat)，它包含了一系列 Unix 命令。较成熟的命令文件还支持若干现代程序语言的控制结构，例如能做条件判断、循环、文件测试、传送参数等。

2. 三种主要的 Shell 与其分支

如前所述，Unix/Linux 系统有多种不同的 Shell，其中有三种重要的 Shell，分别是 Bourne Shell(AT&T Shell，在 Linux 下是 BASH)、C Shell(Berkeley Shell，在 Linux 下是 TCSH)和 Korn Shell(Bourne Shell 的超集)。这三种 Shell 在交互(Interactive)模式下的表现相当类似，但作为命令文件语言，在语法和执行效率上却有些不同。

Bourne Shell 是标准的 Unix Shell，由 AT&T 于 1979 年底提出，并以其开发者的名字 Stephen Boume 来命名。大部分的系统管理命令文件(例如 rc start、stop 与 shutdown)都是 Bourne Shell 的命令文件，且在单用户模式(Single User Mode)下以 root 系统管理者登录。Bourne Shell 是以 Algol 语言为基础设计的，以简洁、快速著名，但它缺少许多交互使用的特色，如历程、别名和工作控制。Bourne Shell 提示符号的默认值是 $。

C Shell 是在美国加州大学柏克利分校于 20 世纪 70 年代末期发展而成的，作为 BSD Unix 的一部分来发行。C Shell 主要是由 Bill Joy 写成的，它提供了一些在标准 Bourne Shell 中看不到的特色。C Shell 以 C 程序语言作为基础，且它作为程序语言时，能共享类似的语法。C Shell 在交互式运用有改进，可提供命令列历程(Command History)、别名和工作控制等功能。因为 C Shell 是在大型机器上设计出来的，且增加了一些额外功能，所以 C Shell 有时在小型机器上运行得较慢，即使在大型机器上跟 Bourne Shell 比起来也显得缓慢。C Shell 提示符号的默认值是%。

AT&T 的 David Korn 在 20 世纪 80 年代中期开发了 Korn Shell。Korn Shell 是 Bourne Shell 的超集(Superset)。它比 C Shell 更为先进。Korn Shell 的特色包括了可编辑的历程、别名、函式、正规表达式万用字符(Regular Expression Wildcard)、内建算术、作业控制(Job Control)、并作处理(Coprocessing)和特殊排错功能。Bourne Shell 几乎和 Korn Shell 完全向上兼容(Upward Compatible)，所以在 Bourne Shell 下开发的程序仍能在 Korn Shell 上执行。Korn Shell 提示符号的默认值也是$。在 Linux 系统使用的 Korn Shell 叫做 PDKSH(Public Domain Korn Shell)。

在 Shell 的语法方面，Korn Shell 比较接近一般程序语言，而且它具有子程序的功能。在整体考量下，Korn Shell 是三者中表现最佳者，其次为 C Shell，最后才是 Bourne Shell。但是在实际使用中仍有其它应列入考虑的因素，如速度是最重要的选择时，很可能应该采用 Bourne Shell，因它是最基本的 Shell，执行的速度最快。

对于习惯 DOS 命令提示符的用户，首次使用 Linux 命令行时，一定会感到无所适从。熟悉的 DOS 命令在 Linux 中基本不存在，有一种替代方案是利用强大的 Linux 外壳命令编写 Shell 脚本，使用户在 Linux 下也能使用 DOS 命令。

3.1.2　Shell 命令行环境

Linux 系统中常用的 Shell 命令行格式如下：

Command[flags][argument1][argument2]...

命令行的各单词之间必须由一个或多个空格或制表符隔开，其中 flags 以“-”开始，多个 flags 可用一个“-”连起来，如 #ls-l-a 与 #ls-la 相同。

在 bash 中，超级用户的提示符是“#”，普通用户的提示符是“$”。

下面以判断 tar 包为例介绍 Shell 的编写模式，后面章节中会有详细介绍，此处只需要了解其基本形式即可。

例如：

```
#!/bin/bash
if [ "${1##*.}" = "tar" ]
then
    echo This appears to be a tarball.
else
    echo At first glance, this does not appear to be a tarball.
Fi
```

将以上命令输入到文件 first.sh 中，然后输入 "chmod 755 first.sh" 生成文件即可直接运行。

3.2　X-Windows 概述

X-Windows(X 窗口)是一种用于 Unix 系统的标准图形化用户界面(GUI)，它是由美国麻省理工学院开发的。X 窗口环境可以远程连接使用，采用了客户机/服务器式的结构设计。

考虑到开发人员的使用要求，X 窗口为开发基于图形的分布式应用程序提供了软件工具和标准应用程序编程接口。开发与硬件无关的应用，意味着这些应用可以在支持 X 窗口环境的任何系统上运行。这种完整的环境通常被简单地称为“X”。

X 窗口系统在屏幕上的一个或多个窗口中运行程序。用户可以在使用窗口的同时在系统上运行多个程序，并且通过用鼠标点击的方式在窗口之间进行切换。

在 X 窗口环境中称为 X 服务器的程序在本地工作站上运行，并且管理它的窗口和程序。每个窗口都被称为 X 客户，并且与在同一个机器上运行的 X 服务器程序以客户机/服务器关系进行交互。图 3-1 所示为一个 X 窗口环境。

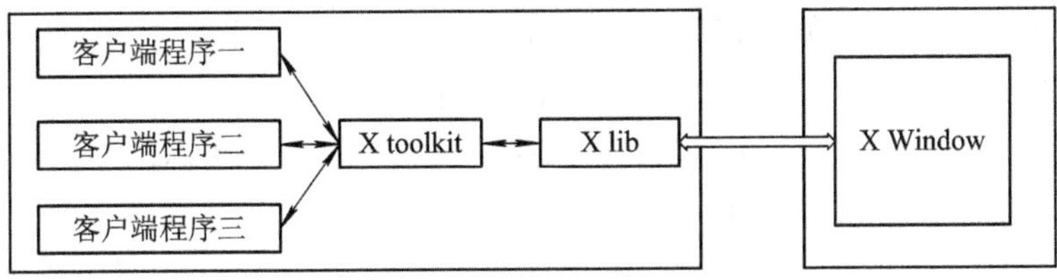

图 3-1　X Window 客户机/服务器架构视图

X 服务器用来处理所有 X 客户的程序，并通过消息传递系统和其它客户进行交互工作。X 服务器控制整个本地环境，因而当访问存储器和其它系统资源时，客户程序与 X Window 间要进行合作。

X 服务器运行 X 窗口管理器程序，由这个程序提供 GUI 界面。现在常用的两种窗口管理器是：Motif 和 Open Look。它们在功能上是类似的。

在本地机器上运行的 X 服务器可以和远程计算机上运行的程序进行交互，并且在本地窗口显示这些程序的输出。它们是一种客户机/服务器的关系，但是由本地服务器全权控制，远程进程被称为客户机，处于本地 X 服务器的控制之下。

在 Internet 和其它广域网环境中，X 系统的用户可以对运行在远程计算机上的程序进行控制。这个远程程序可在它需要经常访问的资源(如磁盘数据)附近运行，只有需要修改用户屏幕的信息才通过远程链路进行传输，从而避免了将整个程序和它的数据都传输到本地系统进行处理时可能出现的瓶颈问题。

X 服务器和远程 X 客户机之间的接口是面向事件的，并且是基于 X 协议的。这种协议是基于传输控制协议/Internet 协议(TCP/IP)的。X 窗口环境的一个优势是，服务器应用程序可以在任何平台上运行，并且这个应用程序可以在公用运输协议上与这个客户机交换一组消息。于是，开发人员就可以在许多系统上建立 X 窗口认可的应用程序，并且这些应用程序可以被任何支持 X 窗口的工作站访问。

3.3 KDE 与 GNOME

3.3.1 KDE

KDE，即 K 桌面环境(K Desktop Environment)。KDE 是一种著名的运行在 Linux、Unix 以及 FreeBSD 等操作系统上面的自由图形工作环境，整个系统采用的都是 TrollTech 公司所开发的 Qt 程序库。KDE 和 GNOME 都是 Linux 操作系统上最流行的桌面环境系统。

Unix 操作系统是较好的操作系统之一，具有稳定、可扩展和开放性等优点。实际上，Unix 在服务器市场占有很大优势，并且是计算机专业人士和科研工作者的首选计算机平台。但是缺乏易于使用的现代化桌面环境已成为 Unix 进入办公和家庭场合的重大阻碍。

KDE 是一个用于 Unix 工作站的现代化桌面环境。它的出现为 Unix 进入普通计算机用户的应用提供了便利。KDE 桌面环境使用图标、窗口、菜单和面板等常用图形化对象，并允许使用鼠标和键盘。启动 KDE 后，其初始界面如图 3-2 所示。

典型的 KDE 桌面环境主要包括两大部分：桌面和面板。桌面如图 3-3 所示。这是 Linux 桌面环境的主要工作区域，所有运行的应用程序及视窗都位于其中。用户也可以在这个工作区放置应用程序的快捷方式，存放应用程序或文件夹等。

面板位于桌面底部，如图 3-4 所示。其默认设置包含主菜单图标、万维网浏览器、文字处理器和其它常用程序的快速启动按钮。

右键单击面板，选择“配置桌面”即可打开“配置”界面，可以在该界面中配置面板的位置和大小，如图 3-5 所示。

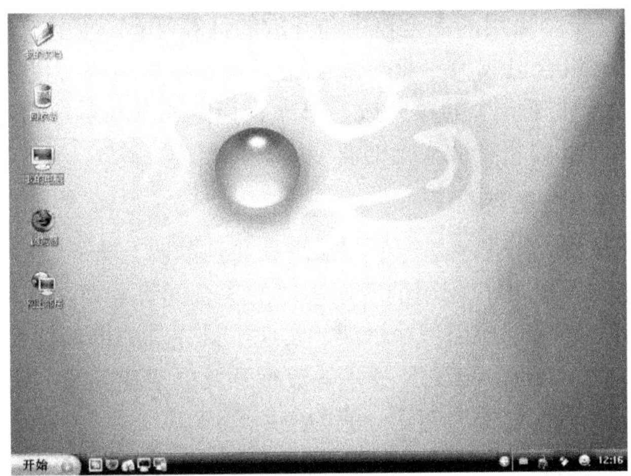

图 3-2　整体 KDE 桌面环境

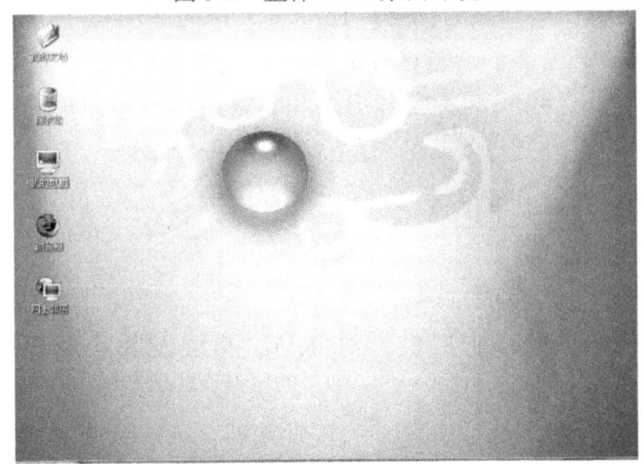

图 3-3　桌面部分

图 3-4　面板部分

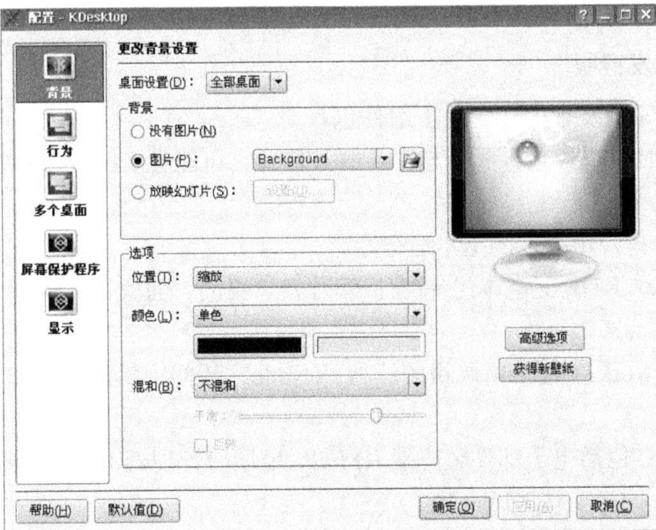

图 3-5　面板配置

Unix/KDE 组成了一个可用的完全自由和开放的计算平台，而且完全免费，任何人都可以修改它的源代码。该组合已成为商业操作系统/桌面组合合适的替代品。Unix/KDE 组合也将会为普通计算机用户带来一个同样开放、可靠、稳定和专利自由的计算环境，且已受到世界范围内的科学家和计算机专业人士的喜爱。

1. KDE 应用程序开发框架

在 Unix/X11 下开发应用程序是一个非常困难并且单调乏味的过程。KDE 的开发者已认识到计算平台上和该平台用户可用的应用程序的集合同等重要。从上述观点出发，KDE 项目开发出了一流的复合文档应用程序框架，实现了最先进的框架技术，这也使得 KDE 处于可与诸如微软的 MFC/COM/ActiveX 技术等流行开发框架竞争的位置。KDE 的 KParts 复合文档技术使得开发人员可以快速创建一流的应用程序。

2. KDE 办公应用套件

基于 KDE 应用程序开发框架的优势，已经有大量的应用程序可在 KDE 桌面环境中使用。KDE 的基本发行版中包含了一些这样的程序。例如，KDE 环境下基于 KParts 技术的，由电子表格、幻灯片制作、组织、新闻客户端和其它应用程序组成的办公应用套件。

3. KDE 的优点

对用户来说，KDE 具有以下优点：

(1) 美观的现代化桌面；

(2) 完整的网络透明性的桌面；

(3) 方便的集成帮助系统，它提供了对 KDE 桌面及其应用程序帮助的一致化访问途径；

(4) 所有的 KDE 应用程序都具有统一的视觉观感；

(5) 标准化的菜单、工具栏、键盘绑定、颜色样式等；

(6) 多种语言的支持，KDE 已拥有 60 余种语言的版本；

(7) 集中化组织的对话框系统，由具体的桌面配置来运作；

(8) 大量优秀的 KDE 应用程序。

4. KDE 新的发行版

现在的官方 KDE 发行版包含以下组件包：

(1) aRts：实时模拟音频合成器与声音服务器。它可能在 KDE 4.0 以后被废弃，其替代品将是 Phonon。

(2) KDE-Libs：一组必须的基本运行库。

(3) KDE-Base：KDE 的基本组件(窗口管理器、桌面、面板、文件管理器与网络浏览器 Konqueror 等)。

(4) KDE-Network：包括新闻组阅读器 KNode、新闻采集器 KNewsticker、拨号工具 Kppp 等。

(5) KDE-Pim：包括电子邮件客户端 KMail、地址簿管理器 KAddressbook、日程管理器 KOrganizer、Palm 同步前端 KPilot 等。

(6) KDE-Graphics：一组图形图像相关程序，如 DVI 文档查看器 KDVI、PostScript 查

看器 KGhostView、绘图程序 KolourPaint、传真查看器 KFax 等。

(7) KDE-Multimedia：包括音频播放器 Noatun、MIDI 演奏器 KMidi、CD 播放器 KSCD 等。

(8) KDE-Accessibility：为生理上有残疾的用户设计的辅助工具。

(9) KDE-Utilities：包括文本编辑器 KEdit、计算器 KCalc、十六进制编辑器 KHexEdit、笔记工具 KJots 等。

(10) KDE-Edu：一组与教学相关用途的程序。

(11) KDE-Games：包括空间射击游戏 KAsteroids、纸牌系列合集 KPat、俄罗斯方块 KTetris 等。

(12) KDE-Toys：娱乐小配件。

(13) KDE-Addons：提供给 Konqueror、Kate、Kicker、Noatun 等程序的插件合集。

(14) KDE-Artwork：附赠的图标、样式、壁纸、屏幕保护以及窗口装饰的集合。

(15) KDE-Admin：一些用于系统管理的工具。

(16) KDE-SDK：一组用于简单 KDE 程序开发的脚本和工具包。

(17) KOffice：集成化办公套件。

(18) KDevelop：适宜于 C/C++的集成化开发环境。

(19) KDE-Bindings：提供对若干种编程语言(Python、Ruby、Perl、Java 等)的绑定。

(20) KDEWebdev：Web 开发工具。

另外，还有两个名义上的软件包并不属于官方 KDE 发行版的一部分，但它们也隶属于整个 KDE 项目。

(1) KDE-Extragear：是一系列和 KDE 项目有关的 KDE 软件集合。它不属于核心 KDE 发行版，但依然属于 KDE 项目，对翻译者和文档撰写者来说其公示效应比其它第三方软件都更高。

(2) KDE-Playground：和 Extragear 非常接近，都是不属于核心 KDE 发行版但属于 KDE 项目的一部分。

需要说明的是，还有数以千计的优秀 KDE 软件，尽管它们不属于 KDE 项目官方管辖，但可以在 KDE 的软件中心里找到。

5. KDE 项目的规模

KDE 是一个规模宏大的项目，很难用数字去量化它的实质，不过可以注意到：

(1) 现在的 KDE SVN 代码仓库已经储存了超过 400 万行的代码(作为比较，Linux 内核 2.5.17 版的代码量是 370 万行左右)；

(2) 超过 800 名贡献者在协助进行 KDE 的开发；

(3) 独立的翻译小组大约有 300 人；

(4) 仅在 2002 年 5 月份，据统计就有 11014 次 CVS 代码提交；

(5) KDE 在 12 个国家有 17 个以上的官方 WWW 镜像；

(6) KDE 在 39 个国家有 106 个以上的官方 FTP 镜像。

3.3.2 GNOME

GNOME 即 GNU 网络对象模型环境(the GNU Network Object Model Environment)。

GNOME 是一种容易操作和设定电脑环境的工具，其目标是基于自由软件，为 Unix 或者类 Unix 操作系统构造一个功能完善、操作简单以及界面友好的桌面环境，它也是 GNU 计划的正式桌面。

GNOME 计划是 1997 年 8 月由 Miguel de Icaza 和 Federico Mena 发起的，目的是作为 KDE 的替代品。

GNOME 计划提供了 GNOME 桌面环境及 GNOME 开发平台。其中，GNOME 开发平台是一个能使开发的应用程序与桌面其它部分集成的可扩展框架。GNOME 桌面的设计主张简单、好用和恰到好处，因此利用 GNOME 开发有两个突出的优点。

(1) 可达性：便于设计和建立适应各类用户的桌面和应用程序；

(2) 国际化：保证桌面和应用程序可以适用于多种语言。

和大多数自由软件类似，GNOME 的组织也很松散，关于其开发的讨论散布于众多向任何人开放的邮件列表。为了管理协调 GNOME 软件的开发，及便于与有关的企业建立联系，2000 年 8 月成立了 GNOME 基金会。基金会并不直接参与技术决策，而是协调发布和决定哪些对象应该成为 GNOME 的组成部分。基金会网站将其成员资格定义为"按照 GNOME 基金会章程，任何对 GNOME 有贡献者都可能是合格的成员。尽管很难精确定义，贡献者一般必须对 GNOME 计划有很大帮助。其贡献形式包括代码、文档、翻译、计划范围的资源维护或者其它对 GNOME 计划有意义的重要活动"。

尽管 GNOME 最初是 GNU/Linux 的桌面，但它已经运行于大多数类 Unix 系统(如*BSD 变体、AIX、IRIX、HP-UX)，并被 Sun Microsystems 公司采纳为 Solaris 平台的标准桌面，取代了过时的 CDE。Sun Microsystems 公司也以 Java Desktop System 名义发布了一个商业版的桌面——一个被 SUSELinux 系统使用的基于 GNOME 的桌面。GNOME 也被移植到 Cygwin，能运行于 Microsoft Windows。GNOME 还被众多 LiveCDLinux 发行版使用，如 Gnoppix、Morphix 和 Ubuntu。LiveCD 能使计算机直接从 CD 引导，无需删除或者改变现有操作系统(如 Microsoft Windows)。

GNOME 桌面由不同的部分构成，最重要的部分如下：

(1) ATK：可达性工具包。

(2) Bonobo：复合文档技术。

(3) GObject：用于 C 语言的面向对象框架。

(4) GConf：保存应用软件设置。

(5) GNOME VFS：虚拟文件系统。

(6) GNOME Keyring：安全系统。

(7) GNOME Print：GNOME 软件打印文档。

(8) GStreamer：GNOME 软件的多媒体框架。

(9) GTK+：构件工具包。

(10) Cairo：复杂的 2D 图形库。

(11) Human Interface Guidelines：Sun 微系统公司提供的使 GNOME 应用软件易于使用的研究和文档。

(12) LibXML：为 GNOME 设计的 XML 库。

(13) ORBit：使软件组件化的 CORBAORB。

(14) Pango：i18n 文本排列和变换库。

(15) Metacity：窗口管理器。

在 GNOME 的发展计划中，还有很多子计划，现在它们并没有包含在 GNOME 发布版里。其中，一些基于概念的试验性质的内容在成熟之后有可能加入稳定的 GNOME 软件中，其它一些还正在完善以便直接加入 GNOME 软件中。

本章小结

本章主要介绍 Linux 系统中命令接口和 GUI 的用户接口。GUI 的特点是简单易用，但如果要想很好地理解、使用 Linux 操作系统，必须熟悉 Shell 环境。本章在对 Shell 的一些基本操作说明的基础上，描述了 Linux 中 KDE 和 GNOME 两个主要的桌面环境。

KDE 和 GNOME 都集成了桌面环境，用户所看到的窗口界面一致，并且都可以用客户程序编辑文档、阅读邮件和新闻、网上冲浪等。两者都试图使界面更加直观。现在，GNOME 与 KDE 成为了两大竞争阵营，必将使得 Linux 更加易于使用。

习　题

1. 什么是 KDE 界面？一般而言，普通 PC 允许几个 KDE 界面与装置？
2. 若以 X-Window 为预设的登入方式，那如何进入 Virtual Console 呢？
3. 什么是 Shell？它的作用是什么？
4. 什么是 X Window？
5. X Window 的原理是什么？

第 4 章　Linux 文件管理

4.1　Linux 文件管理概述

4.1.1　文件系统的概念

文件系统是操作系统用于管理磁盘或磁盘分区上的文件的方法和数据结构，有时也指在磁盘上组织文件的方法。每种操作系统都有自己独特的文件系统，如 MS-DOS 文件系统、Unix 文件系统等。文件系统包括了文件的组织结构、处理文件的数据结构、操作文件的方法等。Linux 自行设计开发的文件系统称为 EXT2。

磁盘上的文件系统采用层次结构，由若干目录和其子目录组成，最上层的目录称做根(root)目录，用“/”表示。

4.1.2　文件与目录的定义

文件是数据的集合，是文件系统中存储数据的一个命名的对象，其名称为文件名。文件名由字符串组成，存储在对应该文件的目录项中。一个文件可以是空文件(即没有包含用户数据，但是它仍然为操作系统提供了其它信息)，也可以是由多行命令组成的命令文件，还可以是按约定的一定格式组成的程序或数据的集合。文件可驻留在物理设备上，如硬盘和 CD-ROM 等设备常驻留多个文件。

目录是文件系统中的一个单元，目录中可以存放文件和目录。文件和目录以层次结构的方式进行管理。要访问设备上的文件，必须把它的文件系统与指定的目录联系起来。在目录文件中包含了目录中所有文件的目录项，每个目录项包含相应文件的名字和 I 节点号。在 I 节点中存放了该文件的控制管理信息。文件系统中的每个文件都登记在一个或多个目录中。

子目录指被包含在另一个目录中的目录。包含子目录的目录称做父目录。除了 root 目录以外，所有的目录都是子目录，并且有它们的父目录。root 目录就作为自己的父目录。

路径名指定了一个文件在分层树型结构(即文件系统)中的位置，路径名是由斜线字符(/)结合在一起的一个或多个文件名的集合。

在查看文件系统时要使用一个参考点目录，它就称做当前工作目录。用 ls 命令可以列出当前工作目录中所包含的文件和子目录的名称。一般地，文件名按照 ASCII 码顺序列出，以数字开头的文件名列在前面，然后是以大写字母开头的文件名，最后是以小写字母开头的文件名。

4.1.3　Linux 文件系统的树型结构

如前所述，文件系统是操作系统用来存储和管理文件的方法，在 Linux 中每个分区都是一个文件系统，都有自己的目录层次结构。Linux 将这些不同分区并且相互独立的文件系统按一定的方式组织成一个总的目录层次结构。

Linux 文件系统采用了多级目录的树型层次结构来管理文件。树型结构的最上层是根目录，用/表示。在根目录之下是各层目录和文件。在每层目录中可以包含多个文件或下一级目录。每个目录和文件都有由多个字符组成的目录名或文件名。系统在运行中通过使用命令或系统调用进入任何一层目录，这时系统所处的目录称为当前目录，如图 4-1 所示。

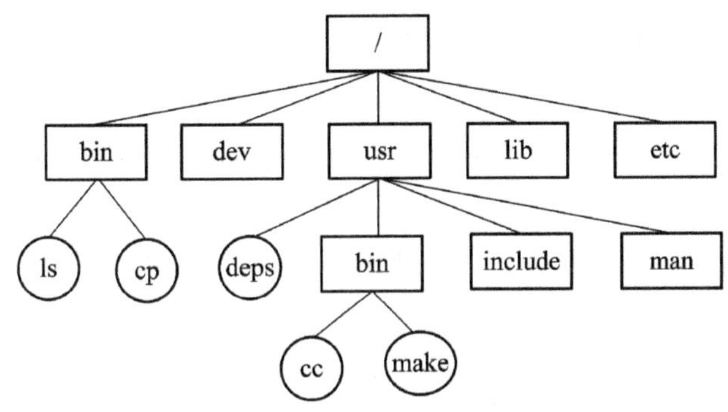

图 4-1　Linux 文件系统的树型结构

Linux 使用两种方法来表示文件或目录的位置，绝对路径和相对路径。绝对路径是从根目录开始依次指出各层目录的名字，它们之间用“/”分隔，如 /usr/include。相对路径是从当前目录开始，指定其下层各个文件及目录的方法，如系统当前目录为 /usr，bin/cc。

Linux 的一个目录就是一个驻留在磁盘上的文件，称为目录文件。系统对目录文件的处理方法与一般文件相同。目录由若干目录项组成，每个目录项对应目录中的一个文件。在一般操作系统的文件系统中，目录项由文件名和属性、位置、大小、建立或修改时间、访问权限等文件控制信息组成。Linux 继承了 Unix 的特性，把文件名和文件控制信息分开管理，文件控制信息单独组成一个称为 I 节点(Inode)的结构体。Inode 实质上是一个由系统管理的“目录项”。每个文件对应一个 Inode，它们有唯一的编号，称为 Inode 号。因此，Linux 的目录项只由两部分组成：文件名和 Inode 号，如图 4-2 所示。

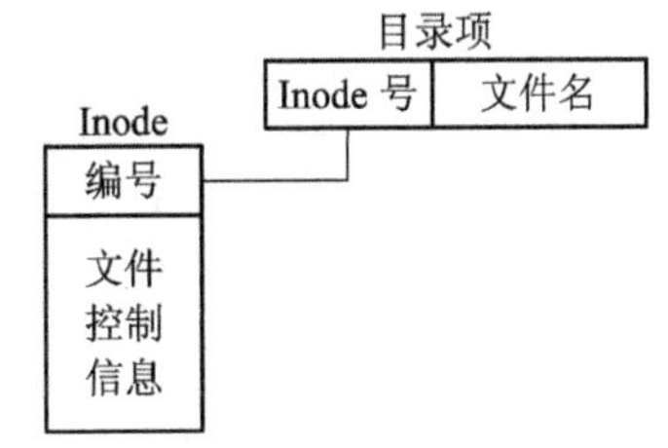

图 4-2　Linux 文件系统的目录项

4.1.4　文件的类型

1. 普通文件

普通文件是计算机用户和操作系统用于存放数据、程序等信息的文件，一般都存放在外存储器(磁盘、磁带等)中。

普通文件一般又分为文本文件和二进制文件。

2. 目录文件

目录文件是文件系统中一个目录所包含的目录项组成的文件。目录文件只允许系统进行修改。用户进程可以读取目录文件，但不能对它们进行修改。两个特殊的目录项：“ . ”代表目录本身；“ .. ”表示父目录。

3. 设备文件

设备文件是用于与 I/O 设备提供连接的一种文件，分为字符设备文件和块设备文件，并分别对应于字符设备和块设备。Linux 把对设备的 I/O 操作作为普通文件的读取/写入操作，系统内核提供了对设备处理和对文件处理的统一接口。计算机系统中的每一种 I/O 设备都对应一个设备文件，该设备文件存放在 /dev 目录中，如行式打印机对应的设备文件是 /dev/lp，第一个软盘驱动器对应的设备文件是 /dev/fd0。

4. 管道文件

管道文件主要用于在进程间传递数据。管道是进程间传递数据的“媒介”。某进程数据写入管道的一端，另一个进程从管道另一端读取数据。Linux 对管道的操作与文件操作相同，它把管道作为文件进行处理。管道文件又称先进先出(FIFO)文件。

5. 链接文件

链接文件又称符号链接文件，它提供了共享文件的一种方法。在链接文件中不是通过文件名实现文件共享，而是通过链接文件中包含的指针来实现对文件的访问的。普通用户可以建立链接文件，并通过其指针指向所需的文件。使用链接文件可以访问普通文件，还可以访问目录文件和不具有普通文件实态的其它文件。链接文件可以在不同的文件系统之间建立链接关系。

从对文件内容处理的角度，无论是哪种类型的文件，Linux 都看做是无结构的流式文件，即把文件的内容看做是一系列有序的字符流。

4.1.5　文件的访问权限

为了保证文件信息的安全，Linux 设置了文件保护机制，其中之一就是给文件都设定了一定的访问权限。当文件被访问时，系统首先检验访问者的权限，只有与文件的访问权限相符时才允许对文件进行访问。Linux 中的每一个文件都归某一个特定的用户所有，而且一个用户一般总是与某个用户组相关。

Linux 对文件的访问设定了三级权限：文件所有者、与文件所有者同组的用户和其它用户。

对文件的访问主要是三种处理操作：读取、写入和执行。三级访问权限和三种处理操作形成了 9 种情况，如图 4-3 所示。

图 4-3　访问权限及处理操作

4.1.6　常用命令

本节介绍 Linux 文件管理的一些常用命令，其中命令格式中用方括号括起的部分表示可选项(亦可缺省)，source、dest 则分别表示命令的源及目标，其余说明可参见具体命令的介绍。

1. cd

cd 命令用于改变目录，它的用法跟 DOS 下的 cd 命令基本一致。

其各个参数的说明如下：

cd ..：可进入上一层目录；

cd-：可进入上一个进入的目录；

cd ~：可进入用户的 home 目录。

2. cp

cp 命令用于将一个文件拷贝至另一个文件，或将数个文件拷贝至另一目录。

cp 的命令格式如下：

```
cp [参数] source dest
cp [参数] source... directory
```

其各个参数的说明如下：

-a：尽可能将文件状态、权限等资料都照原状予以复制。

-r：若 source 中含有目录名，则将目录下的文件依序拷贝至目的地。

-f：若目的地已经有同名文件存在，则在复制前先予以删除再行复制。

例如，将文件 aaa 复制(已存在)，并命名为 bbb，可输入如下命令：

```
cp aaa bbb
```

若将所有的 C 语言程序拷贝至 Finished 子目录中，则输入：

```
cp *.c Finished
```

3. mv

mv 命令用于将一个文件移至另一文件，或将数个文件移至另一目录。

mv 的命令格式如下：

```
mv [参数] source dest
mv [参数] source... directory
```

其各个参数的说明如下：

-i：若目的地已有同名文件，则先询问是否覆盖旧文件。

例如，将文件 aaa 更名为 bbb，则输入命令：

```
mv aaa bbb
```

若将所有的 C 语言程序移至 Finished 子目录中，则输入命令：

```
mv -i *.c /Finished
```

4. chmod

Linux/Unix 的文件存取权限分为三级：文件拥有者、群组(group)、其它。利用 chmod 可以控制文件如何被他人所存取。

chmod 的命令格式如下：

chmod [-cfvR] [--help] [--version] mode file...

其各个参数的说明如下：

mode：权限设定字串，格式为[ugoa...][+-=][rwxX]...][,...]。其中，u 表示该文件的拥有者；g 表示与该文件的拥有者属于同一个群组(group)；o 表示其它以外的人；a 表示这三者皆是；+ 表示增加权限；- 表示取消权限；= 表示唯一设定权限；r 表示可读取；w 表示可写入；x 表示可执行；X 表示只有当该文件是子目录或者该文件已经被设定过为可执行。

-c：若该文件权限确实已经更改，才显示其更改动作。

-f：若该文件权限无法被更改也不要显示错误信息。

-v：显示权限变更的详细资料。

-R：对目前目录下的所有文件与子目录进行相同的权限变更(即以递回的方式逐个变更)。

例如，将文件 file1.txt 设为该文件拥有者与所属同一个群体者可读取，可输入如下命令：

chmod ugo+r file1.txt

若将文件 file1.txt 设为所有人皆可读取，则输入如下命令：

chmod a+r file1.txt

若将文件 file1.txt 与 file2.txt 设为该文件拥有者与其所属同一个群体者可写入，但其它以外的人不可写入，则输入如下命令：

chmod ug+w,o-w file1.txt file2.txt

若将 ex1.py 设定为只有该文件拥有者可以执行，则输入如下命令：

chmod u+x ex1.py

若将目前目录下的所有文件与子目录皆设为任何人可读取，则输入如下命令：

chmod -R a+r *

此外，chmod 也可以用数字来表示权限，如：chmod 777 file。其语法格式如下：

chmod abc file

其中，a、b、c 各为一个数字，分别表示 User、Group 及 Other 的权限。

例如：r=4，w=2，x=1。

若要 rwx 属性，则 4+2+1=7；

若要 rw-属性，则 4+2=6；

若要 r-x 属性，则 4+1=5。

又如：chmod a=rwx file 和 chmod 777 file 效果相同；chmod ug=rwx，o=x file 和 chmod 771 file 效果相同。

若用 chmod 4755 filename 可使此程序具有 root 的权限。

5. ls

ls 命令用于显示指定工作目录下的内容(列出目前工作目录所含的文件及子目录)。

ls 的命令格式如下：

ls [参数] [文件]

其各个参数的说明如下：

-a：显示所有文件及目录(ls 内定将文件名或目录名称开头为“ . ”的文件视为隐藏文件，不会列出)。

-l：除文件名称外，亦将文件形态、权限、拥有者、文件大小等信息详细列出。

-r：将文件以相反次序显示(原定英文字母次序)。

-t：将文件以建立时间的先后次序列出。

-A：同 -a，但不列出“ . ”(目前目录)及“ .. ”(父目录)。

-F：在列出的文件名称后加一符号；例如可执行档则加“ * ”，目录则加“ / ”。

-R：若目录下有文件，则以下文件均依序列出。

例如，列出目前工作目录下所有名称以 s 开头的文件，愈新的排愈后面，输入如下命令：

```
ls -ltr s*
```

若将 /bin 目录以下所有目录及文件详细资料列出，则输入如下命令：

```
ls -lR /bin
```

若列出目前工作目录下所有文件及目录，目录的名称后加“ / ”，可执行文件的名称后加“ * ”，则输入如下命令:

```
ls -AF
```

6. rm

rm 命令用来删除文件及目录。

rm 的命令格式如下：

```
rm [参数] [文件]
```

其各个参数的说明如下：

-i：删除前逐一询问确认。

-f：即使原文件属性设为只读，可直接删除，无需逐一确认。

-r：将目录及以下文件逐一删除。

例如，删除所有 C 语言程序文件，删除前逐一询问确认，则输入如下命令：

```
rm -i *.c
```

若将 Finished 子目录及子目录中所有文件删除，则输入如下命令：

```
rm -r Finished
```

7. rmdir

rmdir 命令用于删除空目录。

rmdir 的命令格式如下：

```
rmdir [-p] [文件]
```

其中，-p 指若子目录被删除后使它成为空目录，则将其一并删除。

例如，将工作目录下，名为 AAA 的子目录删除，则输入如下命令：

```
rmdir AAA
```

若在工作目录下的 BBB 目录中，删除名为 Test 的子目录。若 Test 删除后，BBB 目录成为空目录，则 BBB 也删除，则输入如下命令：

```
rmdir -p BBB/Test
```

8. touch

touch 命令用于改变文件的时间记录；ls -l 则可以显示文件的时间记录。

touch 的命令格式如下：

```
touch [-acfm]
[-r reference-file] [--file=reference-file]
[-t MMDDhhmm[CC]YY][.ss]
[-d time] [--date=time] [--time={atime,access,use,mtime,modify}]
[--no-create] [--help] [--version]
file1 [file2 ...]
```

其各个参数的说明如下：

a：改变文件的读取时间记录。

m：改变文件的修改时间记录。

c：假如目的文件不存在，不会建立新的文件。

f：不使用，是为了与其它 Unix 系统的相容性而保留。

r：使用参考档的时间记录，与 --file 的效果一样。

d：设定时间与日期，可以使用各种不同的格式。

t：设定文件的时间记录，格式与 date 指令相同。

例如，该命令最简单的使用方式，就是将文件的时间记录改为现在的时间。若文件不存在，系统会建立一个新的文件，则输入如下命令：

```
touch file
touch file1 file2
```

若将 file 的时间记录改为 2000 年 5 月 6 日 18 点 3 分。时间的格式可以参考 date 指令，至少需输入 MMDDHHmm，就是月日时与分，输入如下命令：

```
touch -c -t 05061803 file
touch -c -t 050618032000 file
```

若将 file 的时间记录改变成与 referencefile 一样，则输入如下命令：

```
touch -r referencefile file
```

若将 file 的时间记录改成 2000 年 5 月 6 日 18 点 3 分。时间可以使用 am、pm 或是 24 小时的格式，日期可以使用其它格式如 6 May 2000，则输入如下命令：

```
touch -d "6:03pm" file
touch -d "05/06/2000" file
touch -d "6:03pm 05/06/2000" file
```

4.2　Linux 文件阅读

本节介绍 Linux 中几种常用的文件内容查看工具，如 cat、more、less、head、tail 等，并通过一些实例介绍这些工具的使用方法。

1. cat

cat 是一个显示文件和连接文件内容的工具。查看一个文件的内容时，用 cat 比较简单，在 cat 后面直接列出要查看的文件名即可。例如：

```
[root@localhost ~]# cat /etc/fstab
```

cat 的语法结构如下：

```
cat[参数] [文件]...
```

其各个参数的说明如下：

-A：显示所有，等价于–vET。

-b：对非空输出行编号。

-e：等价于-vE。

-E：在每行结束处显示 $。

-n：对输出的所有行编号。

-s：不输出多行空行。

-t：与-vT 等价。

-T：将文件中的 Tab 键显示为^I。

-v：显示除 Tab 和 Enter 之外的所有字符。

--help：显示此帮助信息并离开。

下面介绍几个 cat 查看文件内容的实例。例如，输入命令：

```
[root@localhost etc]# cat /etc/grub.conf
```

则可查看 /etc/ 目录下的 grub.conf 文件内容，其结果如图 4-4 所示。

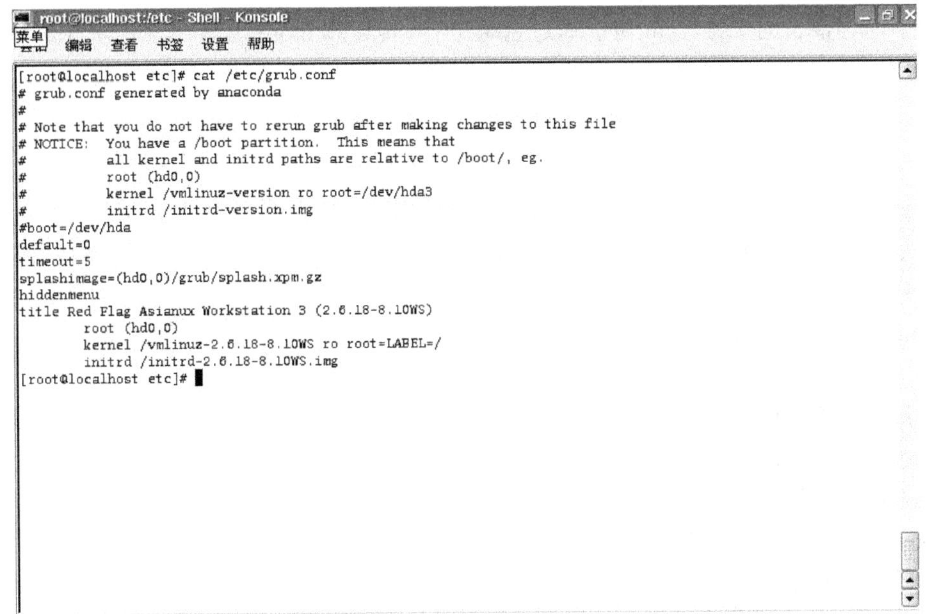

图 4-4　/etc/ 目录下的 grub.conf 文件内容

cat 可以同时显示多个文件的内容，比如可以在一个 cat 命令上同时显示两个文件的内容。例如输入命令：

```
[root@localhost ~]# cat /etc/fstab/grub.conf
```

其结果如图 4-5 所示。

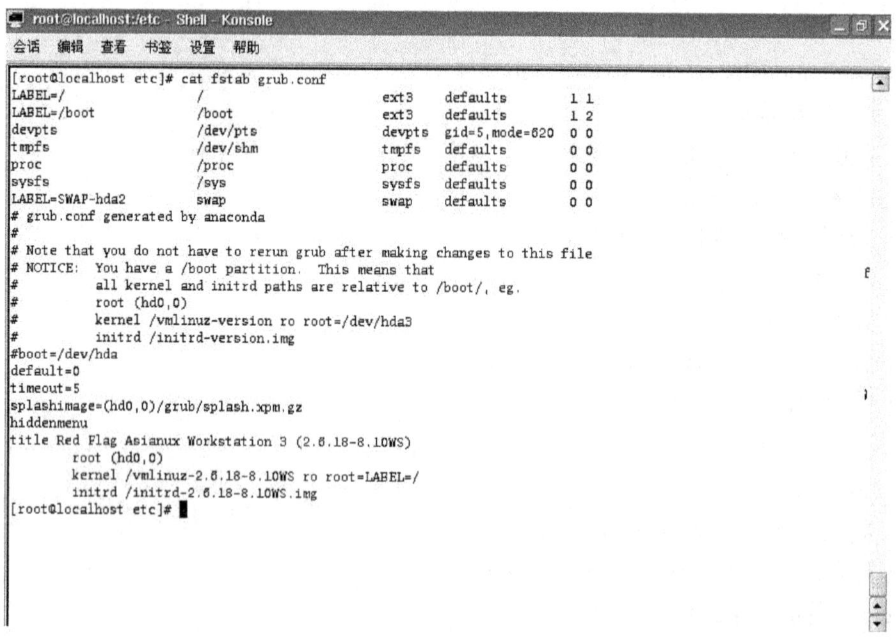

```
[root@localhost etc]# cat fstab grub.conf
LABEL=/                 /               ext3    defaults        1 1
LABEL=/boot             /boot           ext3    defaults        1 2
devpts                  /dev/pts        devpts  gid=5,mode=620  0 0
tmpfs                   /dev/shm        tmpfs   defaults        0 0
proc                    /proc           proc    defaults        0 0
sysfs                   /sys            sysfs   defaults        0 0
LABEL=SWAP-hda2         swap            swap    defaults        0 0
# grub.conf generated by anaconda
#
# Note that you do not have to rerun grub after making changes to this file
# NOTICE:  You have a /boot partition.  This means that
#          all kernel and initrd paths are relative to /boot/, eg.
#          root (hd0,0)
#          kernel /vmlinuz-version ro root=/dev/hda3
#          initrd /initrd-version.img
#boot=/dev/hda
default=0
timeout=5
splashimage=(hd0,0)/grub/splash.xpm.gz
hiddenmenu
title Red Flag Asianux Workstation 3 (2.6.18-8.10WS)
        root (hd0,0)
        kernel /vmlinuz-2.6.18-8.10WS ro root=LABEL=/
        initrd /initrd-2.6.18-8.10WS.img
[root@localhost etc]#
```

图 4-5　在一个 cat 命令上同时显示两个文件的内容

对于内容很长的文件，cat 可以通过管道“ | ”传送到 more 工具，然后逐页查看。例如输入命令：

[root@localhost ~]# cat /etc/fstab /etc/profile | more

2. more

more 的主要功能是查看文件内容或显示输出内容，它是最常用的工具之一，该命令不仅能显示文件内容或输出的内容，还可根据窗口的大小进行分页显示，且能提示已显示文件的百分比。

more 的语法格式如下：

more[参数] [文件]

其各个参数的说明如下：

+num：从第 num 行开始显示。

-num：定义屏幕大小为 num 行。

+/pattern：从 pattern 前两行开始显示。

-c：从顶部清屏然后显示。

-d：提示“Press space to continue, ‘q’ to quit.”(按空格键继续，按 q 键退出)，禁用响铃功能。

-l：忽略 Ctrl+l (换页)字符。

-p：通过清除窗口而不是滚屏来对文件进行换页。该参数和-c 参数有点相似。

-s：把连续的多个空行显示为一行。

-u：把文件内容中的下划线去掉。

退出 more 的动作指令是 q。

下面是 more 的应用举例。例如输入命令：

[root@localhost etc]# more /etc/profile

其结果如图 4-6 所示。

root@localhost:/etc - Shell - Konsole

会话　编辑　查看　书签　设置　帮助

```
[root@localhost etc]# more /etc/profile
# /etc/profile

# System wide environment and startup programs, for login setup
# Functions and aliases go in /etc/bashrc
;
pathmunge () {
        if ! echo $PATH | /bin/egrep -q "(^|:)$1($|:)" ; then
           if [ "$2" = "after" ] ; then
              PATH=$PATH:$1
           else
              PATH=$1:$PATH
        q  fi
        fi
}

# ksh workaround
if [ -z "$EUID" -a -x /usr/bin/id ]; then
        EUID=`id -u`
        UID=`id -ru`
fi

# Path manipulation
if [ "$EUID" = "0" ]; then
        pathmunge /sbin
        pathmunge /usr/sbin
        pathmunge /usr/local/sbin
fi

# No core files by default
ulimit -S -c 0 > /dev/null 2>&1
```

图 4-6　more 的应用举例

输入命令：

[root@localhost ~]# more -dc /etc/profile

执行结果：显示提示，并从终端或控制台顶部显示。

输入命令：

[root@localhost ~]# more +4 /etc/profile

执行结果：从 profile 的第 4 行开始显示。

输入命令：

[root@localhost ~]# more -4 /etc/profile

执行结果：每屏显示 4 行。

more 的动作指令：

当查看一个内容较大的文件时，要用到 more 的动作指令，比如 Ctrl + f(或空格键) 是向下显示一屏；Ctrl + b 是返回上一屏；Enter 键可以向下滚动显示 n 行，默认为 1 行。

下面介绍其它命令通过管道与 more 结合的运用例子。

比如列出一个目录下的所有文件，由于内容太多，用 more 来分页显示，使用时和管道“|”结合起来，比如输入命令：

[root@localhost ~]# ls -l /etc |more

其结果如图 4-7 所示。

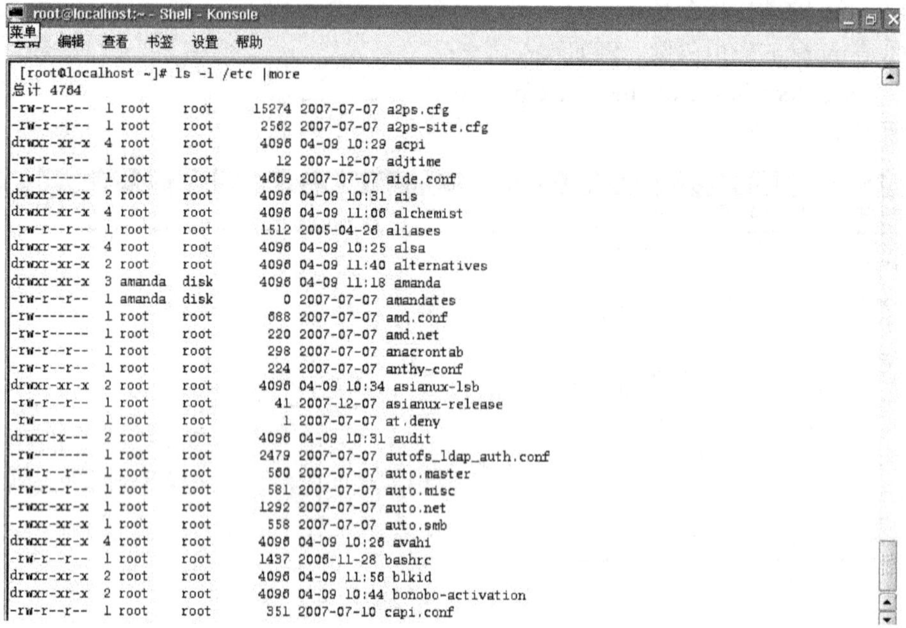

图 4-7　more 的动作指令示例

3. less

less 也是对文件或其它输出进行分页显示的工具，其作用与 more 相似，但 less 改进了 more 命令不能返回上一级查看的缺陷，可以简单使用键盘上的 PageUp 键向上来浏览已经看过的部分。而且，因为 less 并未在一开始就读入整个文件，因此在遇上一个大型文件的开启时，会比一般的文本编辑器速度快。

less 的语法格式如下：

　　less [参数] [文件]

其各个参数的说明如下：

-c：从顶部(从上到下)刷新屏幕，并显示文件内容，而不是通过底部滚动完成刷新。

-f：强制打开文件，二进制文件显示时，不提示警告。

-i：搜索时忽略大小写，除非搜索串中包含大写字母。

-I：搜索时忽略大小写，除非搜索串中包含小写字母。

-m：显示读取文件的百分比。

-M：显示读取文件的百分比、行号及总行数。

-N：在每行前输出行号。

-p：pattern 搜索，比如在 /etc/profile 中搜索单词 MAIL，就用 less -p MAIL /etc/profile。

-s：把连续多个空白行作为一个空白行显示。

-Q：在终端下不响铃。

例如输入命令：

　　[root@localhost ~]# less -N /etc/profile

在显示/etc/profile 的内容时，让其显示行号，其结果如图 4-8 所示。

```
  1 # /etc/profile
  2
  3 # System wide environment and startup programs, for login setup
  4 # Functions and aliases go in /etc/bashrc
  5 ;
  6 pathmunge () {
  7         if ! echo $PATH | /bin/egrep -q "(^|:)$1($|:)" ; then
  8            if [ "$2" = "after" ] ; then
  9               PATH=$PATH:$1
 10            else
 11               PATH=$1:$PATH
 12         q   fi
 13         fi
 14 }
 15
 16 # ksh workaround
 17 if [ -z "$EUID" -a -x /usr/bin/id ]; then
 18         EUID=`id -u`
 19         UID=`id -ru`
 20 fi
 21
 22 # Path manipulation
 23 if [ "$EUID" = "0" ]; then
 24         pathmunge /sbin
 25         pathmunge /usr/sbin
 26         pathmunge /usr/local/sbin
 27 fi
 28
 29 # No core files by default
 30 ulimit -S -c 0 > /dev/null 2>&1
 31
/etc/profile
```

图 4-8　显示文件内容的行号

4. head

head 的功能是显示一个文件内容的前若干行。其用法比较简单。

head 的语法格式如下：

　　head -n [行数值] [文件]

若要显示/etc/profile 的前 10 行内容，其操作过程和结果如图 4-9 所示。具体操作命令如下：

　　[root@localhost ~]# head -n 10 /etc/profile

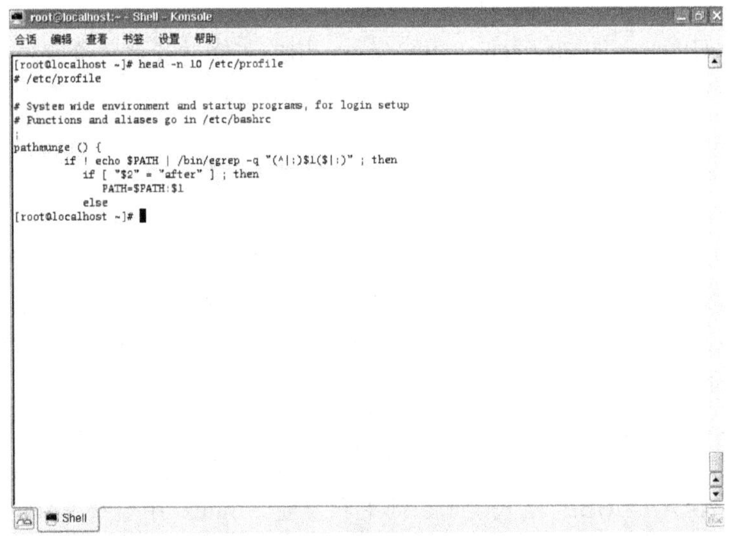

图 4-9　显示文件内容的前 10 行

5. tail

tail 的功能是显示一个文件内容的倒数若干行或文件内容的最后几行。

tail 的语法格式如下：

tail -n [行数值] [文件]

若我们要显示/etc/profile 的最后 5 行内容，其执行过程和结果如图 4-10 所示。具体操作命令如下：

[root@localhost ~]# tail -n 5 /etc/profile

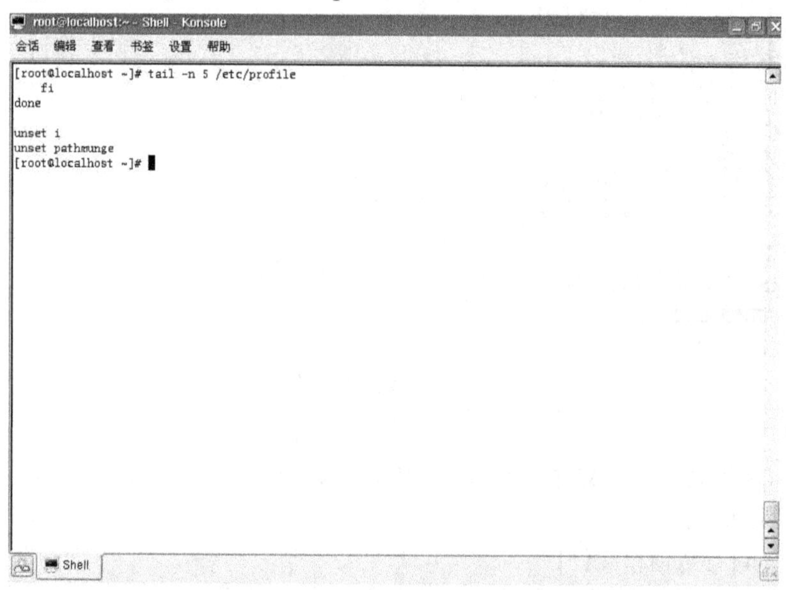

图 4-10　显示/etc/profile 的最后 5 行内容

需要说明的是，Linux 中可用 !command 调用 Shell，也可以运行 Linux 的命令。例如 !ls 可显示当前列当前目录下的所有文件。

还要注意，如就 less 的动作来说，内容太多，用的时候最好查一查 man less，在这里不再举例。

4.3　Linux 文件查询

每一种操作系统都是由成千上万个不同种类的文件所组成的。其中有系统文件、用户文件，还有共享文件等。在微软的 Windows 操作系统中要查找一份文件是相当简单的事情，只要在桌面上点击“开始”→“搜索”，就能按照各种方式在本地硬盘、局域网络甚至在 Internet 上查找各种文件、文档。

在 Linux 上查找某个文件是一件比较麻烦的事情。在 Linux 中需要使用专用的“查找”命令来寻找在硬盘上的文件。Linux 下的文件表达格式非常复杂，不像 Windows、DOS 下都是统一的 AAAAAAA.BBB 格式，那么简单和方便。Linux 中查找文件的命令有 find、whereis、locate、grep。现对这几个查找文件命令作以介绍。

1. find

find 的语法格式如下：

find [起始目录] [查找条件] [操作]

Linux 中查找文件通常用“find”命令，“find”命令通过文件名查找需要的文件。对于 Linux 初学者来说，学习“find”命令也是了解和学习 Linux 文件特点的过程。find 命令可以解决知道某个文件的文件名，而不知道这个文件放在哪个文件夹，甚至是层层套嵌的文件夹里的问题。举例说明，假设忘记了 httpd.conf 这个文件在系统的哪个目录下，甚至在系统的什么地方也不知道，则可以使用如下命令：

find / -name httpd.conf

这个命令很容易明白，就是直接在 find 后面写上 -name，表明要求系统按照文件名查找，最后写上 httpd.conf 这个目标文件名即可。查找的结果如图 4-11 所示。

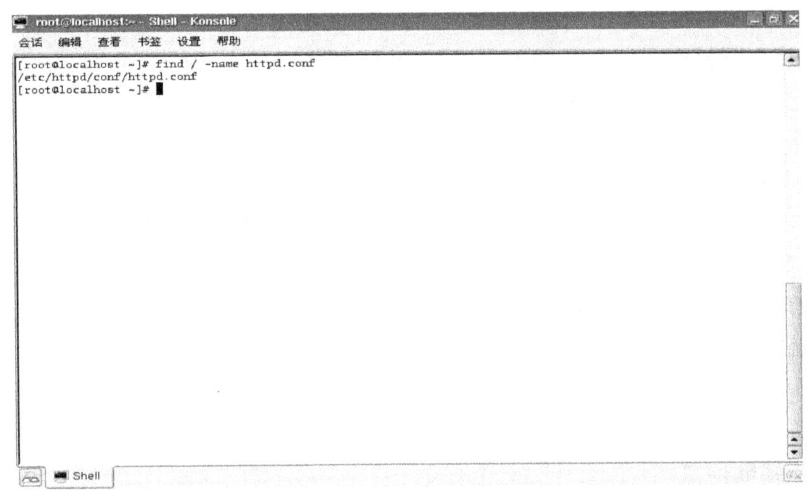

图 4-11　系统按照文件名查找

由图 4-11 可以看出，etc/httpd/conf/httpd.conf 就是 httpd.conf 这个文件在 Linux 系统中的完整路径。

如果输入以上查找命令后系统并没有显示出结果，那么并不一定是系统没有执行 find/ -name httpd.conf 命令，可能是系统中没有安装 Apache 服务器，这时只要先安装 Apache Web 服务器，然后再使用 find / -name httpd.conf 就能找到这个配置文件。

2. whereis 命令

whereis 的语法格式如下：

whereis [参数] [文件]

whereis 的功能是查找可执行程序、源程序和使用手册。其各个参数的说明如下：

-b：只查找二进制文件。

-B<目录>：只在设置的目录下查找二进制文件。

-f：不显示文件名前的路径名称。

-m：只查找说明文件。

-M<目录>：只在设置的目录下查找说明文件。

-s：只查找原始代码文件。

-S<目录>：只在设置的目录下查找原始代码文件。

-u：查找不包含指定类型的文件。

3. locate 命令

locate 让使用者可以快速地搜寻文件系统内是否有指定的文件。其方法是先建立一个包括系统内所有文档名称及路径的资料库，之后当寻找时就只需查询这个资料库，而不必从头到尾再在文件系统中一一查找。在一般的 distribution 中，资料库的建立都被放在 contab 中自动执行。一般使用者在使用时只要用 #locate[文件名]的形式就可以查找到指定的文件。

locate 的语法格式如下：

locate [参数] [文件]

其中各参数的说明如下：

-U/-u：建立资料库，-u 会由根目录开始；-U 则可以指定开始的位置。

-e：将指定文件排除在寻找的范围之外。

-1：如果是 1，则启动安全模式。在安全模式下，使用者不会看到被限制的文档。这同时会使速度减慢，因为 locate 必须在实际的文件系统中取得文件的权限资料。

-f：将特定的文件系统排除在外，一般不会把 proc 文件系统中的文件放在资料库中。

-q：安静模式，不会显示任何错误信息。

-n：至多显示 n 个输出。

-r：使用正规运算式作寻找的条件。

-o：指定资料库存的名称。

-d：指定资料库的路径。

-h：显示辅助信息。

-v：显示更多的信息。

-V：显示程序的版本信息。

例如，查找相关的 install.log，如图 4-12 所示。

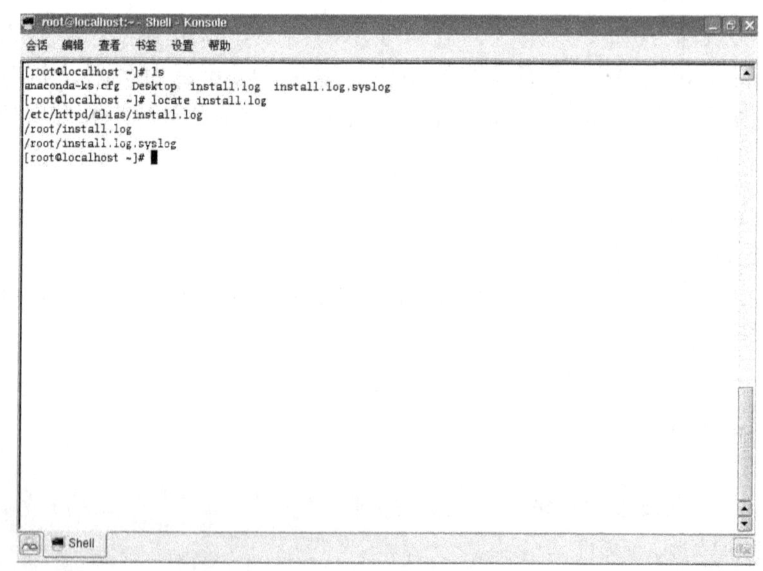

图 4-12　查找相关的 install.log

4. grep 命令

grep 命令适合在文件中查找指定的字符串。例如，要在 sneakers.txt 文件中查找每一个提到“coffee”的地方，则可以键入：

```
grep coffee sneakers.txt
```

然后就会在屏幕上看到文件中带有“coffee”的每一行。

4.4　Linux 文件压缩与备份

用户经常需要备份计算机系统中的数据，为了节省存储空间，常常将备份文件进行压缩。下面分别介绍备份与压缩的命令。

1. tar 命令

tar 的语法格式如下：

```
tar [参数] [打包文件名] [文件]
```

tar 可以为文件和目录创建文件。利用 tar，用户可以为某一特定文件创建文件(备份文件)，也可以在文件中修改文件，或者向文件中加入新的文件。tar 最初被用来在磁带上创建文件，随着技术的进步，现在用户可以在任何设备上创建文件，如软盘、U 盘、移动硬盘、硬盘等。利用 tar 命令，可以把很多的文件和目录全部打包成一个文件，这对于备份文件或将几个文件组合成为一个文件以便于网络传输是非常有用的。Linux 上的 tar 是 GNU 版本的命令。

Linux 上 tar 的语法格式如下：

```
tar 主选项+[辅助选项] [文件或者目录]
```

使用该命令时，必须要有主选项，它表明了 tar 要做什么事情，辅助选项是辅助使用的，可以选择使用。

主选项的说明如下：

c：创建新的文件。如果用户需备份一个目录或一些文件，则要选择此选项。

r：把要存档的文件追加到文件的末尾。例如用户已经做好备份文件，又发现还有一个目录或是一些文件忘记了备份，这时可以使用该选项，将忘记的目录或文件追加到备份文件中。

t：列出文件的内容，查看已经备份了哪些文件。

u：更新文件，即用新增的文件取代原备份文件，如果在备份文件中找不到要更新的文件，则把它追加到备份文件的最后。

x：从文件中释放文件。

辅助选项的说明如下：

b：是为磁带机设定的。其后跟一数字，用来说明区块的大小，系统预设值为 20(即 20 × 512 B)。

f：使用文件或设备，此选项通常必选。

k：保存已经存在的文件。例如我们把某个文件还原，在还原的过程中，遇到相同的文件，不会进行覆盖。

m：在还原文件时，把所有文件的修改时间设定为当前时间。

M：创建多卷的文件，以便在几个磁盘中存放。

v：详细报告 tar 处理的文件信息。如无此选项，tar 不报告文件信息。

w：每一步都要求确认。

z：用 gzip 来压缩/解压缩文件，加上该选项后可以将文件进行压缩，但还原时也一定要使用该选项进行解压缩。

如要把 /home 目录下包括它的子目录全部进行备份，备份文件名为 usr.tar，那么输入命令如下：

```
$ tar cvf usr.tar /home
```

把 /home 目录下包括它的子目录全部进行备份，并进行压缩，备份文件名为 usr.tar.gz，输入命令如下：

```
$ tar czvf usr.tar.gz /home
```

把 usr.tar.gz 这个备份文件还原并解压缩，输入命令如下：

```
$ tar xzvf usr.tar.gz
```

查看 usr.tar 备份文件的内容，并以分屏方式显示在显示器上，输入命令如下：

```
$ tar tvf usr.tar | more
```

要将文件备份到一个特定的设备，只需把设备名作为备份文件名，例如：用户在 /dev/fd0 设备的软盘中创建一个备份文件，并将 /home 目录中所有的文件都拷贝到备份文件中，输入命令如下：

```
$ tar cf /dev/fd0 /home
```

要恢复设备磁盘中的文件，可使用 xf 选项，输入命令如下：

```
$ tar xf /dev/fd0
```

如果用户备份的文件大小超过设备可用的存储空间，如软盘，则可以创建一个多卷的 tar 备份文件。M 选项指示 tar 命令提示使用一个新的存储设备，当使用 M 选项向一个软驱进行存档时，tar 命令在一张软盘已满的时候会提醒再放入一张新的软盘。这样，就可以把 tar 文件存入几张磁盘中。输入命令如下：

```
$ tar cMf /dev/fd0 /home
```

要恢复几张盘中的文件，只要将第一张盘放入软盘驱动器，然后输入有 x 和 M 选项的 tar 命令。在必要时您会被提醒放入另外一张软盘。输入命令如下：

```
$ tar xMf /dev/fd0
```

2. gzip 命令

Linux 通常使用“gzip [选项] 文件名”的格式来减少文件占用的空间。其有两个明显的好处，一是可以减少存储空间，二是通过网络传输文件时可以减少传输的时间。gzip 是在 Linux 系统中经常使用的一个对文件进行压缩和解压缩的命令，既方便又好用。

gzip 的语法格式如下：

gzip [参数][压缩(解压缩)的文件名]

其中各参数的说明如下：

-c：将输出写到标准输出上，并保留原有文件。

-d：将压缩文件解压。

-l：对每个压缩文件，显示字段、压缩文件的大小、未压缩文件的大小、压缩比、未压缩文件的名字。

-r：递归式地查找指定目录并压缩其中的所有文件或者是解压缩。

-t：测试，检查压缩文件是否完整。

-v：对每一个压缩和解压的文件，显示文件名和压缩比。

-num 用指定的数字 num 调整压缩的速度，-1 或 --fast 表示最快压缩方法(低压缩比)，-9 或 --best 表示最慢压缩方法(高压缩比)。系统缺省值为 6。

假设一个目录 /home 下有文件 mm.txt、sort.txt、xx.com，现要把 /home 目录下的每个文件压缩成 .gz 文件，可输入如下命令：

```
$ cd /home
$ gzip *
$ ls
```

则结果如下：

mm.txt.gz，sort.txt.gz，xx.com.gz

3. gunzip 命令

gunzip 的语法格式如下：

gunzip [参数] [文件名.zp]

gunzip 命令与 gzip 相对，专门把 gzip 压缩的.gz 文件解压缩。如果有已经压缩过的文件，例如 exam1.gz，这时就可以用此命令解压缩：#gunzip exam1.gz。该操作也可以用 gzip 来完成，效果会完全一样，命令是：#gzip –d exam1.gz。

其中各参数的说明如下：

-a 或 --ascii：使用 ASCII 文字模式。

-c、--stdout 或 --to-stdout：把解压后的文件输出到标准输出设备。

-f 或 -force：强行解开压缩文件，不理会文件名称或硬连接是否存在以及该文件是否为符号连接。

-h 或 --help：在线帮助。

-l 或 --list：列出压缩文件的相关信息。

-L 或 --license：显示版本与版权信息。

-n 或--no-name：解压缩时，若压缩文件内含有原来的文件名称及时间戳记，则将其忽略不予处理。

-N 或 --name：解压缩时，若压缩文件内含有原来的文件名称及时间戳记，则将其回存到解开的文件上。

-q 或 --quiet：不显示警告信息。

-r 或 --recursive：递归处理，将指定目录下的所有文件及子目录一并处理。

-S<压缩字尾字符串>或 --suffix<压缩字尾字符串>：更改压缩字尾字符串。

-t 或 --test：测试压缩文件是否正确无误。

-v 或 --verbose：显示指令执行过程。

-V 或 --version：显示版本信息。

本章小结

作为一个通用的操作系统，文件管理是必不可少的功能。本章介绍了 Linux 文件管理命令(如 ls、more、less、head、tail 和 grep 等命令)的用法。实际工作中常用到文件的压缩与解压缩，故本章又介绍了 gzip、gunzip 和 tar 三个相关的文件压缩与解压缩常用命令，便于读者掌握。

习　题

1．请问/下的目录分别主要放置什么数据？

2．什么是绝对路径与相对路径？要由 /usr/share/doc 进入到/usr/share/man，用相对路径与绝对路径的写法各是什么？

3．在非为根目录的任何一个目录中，下达 ls –al 时，均会有“ . ”及“ .. ”这两个符号，请问它们分别代表什么？

4．显示、变换目录的时候，使用什么指令？

5. 新增目录、移除目录、移动目录与拷贝目录有什么指令可用？

6．如何查看一个文件的“内容”(不要使用 vi 的情况下)？

7．什么是 hard link 与 soft link 的文件？有何不同？

8．如何在 root 目录下建立一个 /bin 的连接快捷方式？

9．若一个文件属性为–rwxrwxrwt 则表示这个文件的意义是什么？

10．若需要将一个文件的属性改为 -rwxr-xr-- 请问该如何操作？

11．less 跟 more 有什么不同？

第 5 章　Linux 磁盘管理

5.1　Linux 文件系统

文件系统是 Linux 操作系统的重要组成部分，Linux 文件具有强大的功能。文件系统中的文件是数据的集合，文件系统不仅包含着文件中的数据而且还包含文件系统的结构，所有 Linux 用户和程序看到的文件、目录、软连接及文件保护信息等都存储在其中。

Linux 支持多种文件系统，包括 Minix、MS-DOS 和 EXT2 等文件系统，还包括 ext3、JFS 和 ReiserFS 等新的日志型文件系统。此外，Linux 还支持加密文件系统(比如 CFS)和虚拟文件系统(比如/proc)。

Linux 最早的文件系统是 Minix，但是专门为 Linux 设计的文件系统——扩展文件系统第 2 版(或称 EXT2)，设计出来并添加到 Linux 中后对 Linux 产生了重大影响。EXT2 文件系统功能强大、易扩充，性能上进行了全面优化，也是现在 Linux 发布和安装的标准文件系统类型。

在 Linux 中，实际文件系统从操作系统和系统服务中分离出来，它们之间通过一个接口层(即虚拟文件系统，或称 VFS)来进行通信。VFS 使得 Linux 可以支持多个不同的文件系统，每个文件系统表示一个 VFS 的通用接口。由于软件将 Linux 文件系统的所有细节进行了转换，所以 Linux 核心的其它部分及系统中运行的程序将看到统一的文件系统。Linux 的虚拟文件系统允许用户能同时透明地安装许多不同的文件系统。

Linux 和 Unix 并不使用设备标志符(如设备号或驱动器名称)来访问独立文件系统，而是通过一个将整个文件系统表示成单一实体的层次树结构来访问它。 Linux 每安装(Mount)一个文件系统都会将其加入到文件系统层次树中。不管文件系统属于什么类型，都被连接到一个目录上且此文件系统上的文件将取代此目录中已存在的文件。这个目录称为安装点或者安装目录。当卸载此文件系统时这个安装目录中原有的文件将再次出现。

在 Linux 文件系统中，作为一种特殊类型的 /proc 文件系统只存在于内存当中，而不占用外存空间。它以文件系统的方式为访问系统内核数据的操作提供接口。/proc 文件系统是一个伪文件系统，用户和应用程序可以通过 /proc 得到系统的信息，并可以改变内核的某些参数。

5.1.1　EXT2 文件系统

当磁盘初始化时(使用 fdisk)，磁盘中将添加一个描述物理磁盘逻辑构成的分区结构。每个分区可以拥有一个独立的文件系统，如 EXT2。文件系统将文件组织成包含目录、软连接等存在于物理块设备中的逻辑层次结构。包含文件系统的设备叫块设备。Linux 文件系统认为这些块设备是简单的线性块集合，它并不关心或理解底层的物理磁盘结构。对底层物理磁盘结构的工作由块设备驱动来完成，由它将对某个特定块的请求映射到正确的设备，此块所在硬盘的对应磁道、扇区及柱面数都被保存起来。不管哪个设备持有这个块，文件系统都使用相同的方式来寻找并操纵此块。

Linux 文件系统不管(至少对系统用户来说)系统中有哪些不同的控制器控制着哪些不同的物理介质，且这些物理介质上有几个不同的文件系统。文件系统甚至还可以不在本地磁盘上，而在通过网络连接的远程机器的硬盘上。

设有一个根目录内容如下的 SCSI 硬盘：

A	E	boot	etc	lib	opt	tmp	usr
C	F	cdrom	fd	proc	root	var	sbin
D	bin	dev	home	mnt	lost found		

此时，不管是用户还是程序都无需知道这些文件中的 /C 实际上是位于系统第一个 IDE 硬盘上并已安装 VFAT 文件系统。在此例中/E 表示系统中第二个 IDE 控制器上的主 IDE 硬盘。至于第一个 IDE 控制器是 PCI 控制器，第二个则是控制 IDE CDROM 的 ISA 控制器，这些都无关紧要。当使用 Modem 通过 PPP 网络协议来拨入网络时，可以将 Alpha AXP Linux 文件系统安装到 /mnt/remote 目录下。

文件系统中的文件是数据的集合。包含 Linux 磁盘管理内容的文件是一个名叫 filesystems.tex 的 ASCII 文件。文件系统不仅包含着文件中的数据而且还有文件系统的结构。所有 Linux 用户和程序员看到的文件、目录、软连接及文件保护信息等都存储在其中。此外，文件系统中必须包含安全信息以便保持操作系统的基本完整性。没人愿意使用一个动不动就丢失数据和文件的操作系统。

在 Linux 中普通文件和目录文件保存在称为块物理设备的磁盘(即物理盘)或者磁带上。一套 Linux 系统支持若干物理盘，每个物理盘可定义一个或者多个文件系统，其类似于微机磁盘分区。每个文件系统由逻辑块的序列组成，一个逻辑块空间一般划分为几个用途各不相同的部分，即引导块、超级块、Inode 区以及数据区等。

引导块在文件系统的开头，通常为一个扇区，其中存放引导程序，用于读入并启动操作系统；超级块用于记录文件系统的管理信息，特定的文件系统定义了特定的超级块；Inode 区又称索引节点，一个文件或目录占据一个索引节点，第一个索引节点是该文件系统的根节点，利用根节点可以把一个文件系统挂在另一个文件系统的非叶节点上；数据区用于存放文件数据或者管理数据。

Linux 最早引入的文件系统类型是 Minix。但 Minix 文件系统有一定的局限性，如文件名最长 14 个字符，文件最长 64 MB。第一个专门为 Linux 设计的文件系统是 EXT(Extended File System)，但目前流行最广的是 EXT2。

对文件系统而言，文件仅是一系列可读写的数据块。文件系统并不需要了解数据块应该放置到物理介质的什么位置，这些都是设备驱动的任务。无论何时只要文件系统需要从包含它的块设备中读取信息或数据，它将请求底层的设备驱动读取一个基本块大小整数倍的数据块。EXT2 文件系统将它所使用的逻辑分区划分成数据块组。每个数据块组将那些对文件系统完整性最重要的信息复制出来，同时将实际文件和目录看做信息与数据块。为了在发生灾难性事件时能保证文件系统的修复，这些复制非常有必要。

尽管文件系统的实现并不复杂，但它是可伸缩和可扩展的体系结构的好例子。文件系统体系结构已经发展了许多年，并成功地支持了许多不同类型的文件系统和许多目标存储设备类型。由于使用了基于插件的体系结构和多层的函数间接性，Linux 文件系统在近期的发展很值得关注。

5.1.2　EXT3 文件系统

EXT3 文件系统是 EXT2 文件系统的增进版本。EXT3 与 EXT2 相比提供了以下优越性：

1. 可用性

在异常断电或系统崩溃(又称不洁系统关机，Unclean System Shutdown)发生时，每个在系统上挂载的 EXT2 文件系统必须要使用 e2fsck 程序来检查其一致性。这是一个很费时的过程，特别是在检查包含大量文件的庞大文件卷时，它会大大耽搁引导时间。在这期间，文件卷上的所有数据都不能被访问。

由 EXT3 文件系统提供的登记日志方式意味着不洁系统关机后没必要再进行此类文件系统检查。使用 EXT3 系统时，一致性检查只在某些罕见的硬件失效(如硬盘驱动器失效)情况下才发生。不洁系统关机后，EXT 文件系统的恢复时间不根据文件系统的大小或文件的数量而定，而是根据用于维护一致性的登记日志(Journal)的大小而定。根据各个硬件的速度，默认的登记日志只需花大约 1 s 来恢复。

2. 数据完好性

EXT3 文件系统在发生不洁系统关机时提供更强健的数据完好性。EXT3 文件系统允许用户选择数据接受的保护类型和级别。Red Hat Linux 9 默认配置 EXT3 文件卷来保持数据与文件系统状态的高度一致性。

3. 速度

尽管EXT3把数据写入不止一次，但它的总处理能力在多数情况下仍比EXT2系统要高。这是因为 EXT3 的登记日志方式优化了硬盘驱动器的运行。用户可以从三种登记模式中选择一种来优化速度，但这么做会在保持数据完好性方面做出一些牺牲。

4. 简易转换

用户可以不经重新格式化而把 EXT2 转换为 EXT3 系统，从而获得强健的登记式文件系统的优越性。

下面进行 EXT3 分区的创建和微调。如果有 EXT2 分区，并在运行 Asianux 3.0，则可以跳过以下的分区和格式化部分。安装 Asianux 3.0 后，可能会感到有必要创建一个新的 EXT3 文件环境，以便继续工作。譬如，给 Asianux 3.0 系统添加了一个新的磁盘驱动器，可给这个磁盘驱动器分区，并使用 EXT3 文件系统。

创建 EXT3 文件系统的步骤如下：

(1) 使用 parted 或 fdisk 来创建分区。

(2) 使用 mkfs 来把分区格式化为 EXT3 文件系统。

(3) 使用 e2label 给分区设标签。

(4) 创建挂载点。

(5) 把分区添加到 /etc/fstab 文件中。

5.2　Linux 磁盘管理

5.2.1　存储器的命名

Linux 磁盘管理中对存储器的命名如下：

磁盘：	/dev/hdx	IDE
	/dev/sdx	SCSI/USB
软盘：	/dev/fdx	x=0/1
CD-ROM：	/dev/cdrom	IDE
	/dev/scdrom	SCSI

5.2.2　磁盘的分区

Linux 自带的分区工具：fdisk 和 parets。下面重点对 fdisk 分区工具进行介绍。fdisk 分区的命令格式如下：

#fdisk 设备文件

对 fdisk 命令详解如下：

m：获取帮助；

n：新建分区；

p：显示分区；

d：删除分区；

b：设置卷标；

w：写入分区；

t：改变分区大小；

v：检验分区；

i：显示 fdisk 所支持的文件系统代码；

q：退出。

将硬盘按如下要求进行分区划分：

空　　闲　　空　　间

←划分 1 个主分区 2 个逻辑分区

↑←主分区→↑→扩展分区　　←↑

C:	/	/boot	/swap	空闲

建立主分区与扩展分区：

#fdisk　/dev/had

1………:n　新建

```
2……….:p   新建主分区
First   cylinder   (1-3002   default):
Lost   cylinder   (+size,   cylinder):+3000M
```

建立 FAT32 等非 Linux 分区：

```
#fdisk   /dev/had
Command(m   for   help):n
            ……………..:1
First   clylincle:
Last   clyincle:
      ………:w
      ……….:l      显示文件系统编号
      ……….:t      改变分区文件系统类型，分区未被格式化
输入分区号：8.
输入文件系统编号：(83   EXT3)
            …………:w    存盘退出
```

删除分区：

```
            …………:d
输入分区号：
```

5.2.3　文件系统的管理

1. 文件系统的建立

1) mkfs 分区

mkfs 分区的命令格式如下：

```
mkfs [参数]  分区
```

它的功能是建立各种类型的文件系统并格式化。

其中各参数的说明如下：

-t：文件系统类型。

-c：建立文件系统之前检查有无坏道。

-l：从文件中读取坏道的情况。

-v：显示详细情况。

例如，输入命令：

```
#mkfs   /dev/hda3
```

其意义是创建分区时所指定的默认文件系统。

例如，输入命令：

```
#mkfs   -t   ext3   /dev/hda3
```

其意义是创建分区时指定 EXT3 文件系统。

注：mke2fs 文件系统工具与 mkfs 相似但只能创建 EXT2 文件系统。

2) mkswap 分区

mkswap 分区的命令格式如下：

mkswap [参数] 分区/文件(块文件)

它的功能是用于建立交换分区。

其中各参数的说明如下：

-c：检查坏块。

例如，输入命令：

#mkswap /dev/hda8

其意义是在 hda8 分区上建立交换分区。

3) dd

dd 的语法格式如下：

dd [bs=<字节数>][cbs=<字节数>][conv=<关键字>][count=<区块数>][ibs=<字节数>][if=<文件>][obs=<字节数>][of=<文件>][seek=<区块数>][skip=<区块数>][--help][--version]

它的功能是用于读取、转换并输出数据。

补充说明：dd 可从标准输入或文件读取数据，依指定的格式来转换数据，再输出到文件、设备或标准输出。

其中各参数的说明如下：

bs=<字节数>：将 ibs(输入)与 obs(输出)设成指定的字节数。

cbs=<字节数>：转换时，每次只转换指定的字节数。

conv=<关键字>：指定文件转换的方式。

count=<区块数>：仅读取指定的区块数。

ibs=<字节数>：每次读取的字节数。

if=<文件>：从文件读取。

obs=<字节数>：每次输出的字节数。

of=<文件>：输出到文件。

seek=<区块数>：一开始输出时，跳过指定的区块数。

skip=<区块数>：一开始读取时，跳过指定的区块数。

--help：帮助。

--version：显示版本信息。

例如，输入命令：

#dd if=/dev/zero of=/swapfile bs=1024(字节) count=1024(个数)

其意义是块复制并定义大小为 1024 × 1024。

4) swapon

swapon 的语法格式如下：

swapon[-ahsV][-p<优先顺序>][设备]

它的功能是启动系统交换区(Swap Area)。

补充说明：Linux 系统的内存管理必须使用交换区来建立虚拟内存。

其中各参数的说明如下：

-a：将 /etc/fstab 文件中所有设置为 swap 的设备启动为交换区。

-h：显示帮助。

-p<优先顺序>：指定交换区的优先顺序。

-s：显示交换区的使用状况。

-V：显示版本信息。

例如，输入命令：

```
#swapon /swapfile
```

其意义是激活 swap 分区。

若要关闭分区，则执行 #swapoff /文件名命令，即执行命令 #swapoff /swapfile 即可关闭 swap 分区。

2. 装载文件系统

1) 手工装载

手工装载文件系统的命令格式如下：

```
mount[参数] 设备名 装载点
```

其中各参数的说明如下：

-t：文件系统类型。

-f：测试装载，显示装载信息，不是真正的装载。

-n：装载除 /etc/mtab 文件中所列出的文件以外的文件系统。

-r：只读。

-w：装载的文件具有写入权限。

-v：显示执行过程。

-o：iocharset=cp936 显示文件系统中的中文。

例如，输入命令：

```
#mount    /dev/cdrom       缺省装载点  /mnt/cdrom
#mount    /dev/fd0         缺省装载点  /mnt/fd0
#mount    -t    ext3   /dev/sda1      /usb
#mount    -o    iocharset=cp936      /dev/cdrom
```

2) 自动装载

下面是对自动装载文件系统的实例介绍。例如可输入如下命令：

```
#vi /etc/rc.d/rc.local
```

注：加入 mount 命令要用绝对路径/sbin/mount>。

例如，输入命令：

```
#vi /etc/fsab
```

fsab 文件系统的功能：文件在启动时装载的文件系统。

fsab 文件系统内容与字段的说明如下：

```
/dev/hda5     /h5      ext2      defaults         0        0
(1)           (2)      (3)       (4)              (5)      (6)
```

针对上面内容与字段现说明如下：

(1) none 用于特殊的文件系统。LABEL=标签：安装时建立的分区。

(2) 装载点。
(3) 装载的文件系统的类型。
(4) 装载选项(多个选项用逗号分开)：
default：默认启动时自动装载。
noatuto：启动时不自动装载。
auto：自动装载。
rw：读写。
ro：只读。
sync：回写。
usrquota：设定文件系统进行用户配额。
grquota：设定文件系统进行组配额。
(5) 备份频率：指定备份频率间隔时间(0 表示不备份)。
(6) 检查顺序：指定 fsdcr，检查文件系统的顺序(0 表示不检查)。

3. 卸载文件系统

卸载文件系统的命令格式如下：

umount[参数] [设备名]

其中各参数的说明如下：
-t：文件系统类型，即指定文件系统的类型。
-v：显示执行过程详细信息。
-N：显示不执行过程。
-A：检查 /etc/fstab 中的所有文件系统(检查顺序为 0 的除名)。
-R：与 -A 连用，表示不检查“/”文件系统。
-a：不询问用户直接修复所有的错误。
-l：列出文件系统中的文件。
-s：按顺序检查。
-n：回答 no。
-y：回答 yes。
-p：自动修复所有错误，保证不丢失数据(常用)。

4. 检查文件系统

检查文件系统语法格式如下：

fsck[-aANPrRsTV][-t <文件系统类型>][文件系统...]

补充说明：当文件系统发生错误，可用 fsck 指令尝试加以修复。
其中各参数的说明如下：
-a：自动修复文件系统，不询问任何问题。
-A：依照 /etc/fstab 配置文件的内容，检查文件内所列的全部文件系统。
-N：不执行指令，仅列出实际执行会进行的动作。
-P：当搭配“-A”参数使用时，会同时检查所有的文件系统。
-r：采用互动模式，在执行修复时询问问题，让用户得以确认并决定处理方式。

-R：当搭配“-A”参数使用时，会略过 / 目录的文件系统不予检查。

-s：依序执行检查作业，而非同时执行。

-t：<文件系统类型>指定要检查的文件系统类型。

-T：执行 fsck 指令时，不显示标题信息。

-V：显示指令执行过程。

-y：自动修复文件系统，不询问任何问题。

例如，输入如下命令：

```
#fsck
#fsck –A
#fsck /dev/hda5
#fsck –p /dev/hda8
```

5. 文件系统转换

1) EXT 2→EXT 3

由 EXT 2→EXT 3 可输入如下命令：

```
#tune2fs    -j    < /dev/hda5 >    (先卸载，然后修改 fstab 中类型)
```

2) EXT 3→EXT 2

由 EXT 3→EXT 2 可输入如下命令：

```
#tune2fs    -o    has_journal <分区>
```

3) 交换分区的装载

(1) #vi　/etc/fstab 手工添加的字段：

```
/dev/hda1        swap        swap        default        0    0
```

(2) #swapon 交换分区/文件，例如输入命令：

```
/dev/sda6
```

5. 磁盘管理

1) df

df 的命令格式如下：

df[参数][文件-系统-表]

它的功能是显示可用磁盘空间的大小。

df(Disk Free)命令可报告在任何已安装的设备或目录中还剩余多少可用空间。它以块为单位显示磁盘的空间。通常每块为 1024 B。

其中各参数的说明如下：

-t(total)：使 df 显示正在使用的块数和可用块数。

-f(free list)：只显示可用表中的块数。无此项则 df 显示在自由表中的块数和自由索引节点数。

例如，可输入命令：

```
$ df
```

2) du

du 的命令格式如下：

du[参数][文件][表]

它的功能是显示磁盘使用情况。

du(Dsik Usage)命令报告一个目录连同它所有的子目录和文件在内分别占用磁盘空间的大小，并显示出目录中所有文件占用的块数(每块 1024 B)。

其中各参数的说明如下：

没有选项时，du 只显示你指定的每个普通文件或目录信息。

-a(all)：显示指定的每个目录中每个文件的信息。

-r(report)：du 报告无法打开的目录或无法读的文件的信息。无此项则不报告这种信息。

-s(summary)：显示指定的每个文件名的简短信息。

du 和 ls 用 -l 选项显示的数目不一样。ls 显示目录文件本身(目录文件并不代表所有文件)占有的空间，而 du 显示的是目录中所有文件总共占有的空间。

例如，输入命令：

```
$ du –s /usr
11472 /usr
$
```

则显示/usr 目录下所有文件所占空间的大小。

本 章 小 结

磁盘管理是很重要的环节，实际操作系统环境中经常用到。本章介绍了一些与实际环境紧密相关的磁盘管理命令，如 mount、umount、du 和 df 等命令的用法。

习　　题

1. 如果扇区 /dev/hda3 有问题，而它是被挂载上的，请问要如何修理此扇区。
2. 有问题的文件将被移动到哪个目录下?
3. 试说明新增一个 partition 在 /dev/hdb 当中，且为 hdb5 时，并挂载上 /disk2，需要哪些步骤。

第 6 章　Linux 系统管理

6.1　Linux 进程管理

6.1.1　进程的基本概念

1. 进程的定义

进程是程序关于某个数据集合的运行活动。而程序是具有一定目的性的指令集合。

2. 作业控制的含义

作业是用户提交给计算机要执行的程序，作业控制的对象是用户正在运行的进程行为。

3. 进程的类型

(1) 交互进程：由 Shell 启动，可以工作在前后台。

(2) 批处理进程：不需要与终端相关，提交在等待队列的作业。

(3) 守护进程：Shell/Linux 系统自动启动，工作在后台，用于监视特定。

4. 进程启动方法

(1) 手工启动。手工启动分为前台和后台两种类型，现分别介绍如下。

前台：直接输入程序名，如 #vi。

后台：程序名后加&，如 #vi&。

(2) 调度启动。调度启动即系统在指定时间运行指定的程序(at.batch.cron)。

6.1.2　进程管理的常用命令

1. ps

ps 的命令格式如下：

　　ps[参数]

它的功能是显示系统的进程信息。

其中各参数的说明如下：

-a：显示所有进程(不包括没有终端的进程)。

-u：显示用户名和启动时间。

-x：显示没有终端的进程。

-e：显示所有进程(不显示进程状态)。

-w：宽行显示。

例如，输入命令：

　　# ps

则显示当前用户进程。

输入：

　　# ps –aux

则显示所有进程的信息。

ps 命令所包含的内容和字段如下：

```
USER   PID %cpu %MEM  VSZ   RSS   TTY  STAT START  TIME   COMMAND
Root    1   0.0   0.3  1096  476    ?     s    junlo  0:04    init
```

现对各内容和字段说明如下：

USER：进程的启动用户。

PID：进程号(进程的唯一标识)。

%CPU：占 CPU 的百分比。

%MEM：占用内存的百分比。

VSZ：虚拟内存大小。

RSS：内存(真实)大小。

TTY：进程的工作终端(？表示没有终端)。

STAT：表示进程的状态(S：休眠状态；R：运行态状；D：不可中断休眠状态；T：等待状态；Z：昏睡状态)。状态符号后面可以加上以下符号：W(进程退出内存)、C(高级别进程)、N(低级别进程)、< (内存页面被锁定)。

START TIME：启动时间。

COMMAND：运行的程序。

2. top

top 的命令格式如下：

　　top

它的功能是动态显示系统进程信息。

例如，输入命令：

　　# top　(默认每 5 秒钟刷新一次)

top 的操作命令说明如下：

help：获取 top 的帮助。

kill PID：杀死指定的进程。

Q：退出 top。

3. kill

kill 的命令格式如下：

　　kill[参数] PID

它的功能是终止进程。

例如，输入命令：

　　kill -Num ProcessId(pid)

其中各参数的说明如表 6-1 所示。

表 6-1　kill 命令终止进程参数表

信号简称	数值	代　表　意　义
HUP	1	控制中的终端/程序中断，即从终端或通过程序控制发出结束信号
INT	2	键盘的插入指令(同 Ctrl + C)
QUIT	3	键盘的中断指令(同 Ctrl + \)
TERM	15	程序的终止指令
KILL	9	程序的强制终止指令(强制删除)
CONT	18	程序的再启动指令(即 STOP(19)后再重新启动)
STOP	19	程序的停止指令(同 Ctrl + Z)

一般如果关机的话，系统会先用 TERM(15)的信号来终止进程(Process)，若不能终止才会送 KILL(9)来终止程序。

4. killall

Linux 下还提供了一个 killall 命令，可以直接使用进程的名字而不是进程标识号。

例如，可输入命令：

```
# killall -HUP inetd
```

5. nice

nice 的命令格式如下：

nice [-n <优先等级>][--help][--version][执行指令]

它的功能是设置优先权。nice 指令可以改变程序执行的优先权等级。

其中各参数的说明如下：

-n<优先等级>、-<优先等级>或 --adjustment=<优先等级>：设置欲执行指令的优先权等级。等级的范围从 −20～19，其中 −20 最高，19 最低，只有系统管理者可以设置负数的等级。

--help：在线帮助。

--version：显示版本信息。

例如，可输入下列命令中任一条：

```
# nice –5   ls
# nice –5   vi
```

6. renice

renice 的功能是设置 PID 优先级。

例如，输入命令：

```
# renice –b 727
```

7. 作业的前后台操作

1) jobs

jobs 的功能是查看后台程序。

例如，输入命令：

    # jobs

2) fg

fg 的命令格式如下：

    # fg

它的功能是把后台的程序调入前台运行。

3) bg

bg 的命令格式如下：

    bg

Ctrl + Z 将前台程序转入后台停止运行；Ctrl + C 将终止前台程序的运行。

它的功能是将程序转入后台运行。

6.1.3 任务的自动化

1. at

at(后台运行)的命令格式如下：

    at [参数]时间

它的功能是安排系统在指定时间运行程序(只运行一次)。

其中各参数的说明如下：

-m：指任务结束后会发送 mail 通知用户。

-f 文件名：指从指定文件中读取执行的命令。

-g [a-z]：指定使用的队列。

时间的表示方法包括以下两种。

(1) 绝对：

    midnight(即当天午夜)
    moon(即当天中午)
    teatime(即当天下午 4 点)
    hh:mm(即 mm/dd/yy)

(2) 相对：

    now+n selonds
    +n days
    +n hours
    +n wecks
    +n minutes

例如，可输入命令：

    # at 21:00 3/17/2004

然后输入

    >ls
    >cd /etc
    >init 0

进行关机或输入 Ctrl + D 进行注销；系统会在设定的时间开始运行。

2. batch

batch 的命令格式如下：

batch [参数(同 at 参数)] 时间

它的功能是安排一个作业让系统在指定时间运行(CPU 经负载情况下)。

例如，输入命令：

```
# batch   now+3 minutes
```

或

```
# batch   17:00 03/19/2004
```

3. cron

cron 的功能是安排作业让系统在指定时间周期运行。它的原理是每隔一分钟检查/var/spool/cron 目录下用户提交的作业文件中有无任务需要运行。

cron 的配置包括以下几类。

1) 建立文件

建立文件可输入命令：

```
# vi /root/root.cron
```

建立文件的格式如下：

分　时　日　月　星期　要运行的程序

例如，输入命令：

0　12　1　1　*　/sbin/shutdown –r now (0 表示具体时间；* 表示任何时间)

0　8-12　*　*　*　/sbin/tar –xzfvetc.tar.gz /etc/(8-12 指从某时间到某时间，本例中即指 8 时到 12 时)

25　0-23/2　*　/2　*　rm –f /tmp/* (0 等同于*，*/n:每 N 时/分/天/月，0-23/2 表示每隔 2 小时，即:0:25,2:25,4:25)

30　*　*　1.3.5 *　dumt　(1.3.5：多种可用“，”隔开)

2) crontab

crontab 的命令格式如下：

crontab [参数] [文件]

它的功能是生成用户的 cron 文件。

其中各参数的说明如下：

-u：表示用户名，指定具体用户的 cron 文件。

-r：删除用户的 crontab 文件。

-t：显示用户的 cron 文件的内容。

例如，输入命令：

```
# crontab /root/root.cron
```

又如，输入命令：

```
# crontab –r
```

则删除当前用户的 cron 文件。

例如：root 用户在每周二、四、六早上 3 点重启系统，可输入命令：

(1) # vi /root.cron

0　3　*　*　2,4,6　/sbin/shut\down　-r　now

(2) # crontab　/root.cron

注意：(1) etc/at.deny 和 etc/at/allow 用于控制用户运行 at 的任务；at.deny 和 at.allow 不存在，所有用户都能执行；at.deny 指除 at.deny 文件记录的用户外其它用户都可以执行；at.allow 指只有 at.allow 中的用户执行 at；at.deny 和 at.allow 都存在，即 at.allow 中除 at.deny 中所记录的用户，剩余的用户可以执行 at。

(3) 默认的 crontab 包括：

/etc/cron.hourly

/etc/cron.weekly

/etc/cron.moonly

/etc/cron.daily

6.2　Linux 用户管理

6.2.1　Linux 用户介绍

1. 用户的角色区分

在 Linux 系统中，用户的角色是各不相同的。由于角色不同，权限和所完成的任务也不同。值得注意的是用户的角色是通过 UID 来识别的。

按角色可以将用户分为以下三类。

(1) root 用户：在系统中是唯一的，可以登录系统，可以操作系统中的任何文件和命令，拥有最高权限；

(2) 虚拟用户：也被称为伪用户或假用户，以便与真实用户区分开来，他们不具有登录系统的权限，但却是系统运行不可缺少的用户，比如 bin、daemon、adm、ftp、mail 等，这类用户为系统自身拥有，不是后来添加的，当然我们也可以添加虚拟用户；

(3) 普通真实用户：能登录系统，但只能操作自己根目录的内容，其权限有限。这类用户都是系统管理员自行添加的。

2. 用户和用户组的概念

1) 用户(User)的概念

通过前面对 Linux 多用户的介绍可以知道，Linux 是真正意义上的多用户操作系统，因此我们能在 Linux 系统中建若干用户(User)。假设有别人想使用某计算机，但管理员不想让他用其用户名登录，因为其用户名下有不想让别人看到的资料和信息(也就是隐私内容)。这时，就可以给他建一个新的用户名，让他用自己的用户账户进行操作，以保证个人信息的安全。

2) 用户组(Group)的概念

用户组(Group)就是具有相同特征的用户(User)的集合体。有时我们要让多个用户具有相同的权限，如查看、修改某一文件或执行某个命令，这时我们需要用户组。可以把用户都定义到同一用户组，通过修改文件或目录的权限，让用户组具有一定的操作权限，这样用户组下的用户对该文件或目录都具有相同的权限，这是通过定义组和修改文件的权限来实现的。

用户和用户组的对应关系有：一对一、多对一、一对多或多对多。

(1) 一对一：某个用户可以是某个组的唯一成员；

(2) 多对一：多个用户可以是某个唯一的组的成员，不属于其它用户组，比如 beinan 和 linuxsir 两个用户只属于 beinan 用户组；

(3) 一对多：某个用户可以是多个用户组的成员，比如 beinan 可以是 root 组成员，也可以是 linuxsir 用户组成员，还可以是 adm 用户组成员；

(4) 多对多：多个用户对应多个用户组，并且几个用户可以属于相同的组，其实多对多的关系是前面三条的扩展，理解了上面的三条，这条也易于理解。

6.2.2　用户的分类

用户主要分为以下三类：

(1) 管理员：-UID=0 GID=0；

(2) 普通用户：-UID 在 500～60000；

(3) 伪用户：UID 在 1～499。

对用户进行分类的目的是方便系统管理，满足相应的系统进程对文件属主的要求，如：adm、bin、sys、lp、sync 等。这也使得伪用户不能登录。

6.2.3　用户管理命令

1. 用户管理命令简述

名称：adduser 和 userdel。

使用权限：系统管理员。

使用方式：adduser xxx 和 userdel xxx。

附注：adduser 与 useradd 指令为同一指令(经由符号连结 symbolic link)。

说明：新增用户账号和删除用户账号。

例如：

#adduser test 为新增用户 test。

#userdel -r test 为把用户 test 的根目录一起删除。

若要暂停用户账号，则将 * 加在 passwd 文件中用户记录的行前。

2. 添加用户系统

添加一个用户系统需要实施以下六个步骤：

(1) 编辑 /etc/passwd 文件，增添一条新的用户信息记录。

(2) 编辑 /etc/shadow 文件，增添一条新的用户口令记录。

(3) 编辑 /etc/group，为用户添加组信息。

(4) 创建用户主目录，一般为/home/ < username >。

(5) 把 /etc/skel 中的文件拷贝到新的用户主目录下。

(6) 改变访问权限和拥有关系。

6.2.4 /etc/passwd

passwd 为用户数据库文件，其中各域名分别给出了用户名、用户标识号、组标识号、用户真实姓名、用户起始目录、是否设置加密口令、用户的目录名、Shell 类型等相关信息。passwd 是数据库文本文件，用于存储所有注册用户名及其相关信息。

passwd 的结构：每个用户的信息占据文件的一行，每行的各列间用“:”分隔成 7 个信息域。具体结构格式如下：

用户注册名:用户口令:用户标识:组标识:用户信息:用户目录:Shell 程序

passwd 的例子：

```
root:x:0:0:root:/root:/bin/bash/
ftp:x:14:50:FTP User:/var/ftp:/sbin/nologin
apache:x:48:48:Apache:/var/www:/sbin/nologin
webalizer:x:67:67:Webalizer:/var/www/html/usage:/sbin/nologin
li:x:500:500:zhanlong,wangluoi,82160906:/home/li:/bin/bash
aa:x:501:501:aa:/home/aa:/bin/bash
```

1. 用户注册名

用户注册名即用户登录时输入的名称，同一系统中用户名唯一，其长度一般为 8 个字符。

2. 用户口令

系统将加密后的用户口令放到/etc/shadow 文件中，用一个 x 来表示。如果未设置口令，则该项为空。

3. 用户标识(UID)

用户分为系统用户和普通用户。系统用户执行管理系统的任务，UID 编号在 100～500 之间；普通用户的 UID 从 100 或 500 后由系统递增式定义。一个用户占用一个 UID，root 的 UID 为 0。

4. 组标识(GID)

组标识即用户所属组的标识(GID)，组标识是一个在 0～32 767 之间的整数。

5. 用户信息

用户信息即用户全名、电话等注释性信息。

6. 用户目录

用户登录系统，首先进入用户目录，用户的一切文件也将存放在该目录中。

7. Shell 程序

Shell 程序是对用户输入的命令进行解释和执行的程序。

6.2.5 /etc/shadow

shadow 是真正存储用户口令的文件。新型的口令安全管理措施只对超级用户(root)可读。这使破译口令更困难，但可以此增加系统的安全性。

Unix 规定每个用户至少要与一个用户组关联。用户组是针对特定用途的一组用户的集合。这是系统方便管理用户的需求。用户组定义在 /etc/group 文件中。

shadow 的结构：每个组的信息占据文件的一行，每列用“　:”分隔成 4 个信息域。具体结构格式如下：

group name : password : group ID : users

现对各字段说明如下：

group name：唯一的组名字符标识符。

password：通常置空或 *，但可以指定口令。

group ID：标识操作系统内组的唯一数字编号。

users：属于该组的全部用户的列表。

1. 修改口令

为了更好地保护用户账号的安全，Unix 允许用户自己修改口令。

修改口令的命令如下：

```
passwd
```

例如，输入命令：

```
[aaa@loclhost aaa] $ passwd
  current password:         //旧口令
  new passwd:               //新口令
  input again:              //确认新口令
```

2. 忘记口令

如果用户忘记了口令，需要系统管理员为自己重新设置一个。管理员为用户修改口令的命令如下：

例如，输入命令：

```
[root@loclhost root] # passwd   username
new passwd:
input again:
```

6.2.6　/etc/group

group 用于说明用户组的信息，包括组的各种数据。

6.2.7　用户和组的状态命令

1. id 命令

id 命令用于显示用户当前的 UID、GID 以及所属群组的列表。该命令的语法格式如下：

id [参数] [用户名称]

其中各参数的说明如下：

-g：显示用户所属群组的 ID。

-G：显示用户所属附加群组的 ID。

-n：显示用户、所属群组或附加群组的名称。

-r：显示实际 ID。

-u：显示用户 ID。

2. whoami 命令

whoami 命令用于显示登录者自身的用户名称，相当于执行“id –un”指令。

3. su 命令

su 命令用来将当前用户转换为其它用户身份。su 命令的语法格式如下：

su [-flmp] [-][-c <指令>][-s][用户账号]

需要指出的是，su 命令可让用户暂时变更登录的身份，变更时须输入所要变更的用户账号与密码。

该命令中的参数说明如下：

-c<指令>：执行完指定的指令后，即恢复原来的身份。

-f：适用于 csh 与 tsch，使 Shell 不用去读取启动文件。

-：改变身份时，也同时变更工作目录，以及 HOME、SHELL、USER、LOGNAME。此外，也会变更 PATH 变量。

-m、-p：变更身份时，不要变更环境变量。

-s：指定要执行的 Shell。

用户账号：指定要变更的用户。若不指定此参数，则预设变更为 root。

4. groups 命令

groups 命令用于显示指定用户所属的组，如未指定用户则显示当前用户所属的组。该命令的语法格式如下：

groups　用户名

6.3　Linux 权限管理

6.3.1　文件权限设置

1. 权限的概念

Linux 文件系统安全模型是通过给系统中的文件赋予两个属性来起作用的，这两个赋予每个文件的属性称为所有者(Ownership)和访问权限(Access Rights)。Linux 下的每一个文件必须严格地属于一个用户和一个组。

每个文件的目录条目都是以下面类似的一些符号开始：

- r w - r - - r - -

这些符号用来描述文件的访问权限类别，也即常说的文件权限。这些访问权限指导 Linux 根据文件的用户和组所有权来处理所有访问文件的用户请求。Linux 文件总共有 10 种权限属性，因此一个权限列表总是 10 个字符的长度。它的格式遵循下列规则：

第 1 个字符表示一种特殊的文件类型。其中字符可为 d(表示该文件是一个目录)、b(表示该文件是一个系统设备，使用块输入/输出与外界交互，通常为一个磁盘)、c(表示该文件是一个系统设备，使用连续的字符输入/输出与外界交互，如串口和声音设备)和“-”(表示该文件是一个普通文件，没有特殊属性)。

第 2～4 个字符用来确定文件的用户(User)权限。第 5～7 个字符用来确定文件的组(Group)权限。第 8～10 个字符用来确定文件的其它用户(Other User，既不是文件所有者，也不是组成员的用户)的权限。其中，第 2、5、8 个字符是用来控制文件的读权限的，该位字符为 r 表示允许用户、组成员或其它用户可从该文件中读取数据；“- ”则表示不允许该成员读取数据。与此类似，第 3、6、9 位的字符用来控制文件的写权限，该位若为 w 表示允许写，若为“ - ”表示不允许写。第 4、7、10 位的字符用来控制文件的执行权限，该位若为 x 表示允许执行，若为“ - ”表示不允许执行。

对于每一类用户，权限系统又分别提供了三种权限。

(1) 读(r)：用户是否有权力读文件的内容。

(2) 写(w)：用户是否有权利改变文件的内容。

(3) 执行(x)：用户是否有权利执行文件。

2. chown

使用权限：root。

chown 的命令格式如下：

```
chown [-cfhvR] user[:group] file...
```

其中，-R 表示递归。

例如，将文件 file1.txt 的所有者设为 users 组的成员 aaa，可输入命令：

```
#chown aaa.users file1.txt
```

例如，将当前目录下的所有文件与子目录的所有者设为 users 组的成员 aaa，可输入令：

```
#chown -R aaa.users *
```

此命令改变了文件的所有者。这个指令只有 root 才能使用，一般使用者没有权限改变别人的文件所有者，也没有权限将自己的文件所有者改设为别人所拥有的权限。

赋予权限的另一种方法是：

```
chmod nnn [文件...]
```

其中，n 是 0～7 个数字，第 1、2、3 个 n 分别表示用户、组成员和所有其它用户。各个位置上的 n 要么是一个 0，要么是一个由赋予权限的相关值相加得到的单个阿拉伯数字之和。这些数字的意义如下：

4 表示文件或者目录的读权限。

2 表示文件或者目录的写权限。

1 表示文件或者目录的执行权限。

一般地，作为系统管理员，更喜欢使用数字方式，因为这种方式的速度明显快得多。

chmod 后可以用三个数字来表示用户权限：

(1) 第一位代表文件拥有者权限。

(2) 第二位代表文件所属组成员权限。

(3) 第三位代表其它用户权限。

每一个数字都采用加和的方式：

(1) 4(读)。

(2) 2(写)。

(3) 1(执行)。

3. ln

硬链接文件完全等同于源文件，源文件名和链接文件名都指向相同的物理地址，但不可以跨文件系统，也不可以建立目录的硬链接。文件在磁盘中只有一个拷贝，以节省硬盘空间。由于删除文件要在同一个索引节点属于唯一的链接时才能成功，因此可以防止不必要的误删除。例如，输入如下命令：

[kevinz@stationXX kevinz] $　ln file1 file2　(建立 file1 的硬链接 file2)

[kevinz@stationXX kevinz] $　ls －il　(显示 file1 和 file2 的属性)

其中包含的内容和字段如下：

4029	-rw-r--r-	2	root	root	0	Jul 25	16:13 file1
4029	-rw-r--r-	2	root	root	0	Jul 25	16:13 file2
inode 号	权限	硬链接数	文件的拥有者	文件的拥有组	文件大小	最后修改时间	文件名

软链接文件相当于为源文件建立了一个快捷方式，可以跨文件系统，也可以为目录建立软链接。软链接和硬链接不同，软链接有自己的 inode，是 Linux 特殊文件的一种。作为一个文件，它的数据是它所链接的文件的路径名。类似 Windows 下的快捷方式，软链接文件可以删除原有的文件而保存链接文件，没有防止误删除功能。

ln 硬链接的语法格式如下：

ln 源文件 新建链接名

ln 软链接的语法格式如下：

ln-s 源文件 新建链接名

6.3.2 特殊权限设置

1. setuid

每个文件都有一个所有者，表示该文件是谁创建的。同时，该文件还有一个组编号，表示该文件所属的组，一般为文件所有者所属的组。如果某文件是一个可执行文件，那么在执行时，具有文件所有者的权限，而 setuid 和 setgid 可以来改变这种设置。

setuid：设置使文件在执行阶段具有文件所有者的权限。

典型的文件是 /usr/bin/passwd，如果一般用户执行该文件，则在执行过程中，该文件可以获得 root 权限，从而可以更改用户的密码。

chmod u+s temp- 为 temp 文件加上 setuid 标志，setuid 只对文件有效。

2. setgid

setgid 权限只对目录有效，目录被设置该位后，任何用户在此目录下创建的文件都具有和该目录所属组相同的组。

chmod g+s tempdir 为 tempdir 目录加上 setgid 标志，setgid 只对目录有效。

3. sticky bit

sticky bit 可以理解为防删除位，一个文件或目录是否可以被某用户删除，主要取决于该文件或目录所属的组是否对该用户具有写权限，如果没有写权限，则这个目录下的文件不能被删除，同时也不能添加新的文件。

如果希望多个用户能够在同目录下添加文件但不能删除别人的文件，则可以对文件使用 sticky bit 位。即使用户对目录具有写权限，也不能删除该文件。

chmod o+t temp 为 temp 目录加上 sticky 标志，sticky 只对目录有效。

6.4　Linux 其它管理

1. cal

cal 的功能是显示年月。

例如要显示 2009 年 05 月，命令如下：

```
#cal 05 2009
```

此外，“cal”命令还有两个参数如下：

(1) -j 显示出给定月中的每一天是一年中的第几天(从 1 月 1 日算起)。

(2) -y 显示出整年的日历。

2. date

date 的功能是显示和设置日期和时间。

只有超级用户才能用“date”命令设置时间，一般用户只能用“date”命令显示时间。用指定的格式显示时间，命令如下：

```
# date′ +The date of today is:%x ， it is:%X′
The date of today is：14/04/04 ， it is：10:33:01
```

其中，%x 显示日期的格式为 mm/dd/yy；%X 显示时间的格式为%H:%M:%S。

若要设置时间为上午 9 点 16 分，命令如下：

```
# date -s 09:16:00
```

设置时间为 2009 年 5 月 19 日，命令如下：

```
# date -s 090519
```

其中，-s 是设置日期的参数。

3. wall

wall 命令的功能是对全部已登录的用户发送信息，用户可以先把要发送的信息写好存入一个文件中，然后输入：

```
# wall < 文件名
```

这样就能对所有的用户发送信息，所有用户如果已经在线或登录，则可看到。

例如：

```
# wall 'Thank you! '
Broadcast message from root (tty1) Fri Nov 26 14：15：07 1999… Thank you!
```

4. write

write 命令的功能是向系统中某一个用户发送信息。该命令的格式如下：

　　write 用户账号[终端名称]

例如：

　　$ write ggg↙

此时系统进入发送信息状态，用户可以输入要发送的信息。输入完毕，希望退出发送状态时，按键盘上的组合键 Ctrl+C 即可。

5. mesg

mesg 命令用于设定是否允许其它用户用 write 命令给自己发送信息。如果允许别人给自己发送信息，则输入命令：

　　# mesg　y

否则，输入：

　　# mesg　n

如果 mesg 后不带任何参数，则显示当前的状态是 y 还是 n，如：

　　$ mesg　is

　　y

或

　　# mesg　is

　　n

本 章 小 结

Linux 是一个多用户、多任务的操作系统，系统管理是最基本的功能之一。系统管理主要包括用户管理、进程管理、权限管理。用户管理主要包括用户账号和组群的增加、删除、修改以及查看等操作。为了保证系统的安全性，还要为不同用户分配不同的权限，权限管理主要介绍了 chmod 和 chown 两个命令。本章还介绍了进程管理以及其它相关命令的使用方法。

习　题

1. 如何查看目前的程序？
2. Linux 使用者的账号、密码与群组的名称文件放在哪里？
3. 建立新使用者的预设根目录内容在哪个目录中？
4. root 的 UID 与 GID 各为什么？
5. 试说明 /etc/passwd 这个文件的内容与格式。
6. 使用 id 这个指令时，可以显示什么信息数据？
7. chmod 命令的功能是什么？
8. 试用 cal 命令查看 2009 年的国庆节是星期几。

第 7 章　Linux 常用工具

7.1　RPM 软件包管理工具

在 Linux 操作系统中，有一个系统软件包，它的功能类似于 Windows 里面的“添加/删除程序”，但却比“添加/删除程序”强大很多，它就是 Redhat Package Manager(RPM)。由于它为 Linux 使用者省去了很多时间，所以被广泛应用于 Linux 下安装和删除软件。

7.1.1　RPM 的安装和删除

RPM 指令的第一个参数决定了 RPM 的操作类型。

1. 使用 RPM 包安装

使用 RPM 包安装的命令格式如下：

rpm -i (or --install) options file1.rpm ... fileN.rpm

其中，file1.rpm ... fileN.rpm 表示将要安装的 RPM 包的文件名；rpm -i 表示在该 RPM 包及其旧版本均未被安装过的情况下，安装该 RPM 包。

与 RPM 安装有关的详细选项包括：

-h (or --hash)：安装时输出 hash 记号(“#”)，即在安装时显示安装进度。

--test：只对安装进行测试，并不实际安装。

--percent：以百分比的形式输出安装的进度。

--excludedocs：不安装软件包中的文档文件。

--includedocs：安装文档。

--replacepkgs：强制重新安装已经安装的软件包。

--replacefiles：替换属于其它软件包的文件。

--force：忽略软件包及文件的冲突。

--noscripts：不运行预安装和后安装脚本。

--prefix <path>：将软件包安装到由 <path> 指定的路径下。

--ignorearch：不校验软件包的结构。

--ignoreos：不检查软件包运行的操作系统。

--nodeps：不检查依赖性关系。

--ftpproxy <host>：用<host>作为 FTP 代理。

--ftpport <port>：指定 FTP 的端口号为<port>。

2. 使用 RPM 包删除

使用 RPM 包删除的命令格式如下：

rpm -e (or --erase) options pkg1 ... pkgN

其中，pkg1 ... pkgN 表示要删除的软件包。

与 RPM 删除有关的详细选项包括：

--test：只执行删除的测试，并不实际删除。

--noscripts：不运行预删除和后删除脚本程序。

--nodeps：删除包前不检查依赖性。

3. 使用 RPM 包升级

使用 RPM 包升级的命令格式如下：

rpm -U (or --upgrade) options file1.rpm ... fileN.rpm

其中，file1.rpm ... fileN.rpm 表示要升级的软件包的名字。

4. 其它 RPM 命令参数使用详解

(1) rpm -F 表示仅在系统已安装某 RPM 包的旧版本时，更新 RPM 包，否则不安装。

(2) 在安装 RPM 时添加 v 和 h 的参数，可以使我们对 RPM 安装与卸载的过程了解得更加详细。前者说明执行步骤，后者显示一个百分比的进度条。

(3) RPM 之间存在着依赖关系。在多种情况下，我们为了要安装一个 RPM 包，需要安装其需要的 RPM 包。在某些场合下我们可以用 --nodeps 来忽略彼此的依赖关系强制安装。

(4) 对已安装过的 RPM 包，--force 参数允许强制安装并覆盖旧文件。

(5) --root 参数允许将一个 RPM 包安装到当前系统上的另一个 Linux 系统，或者另一个特定的目录上。

5. RPM 通用选项说明

--dbpath <path>：设置 RPM 资料库所在的路径为<path>。

--rcfile <rcfile>：设置 rpmrc 文件为<rcfile>。

--root <path>：让 RPM 将<path>指定的路径作为“根目录”，这样预安装程序和后安装程序都会安装到这个目录下。

-v：显示附加信息。

-vv：显示调试信息。

7.1.2　RPM 包的查询

/var/log/rpmpkgs 相当于 rpm -qa 输出的结果。对一个将要安装的 RPM 包，我们通常可以用 rpm -qpi 或 rpm -qpl 来查询该包的相关信息与内含文件。

RPM 包的查询选项有以下几种：

(1) rpm -q：查询某一个 RPM 包是否已安装。

(2) rpm -qi：查询某一个 RPM 包的详细信息。

(3) rpm -ql：列出某 RPM 包中所包含的文件。

(4) rpm -qf：查询某文件属于哪一个 RPM 包。

(5) rpm -qa：列出当前系统所有已安装的包。

(6) rpm -qp：指定一个等待安装的 RPM 包。

7.1.3　RPM 包的校验及检查

rpm -V 可以让用户很方便地检查某个 RPM 包的安装情况，以及与安装的时候相比，该 RPM 包中的文件是否发生了什么变化。在使用 rpm -V 时，出错提示符号分别表示某部分未通过校验，其中包括以下几种：

S：文件大小；

M：文件权限与类型；

5：MD5 求和；

D：设备文件的主、从号码；

L：符号连接文件找不到连接对象；

U：文件的所属用户；

G：文件的所属组；

T：更改时间。

在使用 rpm -K 前，需要先从光盘中导入 gpg key，命令如下：

```
gpg --import /mnt/cdrom/RPM-GPG-KEY
```

将光盘放入光驱中，然后安装到/mnt/cdrom 后。

7.2　Vi 与 Vim 文本编辑工具

Vi 和 Vim 是在 Linux 中最常用的，也是最基本的文本编辑工具，其中，Vim 是 Vi 的增强版本。虽然没有图形界面编辑器那样点鼠标的简单操作，但 Vi 编辑器在系统管理、服务器管理中，比图形界面的编辑器更好用。在没安装 XWindows 桌面环境或桌面环境崩溃时，就需要字符模式下的编辑器 Vi。在创建和编辑简单文档和程序文件时 Vi 或 Vim 编辑器也是高效的编辑修改工具。

7.2.1　Vi 编辑器

Vi(Visual interface)是 Linux 和 Unix 中功能强大的全屏幕文本编辑器。它可实现许多非可视化编辑器难以实现的功能。Vi 编辑器是最常用的文档创建和编辑工具，初学者应学会简单应用 Vi，学会在 Vi 中做简单的修改、删除、插入、搜索及替换作业。

Vi 是 Unix 的缺省编辑器，从 1984 年左右，几乎所有的 Unix 都捆绑了 Vi。这意味着现在无论何时跨平台使用某种 Unix，都可使用一个强力的编辑器 Vi。

Vi 是具有强大功能的编辑器。由于它在插入和命令两种情况下使用不同的模式，因此比大多数的编辑器速度更快。而且 Vi 非常小(有些机器上面的 Vi 版本仅占 445 KB 空间)。

1. 如何调用 Vi

如要在 Linux 或 Unix 环境下编辑一个程序文件或其它文档，只要在 Linux 或 Unix 操作系统的命令提示符 $ 或 # 下敲入 vi，再在其后空一格，输入文件名，就可进入一个程序或文本文件的编辑环境，并按照需求编程，如图 7-1 所示。

图 7-1　调用 Vi 编辑程序或其它文件

2. Vi 的三种模式

Vi 的三种模式包括：

(1) 命令模式(Command Mode)，用于输入编辑命令。

(2) 插入模式(Insert Mode)，用于插入文本。

(3) 可视模式(Visual Mode)，用于可视化的高亮并选定正文。

Vi 将命令模式和插入模式区分开来，这常被认为是 Vi 的一个大问题，但往往也被视为 Vi 的优势所在。理解其中的区别是掌握 Vi 的关键。如图 7-2 所示，Vi 启动时便处于命令模式。在这种模式下，我们可以在文件中随意移动，改变文本的某个特定区域，进行剪切、复制和粘贴等。插入模式是指用户可以真正插入文本。换句话说，命令模式是用来在文件中移动，而插入模式是用来在文件中键入文本。

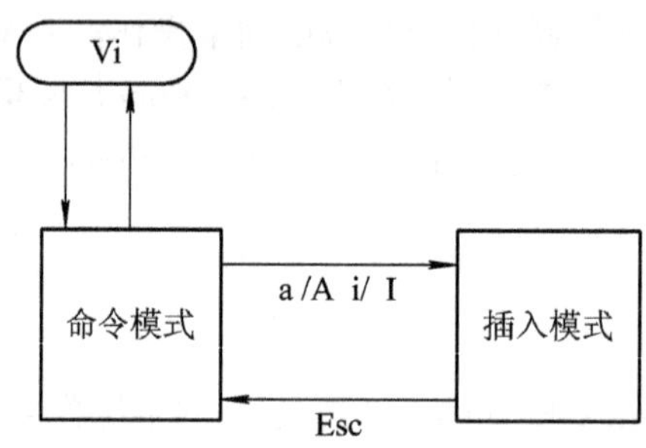

图 7-2　Vi 的命令模式与插入模式

命令模式是 Vi 及 Vim 的默认模式，如果用户由其它模式返回到命令模式，可通过 Esc 键切换。按下 Esc 键后，再输入 : 号，Vi 会在屏幕的最下方等待用户输入命令，可输入的命令包括：

:w：保存正在编辑的文件。

:w filename：把正在编辑的文件另存为名为 filename 的文件。

:wq!：保存退出。

:wq! filename：把文件以 filename 为文件名保存后退出。

:q!：不保存退出。

:x：保存并退出，和 :wq! 的功能相同。

3. Vi 运行状态工作模式

Vi 运行状态工作模式分为命令模式和编辑模式。

命令模式：输入的字符被视为执行特定功能的命令，大小写字母的命令含义有区别，提示符为：(屏幕底行首列)。

编辑模式：输入的字符是编辑文件的文本信息，提示符为 ~ (屏幕编辑区域)。

两种运行状态工作模式可根据编辑的需要随时进行切换。

4. 启动 Vi

Vi 启动后，进入全屏幕编辑环境，此时的状态为命令模式。进入临时缓冲区，光标定位在缓冲区第 1 行第 1 列的位置。

$ vi file1：若 file1 文件不存在，则建立新文件 file1；若 file1 存在，则拷贝到缓冲区，光标定位在首行首列位置。

$ vi +file1：若 file1 文件不存在，则建立新文件 file1；若 file1 存在，则拷贝到缓冲区，光标定位在末行首列位置。

$ vi +N file1(N：为数字)：若 file1 文件不存在，则建立新文件 file1；若 file1 存在，则拷贝到缓冲区，光标定位在第 N 行首列位置。

$ vi +/string file1：若 file1 文件不存在，则建立新文件 file1；若 file1 存在，则拷贝到缓冲区，光标定位在文件中第一次出现字符串 string 的行首位置。

5. 退出 Vi

Vi 在退出前，建议先按 Esc 键，以确保当前 Vi 的状态为命令模式。

退出 Vi 需要键入 Vi 命令。Vi 命令包括：

：w filenam：将编辑缓冲区的内容写入指定文件，新的内容就替代了原始文件，或建立新的文件。

：q：退出 Vi，文本内容变化时，提示用户。

：wq：将编辑缓冲区的内容先写回已经存在的文件，再退出 Vi。新文件需要命名。

：w!：强行写入被更新的内容到文件中。

：q!：强行退出 Vi，使被更新的内容不写回文件中，即不保存退出。

7.2.2　Vi 的命令模式

进入 Vi 命令模式，需启动 Vi 的默认工作模式，按 Esc 键。

命令模式的功能包括：

(1) 移动光标在屏幕上的位置；

(2) 操纵屏幕滚动方式；

(3) 标记、删除、移动、复制字符或文本区块；

(4) 寻找字符串；

(5) 列出行号；

(6) 替换字符串；

(7) 将编辑内容写入文件；

(8) 退出编辑器。

7.2.3　Vi 的编辑模式

进入编辑模式后按 Esc 键，选择输入 a、A、i、I、o、O、s、S。其意义分别是：

i：在光标之前插入；

a：在光标之后插入；

I：在光标所在行的行首插入；

A：在光标所在行的行末插入；

o：在光标所在的行的上面插入一行；

O：在光标所在的行的下面插入一行；

s：删除光标后的一个字符，然后进入插入模式；

S：删除光标所在的行，然后进入插入模式。

只有在编辑模式下，才可进行文字输入和文本编辑。编辑模式的功能包括：

i：在目前光标前插入所要输入的文字；

a：在目前光标后开始输入文字；

o：在当前光标所在行下新增一空行，并从行首开始输入文字；

I：插于行首；

A：插于行尾；

O：在当前光标所在行上新增一空行，并从行首开始输入文字；

Esc：退出编辑状态，进入命令状态。

7.2.4　Vi 的基本命令

1. 移动

移动光标 h、j、k、l 分别控制光标左、下、上、右移一格(方向键也有此功能)；

Ctrl + b：上滚一屏；

Ctrl + f：下滚一屏；

Ctrl + d：下滚半屏；

Ctrl + u：上滚半屏；

G：移到文件最后；

W：移到下个字的开头；

b：跳至上个字的开头。

2. 删除

x：删除当前光标所在后面一个字符。

#x：删除当前光标所在后面 # 个字符。例如，5x 表示删除 5 个字符。

dd：删除当前光标所在行。

#dd：删除当前光标所在后面 # 行。例如，5dd 表示删除自光标算起的 5 行。

:#，#d：例如，:1，12d 表示删除自行 1 至行 12 的文字。

X：删当前光标的左字符。

D：删至行尾。

3. 更改

cw：更改光标处的字到此单字的字尾处；

c#w：例如，c3w 表示更改 3 个字；

cc：修改行；.

C：替换到行尾。

4. 取代

r：取代光标处的字符；

R：取代字符直到按 Esc 为止。

5. 复制

yw：拷贝光标处的字到字尾至缓冲区。

P：把缓冲区的资料贴上来。

yy：拷贝光标所在之行至缓冲区。

yy：例如，5yy 表示拷贝光标所在之处以下 5 行至缓冲区。

6. 复原

u：复原至上一操作；

g：行号及相关信息。

7. 列出行号

：set n(n 为行数)列出第 n 行。

8. 寻找字符串

/text：例如，/ word 为由首至尾寻找“word”字符串，按 n 可往后继续找。

?text：例如，？ word 为由尾至首寻找“word”字符串，按 N 可往前继续找。

9. 跳行

: n：跳至第 n 行。例如，光标跳至第 100 行为 : 100。

10. 替换字符串

替换字符串的格式如下：

: 1, n s /text1 /text2 [g]

其中，1，n 为指定替换的范围，1 和 n 指行号，n 为 $ 时指最后一行；s 是替换命令；g 代表全程替换。

例如，输入命令：

：1，$ s/Patternl/Pattern2/g

即将行 1 至结尾的文字中，Pattern1 的字符串改为 Pattern2 的字符串，如无 g 则仅更换每一行所匹配的第一个字符串；如有 g 则将每一个字符串均做更换。

11. 多文件编辑

(1) 将一个文件插入另一个文件中。例如：

: line# r filename

即将另一个文件 filename 插入当前文件的 line# 行位置。

例如，将文件 filel 插入到当前文件的当前光标位置键入命令：

: r　filel

(2) 编辑一系列文件。编辑多个文件，需在 Vi 命令之后列多个文件名，中间用空格分开。例如：

vi filel file2 file3

键入：n　则进入下一个文件。

键入：n！则跳转到下一个文件，而不保存对当前文件所做的修改。

(3) 在文件之间复制行。例如：

: n file1

6yy

: n file2

按 P 键

即将文件 file1 的行复制到文件 file2，先编辑 filel，用 6yy 把复制的行拷贝到缓冲区，不退出 Vi，跳转编辑 file2，再按 P 键，把缓冲区中的 file1 内容贴在 file2 当前光标位置。

7.2.5　Vim 编辑器

1. 启动 Vim

在命令提示符后输入 Vim，按回车就启动了 Vim，然后进入 Vim 的界面。如果在命令提示符后输入 vim ### 并回车，则进入 Vim 的同时，可打开 ### 文件，如果 ### 文件不存在，则在启动 Vim 的同时会新建这个文件。

2. Vim 的工作模式

Vim 的工作模式有三种，分别是正常(Normal)模式、插入(Insert)模式和可视(Visual)模式。Vim 在不同的模式下工作的表现形式不同。在进入 Vim 后，默认的模式是 Normal 模式，这时可以输入一些命令。在 Normal 模式下，单击 i 或者 a，则进入 Insert 模式，这时可以输入文本，输入结束后，单击 Esc 键，可回到 Normal 模式，然后输入：w filename(如果你启动 Vim 时已经包含文件名，则输入：w(注意包括冒号))则可将文件存盘。

Vim 在不同的模式下有不同的工作方式，例如输入文本内容须在 Insert 模式下，其它进行修改、删除、拷贝、粘贴等操作须在 Normal 模式下。因此，发现输入错误想修改时必须切换到 Normal 模式下进行，这样虽然很麻烦，但是习惯后就会发现它的好处。单击 Esc 键即可切换到 Normal 模式，Vim 的屏幕下面有当前工作模式的提示。进入输入文本的 Insert 模式要输入 i 或者 a。i 和 a 这两个指令的区别是：i 代表在光标前插入字符；a 代表在光标后插入字符。

3. 编辑文本

进行文本编辑，是 Unix 初学者最开始碰到的问题。Unix 下的默认配置文件经常要进行修改，所以掌握编辑方法是非常重要的。本书主要介绍简单而又实用的编辑文本的方法，至于其它的高级使用方法，可以参考相关书籍。

1) *移动光标*

移动光标是最基本的命令。在 Noraml 模式下，键盘上的 h、j、k、l 分别代表左、下、上、右移动光标。

这 4 个键一次只能移动一个字符和一行，速度太慢，下面介绍几个快速移动光标的方法。

(1) 一次移动一个字(Word)。w 和 b 指令表示分别向后和向前移动一个字。

注：① 可以用数字来移动多个字，例如 3w 和 2b 就是分别向右移动 3 个字和向左移动 2 个字。

② 中文因为是连在一起的，所以如果没有空格、数字、英文、标点，将视为一个字。

(2) 移动到一行的头和尾。^：移动到行首；$：移动到行尾。

注：对于行尾$，可以用 3$移动到下面第 3 行尾，而行首 ^ 不支持数字。

(3) 如何跳到指定行。nG 指令表示跳到第 n 行。

注：① n 表示第 n 行，例如 10G，则跳到第 10 行，且光标在行首。

② 如果没有 n，只有 G，则跳到最后一行，且光标在行首。

若用 G 命令，但是想知道第几行，则在 Normal 模式下输入 set number 就可以显示行号。如果想关闭行号，则输入 set nonumber。

2) 修改命令

先来看看如何进行修改。Word 和其它的一些文本编辑器都是编辑和输入混杂在一起的，输入的同时就可以修改。而 Vim 的编辑指令必须在 Normal 模式下操作。

(1) 删除：在 Word 等编辑器下，如果输入错了，可以用 Delete 和 Backspace 键删除，然后再重新输入，Vim 也可以这样，x 就是删除光标所在处的字符(Char)，dw 就是删除一个字(Word)，然后再输入 i 或者 a 可进行新内容的输入。dd 可以删除光标所在行。删除光标所在处到本行的结尾用 D 或者 d$。进行上述操作后必须输入 i 或 a 进入 Insert 模式才能继续输入文本。指令 c 可在删除操作后直接进入 Insert 模式。cw 是删除一个字，cc 删除整行，c$ 和 C 都是删除光标所在处到本行的结尾。其实 c 的指令是修改指令。

u 指令可以恢复删除的内容。在 Normal 模式下，输入 u 就恢复最后一次删除的内容，重复输入 u 可将删除的所有内容都恢复。U 相当于其它文本编辑器里的 Undo 指令，对应的 Redo 指令就是[Ctrl]r。需要注意的是，在不同模式下，u 的含义是不同的。如果在 Instert 模式下输入然后在 Normal 模式下执行 u，则会删除上一次输入的所有内容。如果是在 Normal 模式下执行其它的指令例如 x，然后再执行 u，就恢复上一次 Normal 下的指令。Redo 也一样。

(2) 剪切、复制、粘贴等指令都是同块(Block)相关的操作，因此需要先了解一下块的基本知识。Vim 里用 mark 来定义一个标记，再用 y 指令把指定的内容复制到缓存中，然后用 p 来粘贴。

例如下面的文本：

```
this is the first line
this is 2nd line
```

我们可以先把光标移动到第一行的行首，切换到 Normal 模式，输入 ma(表示标记 a)，再移动光标到第 2 行的 2nd 处，输入 y`a(表示把标记 a 到光标所在处复制到缓存中)，然后移动光标到希望粘贴的地方输入 p(表示粘贴)。到此便已经完成了最基本的复制、粘贴功能。

在复制、粘贴等操作中用到的命令包括：

① m 指令。m 指令非常简单，它就是做标记，可以做从 a 到 z 的 26 个标记，例如 ma、mb、mc 等。在很多操作中会用到 m 指令，例如删除。

② y 指令。y 指令表示 yank，其实就是拷贝。y 指令也有其它的指令形式，例如 yy 为复制整行。

③ p 指令。p 指令就是粘贴。

除以上操作外，在 Vim 里还可以用 gvim 来选择文本。

在 Normal 模式下，输入 v(在屏幕下面会出现可视模式的提示)，然后移动光标，即可显示被选择的内容。选择后输入 d 来删除所选内容，也可以输入 y 将所选内容复制到缓存中，然后用 p 来粘贴到所需位置。多次粘贴可多按几次 p；也可以输入 #p，# 代表连续粘贴的次数，例如粘贴 100 次，就输入 100p。

除 v 命令外，还有 V 和[Ctrl]v。V(大写)表示可视行，就是代表移动光标时，选择的范围是行，不像 v(小写)是一个字符。另外[Ctrl]v 是选择方块。

(3) 连接行。在编辑的时候，一定会遇到把两行或者多行合并成一行的情况。Vim 中使用 J 指令来完成上述操作。J 表示将光标所在行和下一行合并成一行，若要合并多行，可以输入 #J，# 代表希望合并的行数，例如 3J。

(4) 插入新行。o 或者 O 指令用来插入新行。o 是在当前行下插入新行；O 是在当前行上插入新行。使用 o 或 O 后会直接进入 Insert 模式。

(5) 查找字符和字符串。在一行内查找一个字符(或者一个中文单字)使用 fx、Fx、tx、Tx 指令，其中 x 代表欲查询的字符。这几个指令的区别是：fx 表示向右查 x，且光标停在 x 上；Fx 表示向左查 x，且光标停在 x 上；tx 表示向右查 x，且光标停在 x 前；Tx 表示向左查 x，且光标停在 x 后。

查找字符串使用 /xxxxx，其中 xxxxx 为需查找的内容。当查到多个内容时，可以输入 n 来将光标定位到下一个位置。

此外，查找命令有历史记录功能，可以输入 /，然后用光标上、下键来切换已经查过的内容。要注意的是，几个特殊的字符必须加在前面，这几个字符为：.*[]^%/?~$。如果想往回查找，则输入 ？。改变查找顺序后，再输入 n 来进行定位。当然也可以用 N 来反向查找。

插入一些特殊的字符，例如 ∮ 等，使用：digraphs 来显示特殊字符的列表，然后输入 Ctrl + K + 显示出来的 2 个字符来输入特殊字符，例如输入 Ctrl + K + I + o，则为 ∮。

(6) 翻页(半页)。翻页可使用[Ctrl]u 和[Ctrl]d，其中 ^u 为向上翻半页，^d 为向下翻半页。

4. 退出 Vim

在 Normal 模式下，输入 ZZ 就可以保存文档并退出；输入：q! 可以强制退出，但是不保留修改。

5. 可视模式

最新的 Linux 发行版本提供了可视模式。这个功能只有 Vim 才有，如果使用的 Vi 没有这个功能，换成 Vim 即可。打开可视模式，按 Esc 键，然后按 v 就可进入可视模式。

1) 选取文本范围

可视模式为我们提供了极为友好的选取文本范围，以高亮显示；在屏幕的最下方显示有：

--可视--　　或　　--Visual--

屏幕下方可视模式提示如图 7-3 所示。

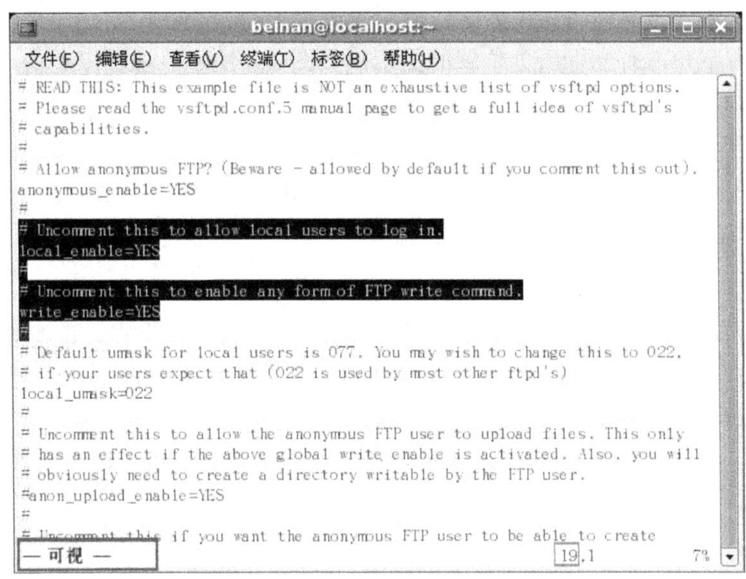

图 7-3　屏幕下方可视模式提示的位置

进入可视模式后，就可以用前面所说的命令模式中的光标移动指令来进行文本范围的选取。

选中内容后，按 y 表示复制，按 d 表示删除。如须对某部分删除作业，按 d 键就可删除选中的内容。

值得一提的是，删除的同时，也表示剪切。例如：返回到命令模式，再移动光标到某个位置，然后按 Shift + p 键，就把刚才删除的内容粘贴至该位置。对于这一操作，在后面的内容中还将具体讲述。

退出可视模式，还是用 Esc 键。

2) 复制和粘帖

当我们删除文字时，可以把光标移动到某处，再按 Shift + p 键就把删除的内容贴在该处，然后再移动光标到某处，按 p 或 Shift + p 又能进行粘贴。

p 表示在光标之后粘帖，Shift + p 表示在光标之前粘帖。

例如，把一个文档的第 3 行复制下来，然后粘贴到第 5 行的后面，有两种方法。

第一种方法：先把第 3 行删除，把光标移动到第 3 行处，然后用 dd 键，接着再按下 Shift + p 键。这样就把刚才删除的第 3 行粘贴在原处了。接着我们再用 k 键移动光标到第 5 行，然后再按一下 p 键，这样就把第 3 行的内容粘贴到第 5 行的后面。

第二种方法：进入可视模式，按 Esc 键，然后按 v 键。移动光标，选中第 3 行的内容，然后按 y 键复制，再移动光标到第 5 行，最后按 p 键。

复制和粘贴操作，是命令模式、插入模式及可视模式的综合运用。我们要学会各种模式之间的切换，要常用 Esc 键，更为重要的是学会在命令模式下移动光标。

6. 行号

有时我们配置一个程序运行时，会出现配置文件 X 行出现错误。这时我们要用到与行号相关的操作。

为所有内容添加行号可以按 Esc 键，然后输入“:set number”。

在屏幕的右下角，有光标所处位置的提示，如图 7-4 所示。在图 7-4 中，57 表示第 57 行，8 表示第 8 个字符。

57,8　　27%

图 7-4　屏幕的右下角提示光标所在位置

7. 查找和替换功能

1) 查找

首先，按 Esc 键，进入命令模式；然后输入/或?就进入查找模式。查找的指令如下：

/SEARCH：正向查找，按 n 键把光标移动到下一个符合条件的位置。

?SEARCH：反向查找，按 Shift + n 键，把光标移动到下一个符合条件的位置。

例如：想在一个文件中找到 swap 单词，则首先按 Esc 键，进入命令模式，然后输入：/swap 或 ?swap。

2) 替换

按 Esc 键进入命令模式，操作如下：

(1) 输入 :s /SEARCH/REPLACE/g，把当前光标所处行中的 SEARCH 单词替换成 REPLACE，并把所有 SEARCH 高亮显示。

(2) 输入 %s /SEARCH/REPLACE，把文档中所有 SEARCH 替换成 REPLACE。

(3) 输入 #,# s /SEARCH/REPLACE/g 表示在指定范围的行中，把 SEARCH 替换成 REPLACE，# 号表示数字。

注：上面的操作中，g 表示全局查找。我们注意到，即使没有替换的地方，也会把 SEARCH 高亮显示。

例如，有一篇文档要修改，把光标所在的行中所有单词 the 替换成 THE，应该进行如下操作：

```
:s /the/THE/g
```

如果我们把整篇文档所有的 the 都替换成 THE，应该输入：

```
:%s /the/THE
```

如果我们仅仅是把第 1 行到第 10 行中的 the 替换成 THE，应该输入：

```
:1,10  s /the/THE/g
```

本章小结

RPM(Redhat Package Manager)即 Red Hat 软件包管理器。一个 Linux 软件常由多个文件组成，这些文件要安装在不同的目录下。另外，安装软件要改变某些系统配置文件，RPM 将完成所有这些任务；Linux 发行版中包含了许多文本编辑器，从简单的编辑器到复杂的能够拼写检查、缓冲以及模式匹配的编辑器。本章主要介绍了在命令模式中使用 RPM 命令对软件包的管理，如安装、升级、删除等操作；Linux 中通用的编辑器 Vi 的模式、模式切换、各种模式下的命令等。

习　题

1. 使用 RPM 命令安装软件包时，所用的选项是什么？
2. 使用 RPM 命令删除软件包时，所用的选项是什么？
3. 在 Linux 下最常使用的文本编辑器为 Vi，请问如何进入编辑模式。
4. 如何由编辑模式跳回正常模式？
5. 如何删除 1 行及 n 行？如何删除一个字符？
6. 如何复制 1 行及 n 行并加以粘贴？
7. 如何搜寻 string 这个字符串？
8. 如何设定与取消行号？

第 8 章　Linux 网络管理

Linux 提供了对网络标准存取和各种网络硬件的支持，这些支持包括网络协议和网络驱动程序，其中网络协议部分负责实现每一种可能的网络传输协议，而网络驱动程序负责与硬件通信。

8.1　Linux 网络概述

计算机网络，是指将地理位置不同的具有独立功能的多台计算机及其外部设备，通过通信线路连接起来，在网络操作系统，网络管理软件及网络通信协议的管理和协调下，实现资源共享和信息传递的计算机系统。

8.1.1　网络常用的概念

信息：通信的目的是交换信息，信息的载体可以是数字、文字、语音、图形或图像。计算机中的信息一般是字母、数字、语音、图形或图像的组合。

数据(data)：被传输的二进制代码。为了传送信息，需要将字母、数字、语音、图形或图像用二进制代码的数据来表示。

信号：是数据的具体物理表现，也是数据在传输过程中的电信号表示形式，为传输二进制代码的数据，必须将它们用模拟或数字信号编码的方式表示。

数据通信：是指在不同计算机之间传送表示字母、数字、符号的二进制代码 0、1 序列的模拟或数字信号的过程。

数据通信速率(传输速率)：是指数据在信道中传输的速度。

数据通信速率分为两种，码元速率和信息速率。码元速率指每秒钟传送的码元数，单位为波特/秒(Baud/s)，又称为波特率。信息速率指每秒钟传送的信息量，单位为比特/秒(bit/s)，又称为比特率。

信道带宽：信道中传输信号不失真时所占用的频率范围(信道的通频带)，单位为 Hz。信道带宽是由信道的物理特性所决定的，如电话线路的频率范围为 300～3400 Hz，则它的带宽为 300～3400 Hz。

信道容量(信道的最大传输速率)：衡量一个信道传输数字信号的重要参数。信道容量是指单位时间内信道上所能传输的最大比特数，用每秒比特数(b/s)表示。当传输的信号速率超过信道的最大传输速率时，就会产生失真。

串行传输：数据流以串行方式在一条信道上传输。其优点为收发双方只需一条传输信道，易于实现，成本低；缺点是速度比较低。

并行通信：数据在多个并行信道上同时传输。其优点是数据传输速度快；缺点是发端与收端之间有若干条线路，费用高，仅适合于近距离和高速率的通信。

单工通信方式：指单向通信信道，数据仅沿单一方向传输，发送方只发送不能接收，接收方只接收不能发送，任何时候都不能改变信号的传送方向。

半双工通信：指信号可以沿两个方向传送，但同一时刻一个信道只允许单方向传送，即双向传输只能交替而不能同时进行。例如公安系统使用的对讲机。

全双工通信：指数据可以同时沿相反两个方向双向传输。例如电话通话。

基带传输：数字信号是一个离散的方波，“0”代表低电平，“1”代表高电平，这种方波固有的频带称为基带，方波信号称为基带信号，基带实际上就是数字信号所占用的基本频带。基带传输是在信道中直接传输数字信号，且传输媒体的整个带宽都被基带信号占用，双向地传输信息。

频带传输：指将数字信号调制后再传输，到达接收端再解调成原来的数字信号。因此频带传输方式要求发送端和接收端都要安装调制器和解调器。

远距离通信借助于公用电话交换网(PSTN)，此时需要利用频带传输方式。利用频带传输，不仅解决了利用电话系统传输数字信号的问题，而且可以实现多路复用，以提高传输信道的利用率。

8.1.2　网络协议

网络协议是为计算机网络中进行数据交换而建立的规则、标准或约定的集合。例如，网络中一个微机用户和一个大型主机的操作员进行通信，由于这两个数据终端所用字符集不同，因此他们无法识别对方所输入的命令。为了能进行通信，规定每个终端都要将各自字符集中的字符先变换为标准字符集的字符后，才进入网络传送，到达目的终端之后，再变换为该终端字符集的字符。当然，对于不相容终端，除了需变换字符集字符外，其它特性，如显示格式、行长、行数、屏幕滚动方式等，也需作相应的变换。

1. 网络协议的要素

在计算机网络中，两个相互通信的实体处在不同的地理位置，其上的两个进程相互通信，需要通过交换信息来协调它们的动作并达到同步，而信息的交换必须按照网络协议进行。

一个网络协议至少包括以下三要素。

(1) 语法：用来规定信息格式，如数据及控制信息的格式、编码及信号电平等；

(2) 语义：用来说明通信双方应当怎么做，用于协调与差错处理的控制信息；

(3) 时序：(定时)详细说明事件的先后顺序、速度匹配和排序等。

2. 协议的功能

(1) 分割与重组。协议的“分割”功能用于将较大的数据单元分割成较小的数据包，其反过程为“重组”，如图 8-1 所示。

(2) 寻址。协议的“寻址”功能使得设备彼此识别，同时可以进行路径选择，如图 8-2 所示。

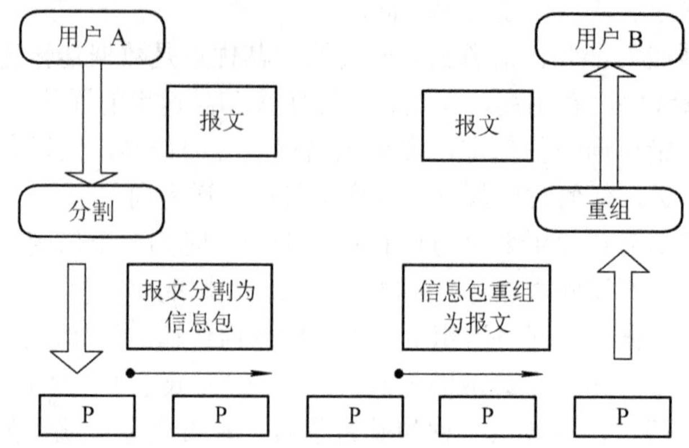

图 8-1 分割与重组

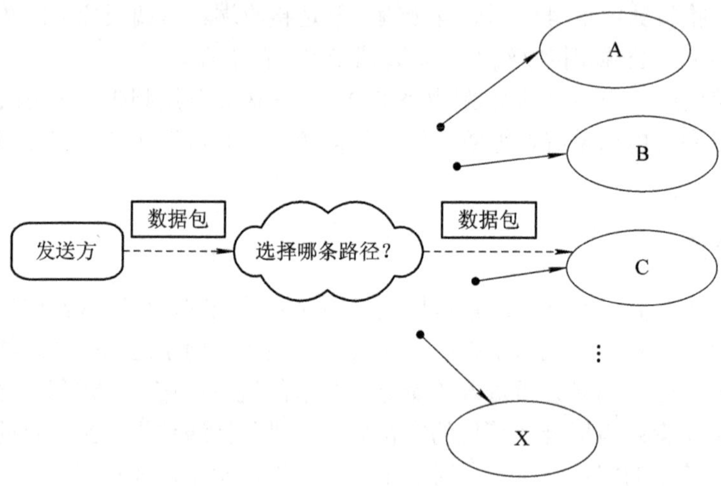

图 8-2 路径选择

(3) 封装与拆装。协议的“封装”功能是指在数据单元(数据包)的始端或者末端增加控制信息，其相反的过程是“拆装”，如图 8-3 所示。

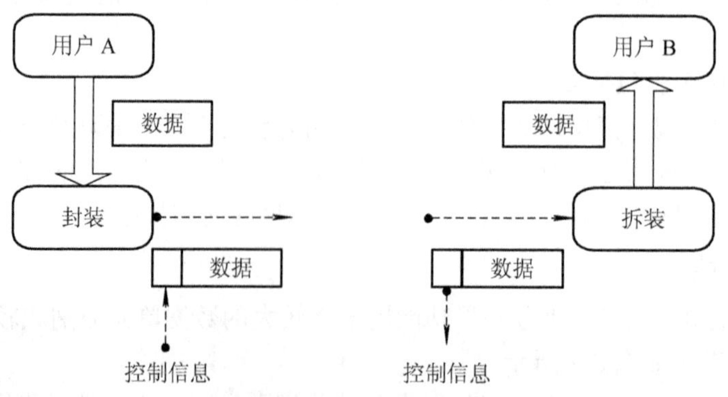

图 8-3 数据封装与拆装

(4) 排序。排序是把数据按一定的规律进行整合排列的过程，如图 8-4 所示。

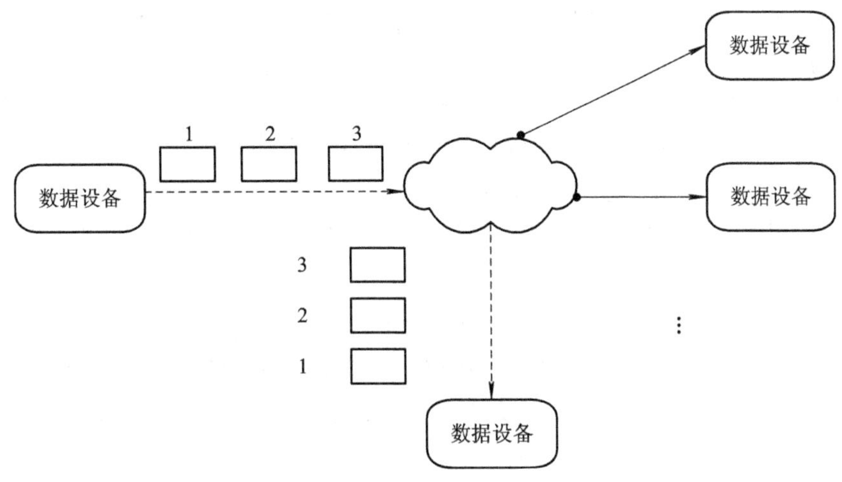

图 8-4　数据排序

(5) 信息流控制。协议的信息流控制功能是指在信息流过大时，所采取的一系列措施，如图 8-5 所示。

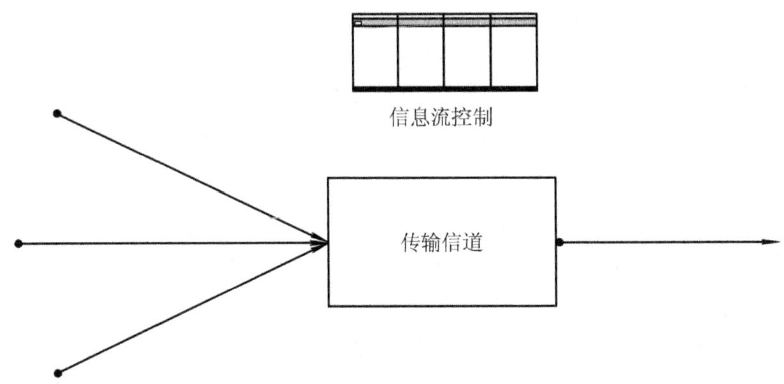

图 8-5　信息流控制

(6) 差错控制。差错控制功能使得数据按误码率要求的指标在通信线路中正确地传输。

(7) 同步。协议的同步功能可以保证收发双方在数据传输时的一致性。

(8) 干路传输。协议的干路传输功能可以使多个用户信息共用干路。

(9) 连接控制。连接控制功能可以控制通信实体之间建立和终止链路的过程。

3. 网络协议的工作方式

网络上的计算机之间通过网络协议进行信息交换。不同的计算机之间必须使用相同的网络协议才能进行通信。

网络协议规定了通信时信息必须采用的格式和这些格式的意义。大多数网络都采用分层的体系结构，每一层都建立在它的下层之上，向它的上一层提供一定的服务，而把实现这一服务的细节对上一层加以屏蔽。一台设备上的第 n 层与另一台设备上的第 n 层进行通信的规则就是第 n 层协议。在网络的各层中存在着许多协议，接收方和发送方同层的协议必须一致，否则一方将无法识别另一方发出的信息。常见的协议有：TCP/IP 协议、IPX/SPX

协议、NetBEUI 协议等。

鉴于网络协议的多样性，具体选择哪一种协议则要看情况而定。Internet 上的计算机使用的是 TCP/IP 协议。

TCP/IP(Transmission Control Protocol/Internet Protocol，传输控制协议/互联网协议)是 Internet 采用的一种标准网络协议。它是 1977 年到 1979 年推出的一种网络体系结构和协议规范。ARPANET 网成功的主要原因是因为它使用了 TCP/IP 标准网络协议。随着 Internet 网的发展，TCP/IP 也得到进一步的研究开发和推广应用，成为 Internet 网上的“通用语言”。

4. 局域网常用的三种网络协议

在局域网常用的 TCP/IP、IPX/SPX 及 NetBEUI 三大协议中，TCP/IP 协议毫无疑问是最重要的网络协议之一。作为互联网的基础协议，没有 TCP/IP 协议就根本不可能上网，任何和互联网有关的操作都离不开 TCP/IP 协议。不过 TCP/IP 协议也是配置起来最麻烦的一个，单机上网还算简单，而通过局域网访问互联网的话，就要详细设置 IP 地址、网关、子网掩码、DNS 服务器等参数。

TCP/IP 尽管是目前最流行的网络协议，但 TCP/IP 协议在局域网中的通信效率并不高，使用它在浏览“网上邻居”中的计算机时，经常会出现不能正常浏览的现象。此时安装 NetBEUI 协议就可解决这个问题。

NetBEUI 即 NetBIOS Enhanced User Interface，或 NetBIOS 增强用户接口。它是 NetBIOS 协议的增强版本，曾被许多操作系统采用，例如 Windows for Workgroup、Win 9x 系列、Windows NT 等。NetBEUI 协议在许多情形下很有用，是 Windows 98 之前操作系统的缺省协议。NetBEUI 协议是一种短小精悍、通信效率高的广播型协议，安装后不需要进行设置，特别适合于在“网上邻居”传送数据。所以建议除了 TCP/IP 协议之外，小型局域网的计算机也可以安装 NetBEUI 协议。另外还有一点要注意，如果一台只装了 TCP/IP 协议的 Windows 98 机器要想加入到 WINNT 域，也必须安装 NetBEUI 协议。

IPX/SPX 协议原本是 Novell 开发的专用于 NetWare 网络中的协议，但是现在大部分可以联机的游戏都支持 IPX/SPX 协议，比如星际争霸、反恐精英等。虽然这些游戏通过 TCP/IP 协议也能联机，但还是通过 IPX/SPX 协议更简单，因为根本不需要任何设置。然而，IPX/SPX 协议在局域网络中的用途似乎并不是很大，如果确定不在局域网中联机玩游戏，那么这个协议可不装。

5. 常用的广域网协议

广域网协议指 Internet 上负责路由器与路由器之间连接的数据链路层协议。广域网协议定义了在不同的广域网介质上的通信。

用于广域网的通信协议比较多，常见的主要有 PPP、HDLC、fram relay、SDLC 等。

(1) PPP(Point to Point Protocol)：点到点协议。PPP 协议是在 SLIP 基础上开发的，解决了动态 IP 和差错检验问题。PPP 协议包含数据链路控制协议 LCP 和网络控制协议 NCP。LCP 协议提供了通信双方进行参数协商的手段。NCP 协议使 PPP 可以支持 IP、IPX 等多种网络层协议及 IP 地址的自动分配。PPP 协议支持两种验证方式：PAP 和 CHAP。

(2) HDLC(High level Data Link Control)：高级数据链路控制协议。HDLC 协议是 Cisco 的路由器默认的封装协议。HDLC 是面向位的控制协议，用“数据位”定义字段类型，而不用控制字符，通过帧中用“位”的组合进行管理和控制。

(3) Fram Relay：帧中继。Fram Relay 是一种用于连接计算机系统的面向分组的通信方法。大多数公共电信局把它作为建立高性能的虚拟广域连接的一种途径。帧中继是进入带宽范围从 56 Kbps 到 1.544 Mbps 的广域分组交换网的用户接口。

企业网申请帧中继时，局端提供 DLCI 号和接入的 LMI 类型，局端是 DCE，客户端是 DTE。设局端提供的虚电路号 DLCI 是 16 和 17，本地管理类型接口 LMI 是 Cisco。设置内容：连接端口的 IP 地址，指定 lmi 类型，设置虚电路号。

(4) SDLC(Synchronous Data Link Control)：同步数据链路控制。SDLC 协议是一种 IBM 数据链路层协议，适用于系统网络体系结构(SNA)。

通过同步数据链路控制(SDLC)协议，数据链路层为特定通信网络提供了网络可寻址单元(NAUs：Network Addressable Units)间的数据差错释放(Error-Free)功能。信息流经过数据链路控制层由上层往下传送至物理控制层。然后通过一些接口传送到通信链路。SDLC 支持各种链路类型和拓朴结构。应用于点对点和多点链接、有界(Bounded)和无界(Unbounded)媒体、半双工(Half-Duplex)和全双工(Full-Duplex)传输方式，以及电路交换网络和分组交换网络。

SDLC 支持识别两类网络节点：主节点(Primary)和次节点(Secondary)。主节点主要控制其它节点(称为次节点：Secondaries)的操作。主节点按照预先确定的顺序选择次节点，一旦选定的次节点已经导入数据，那么它即可进行传输。同时主节点可以建立和拆除链路，并在运行过程中控制这些链路。主节点支配次节点，也就是说，次节点只有在主节点授权的前提下才可以向主节点发送信息。

SDLC 主节点和次节点可以在四种配置中建立连接。

① 点对点(Point-to-Point)：只包括两个节点，一个主节点，一个次节点；

② 多点(Multipoint)：包括一个主节点，多个次节点；

③ 环(Loop)：包括一个环形拓朴：连接起始端为主节点，结束端为次节点，通过中间次节点相互之间传送信息以响应主节点请求；

④ 集线前进(Hub Go-Ahead)：包括一个 Inbound 信道和一个 Outbound 信道，主节点使用 Outbound 信道与次节点进行通信，次节点使用 Inbound 信道与主节点进行通信，通过每个次节点，Inbound 信道以菊花链(DaisyChained)格式回到主节点。

6. 网络协议层次的划分

对于网络协议的层次结构，鉴于网络节点之间联系的复杂性，在制定协议时，通常把复杂成分分解成一些简单成分，然后再将它们复合起来。最常用的复合技术就是层次方式，网络协议的层次结构大致划分如下：

(1) 结构中的每一层都规定有明确的服务及接口标准；

(2) 把用户的应用程序作为最高层；

(3) 除了最高层外，中间的每一层都向上一层提供服务，同时又是下一层的用户；

(4) 把物理通信线路作为最低层，它使用从最高层传送来的参数，是提供服务的基础。

为了使不同计算机厂家生产的计算机能够相互通信，以便在更大的范围内建立计算机网络，国际标准化组织(ISO)在 1978 年提出了“开放系统互联参考模型”，即著名的 OSI/RM

模型(Open System Interconnection/Reference Model)。它将计算机网络体系结构的通信协议划分为七层，自下而上依次为物理层(Physics Layer)、数据链路层(Data Link Layer)、网络层(Network Layer)、传输层(Transport Layer)、会话层(Session Layer)、表示层(Presentation Layer)、应用层(Application Layer)。

其中底下四层完成数据传送服务，上面三层面向用户。对于每一层，至少制定两项标准：服务定义和协议规范。前者给出了该层所提供的服务的准确定义，后者详细描述了该协议的动作和各种有关规程，以保证服务的提供。

网络层协议包括：IP 协议、ICMP 协议、ARP 协议、RARP 协议。

传输层协议包括：TCP 协议、UDP 协议。

应用层协议包括：FTP、Telnet、SMTP、HTTP、RIP、NFS、DNS。

8.2　Samba 网络服务

Linux 功能完善，可在多数硬件平台上运行，其紧凑高效的内核能够充分发挥硬件的作用。同时，它对网络功能提供了广泛的支持，使用标准的 TCP/IP 协议作为主要的网络通信协议，可用于构建 Mail Server、HTTP Server 和 FTP Server 等服务器。本章着重研究 Linux 的网络服务。

8.2.1　Samba 简介

Samba 是 Linux 下的一个可以提供文件服务和打印服务的网络服务端软件，可以把它当作一个局域网上的文件服务器或者打印服务器。它可以为同一个子网中的客户机(主要指的是 Windows)提供文件服务和打印服务。也就是说，Samba 服务器可以让 Linux 实现像 Novell Netware 文件服务器和 Windows 2000 文件服务器提供的功能。Samba 服务器在性能和效率上都有非常优越的表现，尤其是现在流行的应用，使 Samba 服务器成为网吧的电影视频服务器和企业内部的文件打印服务器。Samba 服务器在同等硬件条件下的性价比要远远高于其它系统的网络文件服务器。

Samba 的工作原理是：让 NetBIOS(Windows 网络邻居的通信协议)和 SMB(Server Message Block)这两个协议运行于 TCP/IP 通信协议之上，并且使用 Windows 的 NetBEUI 协议让 Linux 可以在网上邻居上被 Windows 看到。

SMB 协议：在 NetBIOS 出现之后，Microsoft 就使用 NetBIOS 实现了一个网络文件/打印服务系统，这个系统基于 NetBIOS 设定了一套文件共享协议，Microsoft 称之为 SMB(Server Message Block)协议。这个协议被 Microsoft 用于 Lan Manager 和 Windows NT 服务器系统中，以实现不同计算机之间共享打印机、串行口和通信抽象(如命名管道、邮件插槽等)。SMB 协议非常重要，在所有的 Windows 系列操作系统中广为应用。

Samba 的主要功能：提供 Linux 磁盘和打印机给 Windows 客户机使用。Linux 是一个优秀的网络操作系统，它可与多种网络集成。Linux 系统的稳定性、可靠性受到了广大用户的喜爱，在中小型网络或者在部门、单位等内部网(Intranet)上，常将 Linux 当作有效而强劲的文件和打印服务器，让 Windows 客户机共享 Linux 系统中的文件和打印机。

8.2.2　Samba 服务器的建立

1. Samba 的安装

Samba 至少有三种安装方式：

(1) 在安装 Linux 系统时选择 Samba 组件；

(2) 安装 Samba 软件的 RPM 套件包；

(3) 安装 Samba 软件的源代码包(这种安装需要自己对源代码进行编译)。

在安装 Linux 系统时可以选择相应的组件进行 Samba 的安装，由于它是一个免费的软件，所以很多版本 Linux 系统都自带了。

还可从网络上或者其它地方获得 Samba 的软件安装包，在 Linux 系统下对其进行安装，使用：rmp -ivh(Samba 的 RPM 套件)。

Samba 安装后的主目录和文件存放在 /etc/samba/下，并在该目录下存放有 Samba 服务器的相关配置文件。

/etc/samba/smb.conf:samba 为服务器的主配置文件，Samba 服务器的配置主要就是对这个文件的设置和修改，它关系到服务器几个方面的设置，后面将会具体讲述。

2. SMB 服务的控制

1) 手动控制

(1) SMB 服务的停止：/etc/rc.d/init.d/./smb stop；

(2) SMB 服务的重启：/etc/rc.d/init.d/./smb restart；

(3) SMB 服务的启动：/etc/rc.d/init.d/./smb start；

(4) SMB 服务的状态：/etc/rc.d/init.d/./smb status。

2) 自动控制

依照 setup→服务→选择→SMB 服务的路径，Linux 每次启动就会自动启动 SMB 服务。

3) 通过命令 service 来控制

(1) 停止 SMB 服务：service smb stop；

(2) 重启 SMB 服务：service smb restart；

(3) 启动 SMB 服务：service smb start；

(4) SMB 服务状态：service smb status。

3. smb.conf 文件详解

SMB 配置文件可以分为三部分。

(1) [global]节：全局变量设置部分，主要配置 Samba 服务器在整个运行过程中用到的参数。

(2) [homes]节：共享目录设置部分，主要是配置 SMB 客户机连接的用户主目录，也可以对这个目录作详细的权限设置。

(3) [printers]节：打印机设置部分。

1) 全局变量设置部分

(1) workgroup = MYGROUP。定义该 Samba 服务器所在的工作组或者域(如果下面的 security=domain)。例如：

server string = %g%S

设定机器的描述，当我们通过网上邻居访问的时候可以在备注里面看见这个内容，而且还可以使用 Samba 设定的变量。这里说一下 Samba 定义的变量：

%S：当前服务名(仅当有该目录)；

%P：当前服务的根目录(仅当有该目录)；

%u：当前服务的用户名(仅当有该目录)；

%g：当前用户所在的主工作组；

%U：当前对话的用户名；

%G：当前对话的用户的主工作组；

%H：当前服务的用户的 Home 目录；

%v：Samba 服务的版本号；

%h：运行 Samba 服务机器的主机名；

%m：客户机的 NetBIOS 名称；

%L：服务器的 NetBIOS 名称；

%M：客户机的主机名；

%N：NIS 服务器名；

%p：NIS 服务器的 Home 目录；

%R：所采用的协议等级(值可以是 CORE、COREPLUS、LANMAN1、LANMAN2、NT1)；

%d：当前服务进程的 ID；

%a：客户机的结构(只能识别 Samba、WinNT、Win95)；

%I：客户机的 IP；

%T：当前日期和时间。

(2) netbios name =your netbiosname。定义 Samba 服务器的 NetBIOS 名称，也就是在 Windows 网上邻居上可以看到的计算机名称。

(3) hosts allow = 网络或者主机。这里可以设置允许访问的网络和主机 IP，比如允许 192.168.1.0/24 和 192.168.2.1/32 访问，就用 host allow = 192.168.1.192.168.2.1 127.0.0.1(注意网络后面加“.”，各个项目间用空格隔开，把本机也要加进去)。

(4) printcap name = printcapFile。到 printcapFile(一般是 /etc/printcap)这个文件中取得打印机的描述信息。

(5) load printers = yes|no。设定是否自动共享打印机而不用设置下面的[printers]一节的相关内容。

(6) printing = PrintSystemType。定义打印系统的类型，缺省是 lprng，可选项有：bsd、sysv、plp、lprng、aix、hpux、qnx。

(7) guest account = pcguest。定义匿名用户账号，而且需要把这个账号加入/etc/passwd，否则就用缺省的 nobody。

(8) log file = LogFileName。定义记录文件的位置 LogFileName(一般是用 /var/log/samba/%m.log)。

(9) max log size = size。定义记录文件的大小 size(单位是 KB，如果是 0 的话就不限大小)。

(10) security = security_level。定义 Samba 的安全级别，按从低到高分为四级：share、user、server、domain。它们对应的验证方式如下。

① share：没有安全性的级别，任何用户无需用户名和口令都可以访问服务器上的资源。

② user：Samba 的默认配置，要求用户在访问共享资源之前必须先提供用户名和密码进行验证。

③ server：和 user 安全级别类似，但用户名和密码需递交到另外一个服务器去验证，比如递交给一台 NT 服务器。如果递交失败，就退到 user 安全级。

④ domain：这个安全级别要求网络上存在一台 Windows 的主域控制器，Samba 把用户名和密码递交给它去验证。

后面三种安全级别都要求用户在本 Linux 机器上也要有系统账户，否则是不能访问的。

(11) password server = <NT-Server-Name>。当前面的 security 设定为 server 或者 domain 的时候才有必要设定它。

(12) password level = n。这是针对一些 SMB 客户(如 OS/2)而设的，这样的系统在发送用户密码的时候，会把密码转换成大写再发送，这样就和 Samba 的密码不一致。上述这个参数可以设定密码里允许的大写字母个数，这样 Samba 就可以根据这个数目对接收到的密码进行大小写重组，以重组过的密码尝试验证其正确性。n 越大，组合的次数就越多，验证时间就越长，安全性也会因此变得越低。例如 n=2，用户的密码是 abcd，但发送出去其实是 ABCD，Samba 就会把这个 ABCD 进行大小写重组，组合后的结果可以是：Abcd、aBcd、abCd、abcD、abcd、Abcd、AbCd、AbcD、aBCd、aBcD、abCD。所以如果没有特殊需求，就把 n 定为零。这样的话 Samba 只尝试两次，一次是接收到的密码，另一次是这个密码都是小写的情况。

(13) username level = n。与密码设置类似，这个是对于用户名的情况，说明和上一项类似。

(14) encrypt passwords = yes|no。设置是否对密码进行加密。Samba 本身有一个密码文件/etc/samba/smbpasswd，如果不对密码进行加密则在验证会话期间客户机和服务器之间传递的是明文密码，Samba 直接把这个密码和 Linux 里的 /etc/samba/smbpasswd 密码文件进行验证。但是在 Windows 95 OS/R2 以后的版本和 Windows NT SP3 以后的版本中都不传送明文密码，要让这些系统能传送明文密码必须在其注册表里更改，比较麻烦，好的方法就是把这个开关设置为 yes。

(15) smb passwd file = smbPasswordFile。设置存放 Samba 用户密码的文件 smbPassword File(一般是 /etc/samba/smbpasswd)。

(16) ssl CA certFile = sslFile。当 Samba 编译支持 SSL 的时候，需要指定 SSL 证书的位置(一般在 /usr/share/ssl/certs/ca-bundle.crt)。

(17) Unix password sync = yes|no

```
passwd program = /usr/bin/passwd %u
passwd chat = *New*UNIX*password* %n
*ReType*new*UNIX*password* %n
*passwd:*all*authentication*tokens*updated*successfully*
```

以上用来设置能否从 Windows 的应用程序修改 Unix 系统的用户密码。

(18) username map = UsermapFile。指定用户映射文件(一般是 /etc/samba/smbusers)，当我们在这个文件里面指定一行 root = administrator admin 的时候，客户机的用户是 admin 或者 administrator 连接时会被当作用户 root 看待。

(19) include = MachineConfFile。指定对不同机器的连接采用不同的配置文件 MachineConfFile(一般为了灵活管理使用 /etc/samba/smb.conf.%m，由于采用了 Samba 的变量，把配置文件和客户机的 NetBIOS 名称关联起来，能很容易地控制这些客户机的权限和设置)。

(20) socket options = TCP_NODELAY SO_RCVBUF=8192 SO_SNDBUF=8192。这个是网络 socket 方面的一些参数，能实现最好的文件传输性能。相关的选项还有 SO_KEEPALIVE、SO_REUSEADDR、SO_BROADCAST、IPTOS_LOWDELAY、IPTOS_THROUGHPUT、SO_SNDLOWAT(*)、SO_RCVLOWAT(*)，带*号的要指定数值。一般如果在本地网络，就只用 IPTOS_LOWDELAY；如果有一个本地网络，就用 IPTOS_LOWDELAY TCP_NODELAY；如果是广域网络，就试试 IPTOS_THROUGHPUT。

(21) interfaces = interface1 interface2。如果有多个网络接口，就必须在这里指定，如 interface = 192.168.12.2/24 192.168.13.2/24。

(22) remote browse sync = host(subnet)。在这里指定浏览列表同步信息从何处取得，host(如 192.168.3.25)或者整个子网(如 192.168.5.255)。

(23) remote announce = host(subnet)。指定这些机器向网络宣告自己，而不是由 Browser 得到。

(24) local master = yes|no。这个参数用于指定 nmbd 是否试图成为本地主浏览器，默认值是 yes，如果设为 no 则 Samba 服务器就永远都不会成为本地主浏览器。但即使设置了 yes，也不等于 Samba 服务器就一定是本地主浏览器，而是参与本地主浏览器的选择。

(25) os level = n。n 的值是整数，决定了 nmbd 是否有机会成为本地广播区域工作组里的本地主浏览器。n 的默认值是零，也就意味着 nmbd 失去浏览器选择的机会。如果要使 nmbd 成为本地主浏览器的可能性更大，可以将 n 值设为 65。

(26) domain master = yes|no。这个参数让 nmbd 成为一个域浏览器，取得各本地主浏览器的浏览列表，并将整个域的浏览列表递交给各本地主浏览器。

(27) preferred master = yes|no。这个参数用于指定 nmbd 是否是工作组里首要的主浏览器，如果指定为 yes，nmbd 在启动的时候就强制一个浏览选择。下面对 domain master 和 local master 稍作解释。

工作组和域这两个概念在进行浏览时具备同样的用处，都是用于区分并维护同一组浏览数据的多个计算机。事实上它们的不同在于认证方式，工作组中每台计算机基本上都是独立的，独立地对客户访问进行认证，而域中存在一个(或几个)域控制器，保存对整个域中都有效的认证信息，包括用户的认证信息以及域内成员计算机的认证信息。浏览数据的时候，工作组并不需要认证信息，Microsoft 将工作组扩展为域，只是为了形成一种分级的目录结构，将原有的浏览和目录服务相结合，以扩大 Mircrosoft 网络服务范围。

工作组和域都可以跨越多个子网，因此网络中就存在两种 Browser，一种为 Domain Master Browser，用于维护整个工作组或域内的浏览数据；另一种为 Local Master Browser，用于维护本子网内的浏览数据，它和 Domain Master Browser 相互通信以获得所有的可浏览数据。划分这两种 Browser 主要是由于浏览数据依赖于本地网广播来获得资源列表，不同子网之间只能通过浏览器之间的交流，才能互相交换资源列表。

但是，为了浏览多个子网的资源，必须使用 NBNS 名字服务器的解析方式，没有 NBNS 的帮助，计算机将不能获得子网外计算机的 NetBIOS 名字。Local Master Browser 也需要查询 NetBIOS 名字服务器以获得 Domain Master Browser 的名字，来相互交换网络资源信息。

由于域控制器在域内的特殊性，因此，域控制器倾向于被用作 Browser，主域控制器应该被用作 Domain Master Browser，它们在推举时设置的权重较大。

(28) preserve case = yes|no 和 short preserve case = yes|no。这两项用于指定拷贝 DOS 文件的时候保持大小写，缺省是 no。

(29) default case = lower|upper。此项命令用于设定所有的 DOS 文件的缺省是大写还是小写。

(30) case sensitive = yes|no。此项命令对大小写敏感，一般设置为 no，不然会出现一些问题。

2) 共享目录设置部分

每个 SMB 服务器都能对外提供文件或打印服务，每个共享资源需要被给予一个共享名，这个名字将显示在这个服务器的资源列表中。如果一个资源的名字的最后一个字母为$，则这个共享名就为隐藏共享，不能直接表现在浏览列表中，而只能通过直接访问这个名字来进行访问。在 SMB 协议中，为了获得服务器提供的资源列表，必须使用一个隐藏的资源名字 IPC$ 来访问服务器，否则用户无法获得系统资源的列表。

在 smb.conf 文件中一般没有对[homes]这个目录设定特定内容，比如路径等。当客户机发出服务请求时，就在 smb.conf 文件的其它部分查找有特定内容的服务。如果没有发现这些服务，并且提供了 homes 段，就搜索密码文件得到用户的 Home 目录。通过 Homes 段，Samba 可以得到用户的 Home 目录并使其共享。

下面是这个段最简单的共享设置：

```
[homes]
comment=Home Directory
browseable=no
writable=yes
```

比较正常的共享设置如下：

```
[MyShare]
comment = grind's file
path = /home/grind
allow hosts = host(subnet)
deny hosts = host(subnet)
writable = yes|no
user = user(@group)
valid users = user(@group)
invalid users = user(@group)
read list = user(@group)
write list = user(@group)
```

```
admin list = user(@group)
public = yes|no
hide dot files = yes|no
create mode = 0755
directory mode = 0755
sync always = yes|no
short preserve case = yes|no
preserve case = yes|no
case sensitive = yes|no
mangle case = yes|no
default case = upper|lower
force user = grind
wide links = yes|no
max connections = 100
delete readonly = yes|no
```

[]中的 MyShare 用来指定共享名，一般就是网上邻居里面可以看见的文件夹的名字。其它参数说明如下：

comment：指的是对服务器共享的备注。

path：指定共享的路径，可以配合 Samba 变量使用。比如可以指定 path=/data/%m，这样如果一台机器的 NetBIOS 名字是 grind，它访问 MyShare 这个共享的时候就是进入 /data/grind 目录，而对于 NetBIOS 名字是 glass 的机器，则进入 /data/glass 目录。

allow hosts 和 deny hosts 与前面全局设置的方法一样，这里不再详述。

writeable：指定了这个目录缺省是否可写，也可以用 readonly = no 来设置可写。

user：设置所有可能使用该共享资源的用户，也可以用 @group 代表 group 这个组的所有成员，不同的项目之间用空格或者逗号隔开。

valid users：指定能够使用该共享资源的用户和组。

invalid users：指定不能够使用该共享资源的用户和组。

read list：指定只能读取该共享资源的用户和组。

write list：指定能读取和写该共享资源的用户和组。

admin list：指定能管理该共享资源(包括读写和权限赋予等)的用户和组。

public：指明该共享资源是否能让匿名用户账号访问，有时候也叫 guest ok，所以有的配置文件中出现 guest ok = yes，其实和 public = yes 是一样的。

hide dot files：指明是不是像 Unix 那样隐藏以“ . ”号开头的文件。

create mode：指明新建立文件的属性，一般是 0755。

directory mode：指明新建立目录的属性，一般是 0755。

sync always：指明对该共享资源进行写操作后是否进行同步操作。

short preserve case：指明不区分文件名大小写。

preserve case：指明保持大小写。

case sensitive：指明是否对大小写敏感，一般选 no，不然可能引起错误。

mangle case：指明混合大小写。

default case：指明缺省的文件名是全部大写还是全部小写。

force user：强制建立文件的属主。比如：有一个目录，guest 可以写，那么 guest 就可以删除，如果用 force user= grind 强制建立文件的属主是 grind，同时限制 create mask = 0755，这样 guest 就不能删除了。

wide links：指明是否允许共享外符号连接，比如共享资源里面有个连接指向非共享资源里面的文件或者目录，设置 wide links = no 将使该连接不可用。

max connections = n：设定同时连接数是 n。

delete readonly：指明能否删除共享资源里面已经被定义为只读的文件。

还有两类特殊的共享：分别是光驱和打印机，其设置分别如下。

(1) 光驱的共享设置如下：

```
[cdrom]
comment = jekay's cdrom
path = /mnt/cdrom
public = yes
browseable = yes
root preexec = /bin/mount -t iso9660 /dev/cdrom /mnt/cdrom
root postexec = /bin/umount /mnt/cdrom
```

这里 root preexec 指明了连接时用 root 的身份运行 mount 命令，而 root postexec 则指明了断开时用 root 身份运行 umount，有效实现了对光驱的共享。

(2) 打印机共享的设置如下：

```
[printers]
path = /var/spool/samba
writeable = no
guest ok = yes
printable = yes
printer driver = 打印机的型号
```

这里 printable 指明该打印机可以打印，guest ok 说明匿名用户也能打印，path 指明打印的文件队列暂时放到/var/spool/samba 目录下。 printer driver 的作用是指明该打印机的类型，这样我们在安装网络打印机的时候就可以直接自动安装驱动而不必选择。

4. Samba 其它的命令

(1) testparm 测试命令用于解析和描述 smb.conf 文件的内容，它提供了一个简易的方法来发现配置上的错误，即

```
testparm /etc/samba/smb.conf
```

(2) smbclient 是一个类似于 FTP 的客户端软件。它使用起来相对比较复杂，可是如果能够熟练掌握的话，会起到事半功倍的效果，可以用 man smbclient 来查看它具体的使用方法。

smbclient 的命令格式如下：

```
smbclient //IP
```

或者

NetBIOS 名称/共享资源名[-U 用户名]

例如：

smbclient -L 计算机名

一般这样就可以列出可用的共享资源。

(3) smbpasswd，主要是建立 Samba 账户。例如设置：

smbpasswd Samba 用户名

另外也可以通过修改/etc/samba/smbpasswd 这个文件来建立 Samba 账户。

还要注意这时要设置变量：security=user，encrypt passwords = yes，这样建立的 SMB 账户才有效，否则直接用 share 就可以。

8.2.3 Samba 服务器实例

此处以 Windows 系统中安装虚拟机为例，介绍两种不同操作系统通过 Samba 服务器交互的实例。

1. 匿名的配置实例

(1) 给 Asianux 服务器配置一个地址：ifconfig eth0 192.168.10.123 netmask 255.255.255.0，如图 8-6 所示。

```
[root@localhost ~]# ifconfig
eth0      Link encap:Ethernet  HWaddr 00:0C:29:EF:F3:29
          inet addr:192.168.10.123  Bcast:192.168.10.255  Mask:255.255.255.0
          inet6 addr: fe80::20c:29ff:feef:f329/64 Scope:Link
          UP BROADCAST RUNNING MULTICAST  MTU:1500  Metric:1
          RX packets:260626 errors:0 dropped:0 overruns:0 frame:0
          TX packets:159224 errors:0 dropped:0 overruns:0 carrier:0
          collisions:0 txqueuelen:1000
          RX bytes:279866486 (266.9 MiB)  TX bytes:197683938 (188.5 MiB)
          Base address:0x2000 Memory:d8920000-d8940000

lo        Link encap:Local Loopback
          inet addr:127.0.0.1  Mask:255.0.0.0
          inet6 addr: ::1/128 Scope:Host
          UP LOOPBACK RUNNING  MTU:16436  Metric:1
          RX packets:14557 errors:0 dropped:0 overruns:0 frame:0
          TX packets:14557 errors:0 dropped:0 overruns:0 carrier:0
          collisions:0 txqueuelen:0
          RX bytes:766472 (748.5 KiB)  TX bytes:766472 (748.5 KiB)
```

图 8-6　Asianux 服务器的地址配置示例

(2) 给 Windows XP 配置一个地址。按照开始→运行→输入命令 ncpa.cpl→双击 VMwareNetworkAdapterVMnet1→点击属性→点击 TCP/IP 协议→输入地址 192.168.10.6，如图 8-7 所示。

(3) 进行 ping 192.168.10.5 –t 测试。

(4) 输入 vi /etc/samba/smb.conf 命令。修改如下：

① security=share。

② 在文件的最后添加:

[Asianux′s share samba]

comment=Asianux′s share samba

path=/tmp/share
valid users=nobody
public=yes
writable=yes

(5) 输入 mkdir /tmp/share 命令。

(6) 输入 chmod 777 /tmp/share 命令。

(7) 输入 service smb start 命令。

(8) 按照"网上邻居→右击→属性→搜索计算机→192.168.10.5 或者运行//192.168.10.5"的步骤，效果如图 8-8 所示。

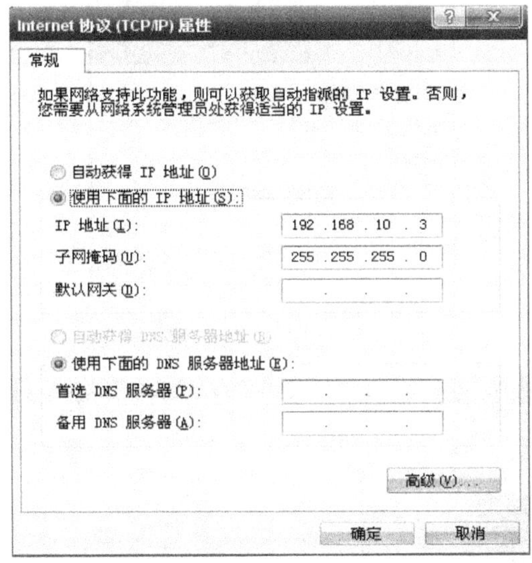

图 8-7　给 Windows XP 配置一个地址

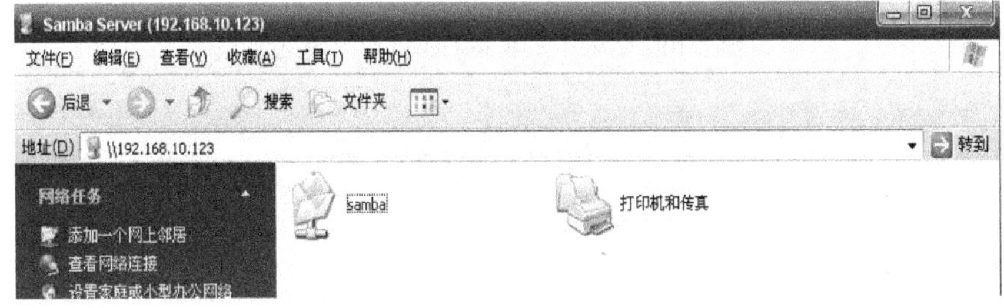

图 8-8　访问 Samba 服务器后的效果

2. 带用户服务的配置

(1) vi /etc/samba/smb.conf。修改如下：

① security=users。

② 在文件的最后添加：

[Asianux′s users samba]
comment= Asianux′s users samba
path=/tmp/long

valid users=long

writable=yes

(2) useradd long。例如：

smbpasswd -a long

这样会把 long 这条记录放在/etc/samba/smbpasswd 文件中。

(3) service smb restart。

(4) 运行→\\192.168.10.5，输入用户名、密码，如图 8-9 所示。

最后的结果如图 8-10 所示。

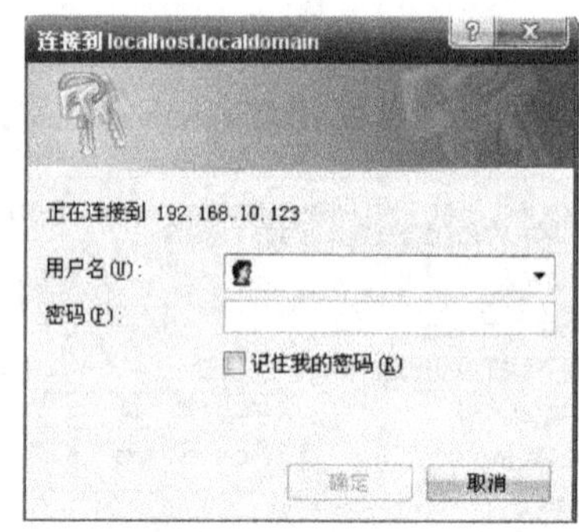

图 8-9　等待用户输入用户名和密码

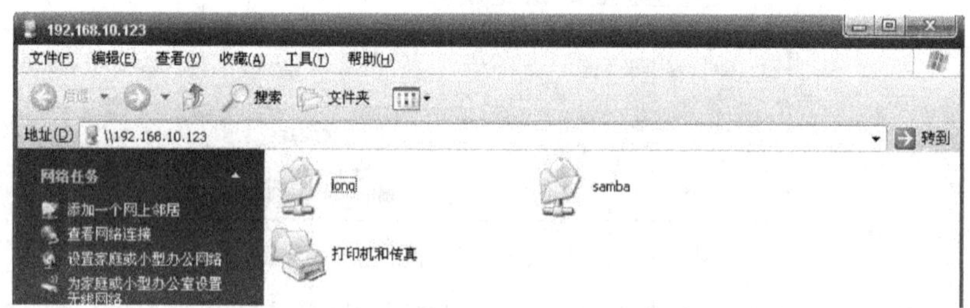

图 8-10　输入用户名和密码以后的效果

8.3　NFS 网络服务

8.3.1　NFS 简介

NFS 是 Net File System 的简写，即网络文件系统，可实现在异构网络上共享和装配远程文件系统。其主要功能是实现 Linux 或 Unix 主机之间数据的交换与共享，所以也可将其看做是针对 Linux 客户端的一台 Linux 文件服务器。用户可以将 NFS 服务器的共享目录方便快捷地装载至客户端的用户目录下，像访问本地硬盘数据一样访问 NFS 服务器上的远程网络数据。NFS 还支持 cp、cd、mv、rm 以及 df 等与磁盘操作相关的用户命令。这就是 NFS 最大的魅力所在。

8.3.2　NFS 的工作原理

NFS 由美国 SUN 公司开发，目前已经成为文件服务的一个标准(RFC1904 和 RFC1813)。

通过构建 NFS 网络服务，客户端可以透明地访问服务器中的文件系统，这不同于提供文件传输的 FTP 协议。FTP 协议会产生一个文件完整的副本；而 NFS 只访问一个进程引用文件部分，并且目的之一就是使得这种访问透明。这就意味着任何能够访问本地文件的客户端程序不需要做任何修改，就能够访问 NFS 服务端文件。

NFS 使用 SunRPC 构架的客户端/服务器，其客户端通过向一台 NFS 服务器发送 RPC 请求来访问其中的文件。尽管这一工作可以使用一般的用户进程来实现，即 NFS 客户端可以是一个用户进程，对服务器进行显式调用，而服务器也可以是一个用户进程。NFS 不这样实现有两个原因：首先，访问一个 NFS 文件必须对客户端透明，因此 NFS 的客户端调用是由客户端操作系统代表用户进程来完成的；其次，出于效率的考虑，NFS 服务器在服务器操作系统中实现。如果 NFS 服务器是一个用户进程，每个客户端请求和服务器应答(包括读和写的数据)将不得不在内核和用户进程之间来回切换，这个过程代价很大。

NFS 的主要工作原理如下：

(1) 无论是访问本地文件还是 NFS 文件，对于客户端来说都是透明的。当文件被打开时，内核便决定了这一点。文件被打开之后，内核将本地文件的所有引用传递到名为“本地文件访问”的框中，而将该 NFS 文件的所有引用传递到名为“NFS 客户端”的框中。

(2) NFS 客户端通过其 TCP/IP 模块向 NFS 服务器发送 RPC 请求，NFS 主要使用 UDP，最新的实现也可以使用 TCP。

(3) NFS 服务器在端口 2049 接收作为 UDP 数据包的客户端请求。尽管 NFS 可以使用端口映射器，允许服务器使用一个临时端口，但是大多数实现都是直接指定 UDP 端口 2049。

(4) 当 NFS 服务器收到一个客户端请求时，它将这个请求传递给本地文件访问例程，然后访问服务器主机上的一个本地磁盘文件。

(5) NFS 服务器需要一定的时间来处理一个客户端的请求，访问本地文件系统也需要一部分时间。在这段时间内，服务器不应该阻止其它客户端请求。为了实现这一功能，大多数的 NFS 服务器都是多线程的，即服务器的内核中有多个 NFS 服务器在其加锁管理程序中运行，具体实现依赖于不同的操作系统。由于大多数 Unix 内核不是多线程的，一个共同的技术就是启动一个用户进程(常被称为“nfsd”)的多个实例。这些实例执行一个系统调用，使其作为一个内核进程保留在操作系统的内核中。

(6) 在客户端主机上，NFS 客户端需要花一定的时间来处理一个用户进程的请求。NFS 客户端向服务器主机发出一个 RPC 调用，然后等待服务器的应答。为了给使用 NFS 的客户端主机上的用户进程提供更多的并发性，在客户端内核中一般运行着多个 NFS 客户端，同样，其具体实现也依赖于操作系统。

8.3.3 NFS 服务器的安装配置

1. NFS 服务器端的配置

1) 安装 NFS 的软件包

安装 NFS 的软件包输入如下命令：

```
# rpm -ivh    nfs-utils.0.19.8.i386.rpm
```

相关文件及说明如下：

/etc/exports　　(设置 NFS 共享文件系统的选项)
/etc/rc.d/init.d/nfs　　(启动脚本)
/etc/rc.d/init.d/nfslock　　(NFS 锁定文件的服务脚本)
/sbin/rpc.statcd　　(显示 RPC 服务的状态)
/usr/sbin/exporefs　　(管理文件系统共享)
/usr/sbin/showmount　　(显示共享文件系统)
/usr/sbin/rpc.mount　　(发送远程加载请求)
/usr/sbin/nfsstat　　(统计 NFS 的使用情况)
/usr/sbin/rpc.nfsd　　(NFS 服务进程)
/var/lib/nfs/etab　　(记录允许共享的文件系统列表)
/var/lib/nfs/xtab　　(记录已共享的文件系统列表)

2) 修改 /etc/exports

作用：设置将要共享的文件系统。

内容：目录名　客户机名称(共享选项) 客户机 1-客户机 n。例如：

/home　　c1(rw)

其中各参数说明如下：

rw：允许读写；

Unix-rpc：要求对 Unix 客户机进行 RPC 身份验证；

kerberos：要求进行 kergberos 认证；

Xo-root-squash：不允许 root 用户加载。

3) 运行/usr/sbin/exportfs

运行 /usr/sbin/exportfs 的语法格式如下：

exportfs [参数]　[主机名：目录名]

它的作用是输出/取消共享的文件系统。

其中各参数的说明如下：

-a：输出 /etc/exports 文件所有的文件系统；

-u：取消共享。

例如，可输入如下五条命令：

① # exportfs　-a

② # exportfs　/home

③ # exportfs　-ua

④ # exportfs　-u /home

⑤ # exportfs　c2:/usr　(把/usr 指定给 c2 客户机)

4) 修改/etc/hosts

内容：IP 地址　主机名　别名。

修改 /etc/hosts 的具体操作应放在上一步之前。

它的作用是存放 IP 地址与主机名的对应关系。

例如输入：

192.168.0.2　　c1.linux　　c1

5) *启动 NFS 服务(手动)*

如果则输入命令：

/etc/rc.d/init.d/nfs　start

系统启动时自动加载 NFS 服务(自动)，则输入命令：

#/sbin/chkconfig -level 345 nfs on

2. NFS 客户端的配置

Linux/Unix 客户端只要加载 NFS 服务器共享的文件系统，就可以访问共享的资源。

(1) 手工加载：# mount -t nfs 服务器名：目录名 装载点。

例如：# mount -t nfs server:/home/h1。

(2) 自动加载：# vi /etc/fstab 服务器：目录名装载点 nfs 装载选项备份频率检查顺序。

例如：nfsserver:/home /h1 nfs clefaulfs 0 0。(装载选项 soft：有限制发送装载请求；intr：无限制发送装载请求。)

8.3.4　NFS 服务的配置实例

目标：

(1) NFSSERVER 共享 /home 目录给 nfsclient，且 nfsclient 享有对共享文件系统的读写权限。

(2) nfsclient 手工加载共享文件系统至/h1 目录。

配置过程如下：

1. Nfsserver 的设置

(1) # RPM -ivh nfs-utils-0.19-18.i386.rpm。

(2) # vi /etc/exports。添加以下内容：

/home　nfsclient(rw)

(3) # vi /etc/hosts。添加以下内容：

192.168.0.2 nfsclient

(4) exportfs -a。

(5) # vi /etc/rc.d/init.d/nfs start。

2. nfsclient 的设置

(1) # vi /etc/hosts。添加以下内容：

192.168.0.1　nfsserver

(2) # mount -t nfs nfsserver:/home /h1 或 # vi /etc/fstab。添加以下内容：

nfsserver:/home /h1 nfs clefaulfs 0 0

8.4　Apache 网络服务

8.4.1　Apache 服务器简介

Apache 是世界排名第一的 Web 服务器。其特点是简单、速度快、性能稳定，且提供了丰富的功能，包括目录索引、目录别名、虚拟主机、HTTP 日志报告、CGI 程序的 SetUID 执行及联机手册 man 等。该服务器免费，并且完全公开其源代码，因此用户可根据自身的需要去进行相关模块的开发。Apache 服务器另一个主要的特点是其跨平台性，可在 Unix、Windows、Linux 等多种操作系统上运行。如果需要创建一个每天有数百万人访问的 Web 服务器，Apache 应是最佳选择。故在当前如要在 Internet 上浏览和查询多种媒体信息不妨把其作为一种主要手段。

Web 系统采用 Browser/Server 体系结构，分为服务器端程序和客户端程序。

1. 服务器端程序

服务器端程序主要是 Apache 软件包。

2. 客户端程序

客户端程序是浏览器，如 IE、Netscape、Mozilla。

WWW 服务采用 TCP/IP 中的 HTTP 协议，默认的 TCP/IP 通信端口是 80 口。

3. Web 服务器通信

Web 服务器通信(请求-应答)如下：

1) HTTP 请求

Web 浏览器根据用户输入的 URL 形成请求报文，发送到相应的远端 WWW 服务器上。

2) HTTP 应答

从指定的服务器获得指定的 Web 文档，形成应答报文返回给请求者。

3) 断开

请求应答完成后，断开与远端 WWW 服务器的连接。

4. Apache 服务器的特点

Apache 是 Unix 环境中装机率最高的 Web 服务器软件，具有如下特点：

(1) 源代码开放的自由软件；

(2) 图形化的、易于导航的用户界面；

(3) 具备安全、高速、稳定的特性；

(4) 运行环境与平台无关；

(5) 分布式的 Browser/Server 体系结构；

(6) 提供动态连接，支持交互式的请求应答；

(7) 支持 HTML、XML、Javascript、PHP 等标记语言，以及 Java 语言。

最有影响的装机用户主要有 Yahoo、IBM、Red Hat、Hotmail、Amazon 等。

8.4.2 主服务器的设置

1. 主服务器设置的内容

(1) user apache：设置 httpd 进程的启动用户。

(2) group apache：设置 httpd 进程启动用户所属组。

(3) usecanoncalname on:off：使用标准端口响应客户端请求。

(4) serverradmin webmaster@tom.net：设置管理员的 E-mail 地址。

(5) server name 主机名：server name 命令配置服务器的 Internet 主机名。其命令格式如下：

Server Name [host name]

例如，输入命令 ServerName www.xxx.com。

(6) documentroot“目录名”：设置站点主目录。

① <Directory 目录>：“定义目录的属性”。

② options 特性名称：定义目录特性。其中特性名称包括：

all 指所有目录特性；

none 指消除所有的目录特性；

indexs 指当目录中没有默认文档时，列出文件列表；

followsylinks 指允许符号连接；

execcgi 指允许执行 cgi 程序。

③ order deny:allow<allow.deny> ：设置访问控制顺序。

④ deny from <all:ip 地址：域名：主机名：网络号>：拒绝主机访问。

⑤ allow from<all:ip 地址：域名：主机名：网络号>：允许主机访问。

⑥ alloworerride <none:fileinfo:allthoonfigiall>：设置是否用目录中 htalless 文件的设置选项来覆盖目录的设置。

⑦ </direcfory>：userdir <disable [用户名]: 目录名: enable[用户名]>: 是否支持个人主页。

(7) allessfile name htalless：设置访问控制的文件名。

(8) <files “文件路径”>：定义文件访问控制选项。

(9) Typeconfig /etc/mime.types：设置 Web 服务器支持的文件类型。

(10) defaulttype text/plain：设置默认文件类型。

(11) mimemagicfile/etc/magic：设置判断 mime 文件类型的程序。

(12) errorlog log/error_log：设置错误日志文件的完整路径。

(13) loglevel worn：设置日志的级别。

(14) logformat “%h.%1……”：设置日志格式。

(15) customlog log/ablelog：设置自定义日志的完整路径。

(16) alios 名称“目录名”：定义目录名。

(17) scriptalias 名称 “cgi 目录”：定义默认文档。

(18) redirect 旧地址 新地址：url 重定向。

(19) addtype x/httpd.php .php：添加文件类型。

(20) ADDICOM 文件的路径名：添加文件图标。

(21) ADDenwdin x-compress z 或 x-gzip gz：添加压缩的形式。

(22) errordocument 500 “error…”：定义错误文件。

(23) brousermatch 浏览器名称：定义客户端程序类型。

(24) addlanuage zh_ca .cn：添加语言。

(25) defalletlanuage zh-ca (支持中文界面)：默认语言。

(26) adddefaulfcharaset GB2312 (支持中文界面)：设置默认字符集。

(27) addcharaset gb2312：添加字符集。

(28) proxyrequests on:off 或 proxyvia on:off：均用于设置代理功能。

(29) cache root “/www/proxy”：设置 Cache 目录。例如：

cache size 5

2. 主服务器设置的实例

根据以下要求修改 httpd.comf 主服务器的任何设置：

(1) 站点主目录为 /webpage，所有的主机和用户都可以访问该目录。

(2) 支持个人主页。

(3) 支持中文其默认文档为 defacclf.htm。

(4) 通过 Apache 能够访问 /www 目录页面，且只允许 192.168.0.1 主机访问。

修改的内容包括：

```
decument root “/webpage”
  <directory   “/webpage”>
   options indexs followsyslinks
    allowonerride none
    order allow, deny
    allow from all
</directory>
  userdir pub-html
  defaccltlonuage zh-ca
  adddefaccltcharasef gb2312
  dircctoryindex defanntt.htm
  alias /www “/www”
 <directory “/www”>
  option indexs followsyslink
   allowouerride none
   order deng,allow
   deng from all
   allow from 192.168.0.1
</directory>
```

8.4.3 虚拟服务器

虚拟服务器的作用是将一台物理服务器主机作为多个 Web 站点服务器设置和使用。其种类主要有基于 IP 地址的虚拟服务器、基于域名的虚拟服务器和动态虚拟服务器。

1. 基于 IP 地址的虚拟服务器

基于 IP 地址的虚拟服务器设置如下：

```
# cp /etc/sysconfig/network-scriipts/ifcfg-etho
    /etc/sysconfig/ifcfg-eth0:0
# vi /etc/sysconfig/ifcfg-eth0:0
     device:eth0:0
# vi /etc/httpd/conf/httpd.conf
   <virtualhost    ip 地址/主机名>
    document root   "目录名"
    directory index 文件名
    </virtualhost>
```

例如：关于一个基于 IP 地址的虚拟主机的设置。设有一台 Linux 主机 eth0 的 IP 为 192.168.0.1，且绑定一个 IP 为 192.168.0.2，现利用 httpd.2.0 将该台主机设置为两个端点的 Web 服务器。

设置过程如下：

```
# vi /etc/sysconfig/network-scripfs/ifcfg-eth0:0
   device=eth0:0
   onboot=yes
# vi /etc/httpd/conf/httpd.conf
   <virtualhost 192.168.0.2>
   documentroot /web2
   directory index index.htm
</virtualhost>
```

2. 基于域名的虚拟服务器

(1) 设置 DNS 服务器。修改区域，建立多条主机记录指向同一个 IP 地址。

(2) #vi /etc/httpd/conf/httpd.conf。

主服务器选项中，修改以下选项：

```
servername   w1.linux.net
```

虚拟主机的选项包括：

```
namevirtualhost   IP 地址
<virtualhost   IP 地址>
<virtualhost>
```

例如，现有一台 Linux 主机，eth0 的 IP 为 192.168.3.1，同时 DNS 中有两个主机指向 192.168.3.1，要求利用 httpd.2.0 发布两个 Web 站点。

设置的具体操作如下：

```
#vi /var/named/linux.cn
```

添加以下记录：

```
w1   in   a 192.168.3.1
w2   in   a 192.168.3.1
#vi /etc/httpd/conf/httpd.conf
```

主服务器的设置：

servername w1.linux.cn

虚拟主机的设置：

name virtualhost 192.168.3.1

<virtualhost 192.168.3.1>

server name w2.linux.cn

</virtualhost>

基于配置选项的案例是利用 httpd.2.0 软件将 Linux 主机制做成 Web 服务器，具体如下：

(1) 工作主目录为 /etc.httpd。

(2) 同时只允许 180 台客户机访问，且 httpd 在启动时，预生成 8 个子进程，每个子进程可以接受 1200 次请求。

(3) 支持 httpd1.1，每次连接可支持 50 次请求。

(4) 监听 80 号端口。

(5) 发布 /var/www/html 下站点，默认文档为 index.htm，主机名为 hf.linux.net。

(6) 支持中文。

(7) 建立基于域名的虚拟主机，其主机名为 hfwww.linux.net，主目录为/web2，默认文档 defacclf.htm。

8.4.4 Apache 其它功能的设置

1. 个人主页

定义：Web 服务器中每个用户的主目录中的页面，可以通过 Apache 自动发布出去。

设置选项：

userdir public-html(个人主页存在主目录的哪个子目录)

<directory /home/*/public-html>

option indexs follo symlinks

allowoverride none

authname “字符串” /*域名称*/

aufhtype <basic:digset> (认证类型)

anth userfile “文件的路径” (用户文件存放的路径)

authgroup file “文件的路径” (组文件存放的路径)

require　user 用户名 (指定有效用户)

require　group 组名 (指定有效组)

require　valid-user (所有的用户都为有效用户)

例如：实现对/var/www/html/pub 目录进行身份验证，且只允许 u1 访问。

方法一：(1) # vi /etc/httpd/conf/httpd/conf。添加如下内容：

<Directory “var/www/html/pub”>

options indexs follonsymlinks

allow override none

```
  authname    "pub"
  authtype "base"
  authuserfile /var/www/html/pub/passwords
  authgroupfile /var/www/html/pub/groups
  requive user u1
  order allow, deny
  allow from all
</directory>
```

(2) # htpasswd –c nar/www/html/passwds(文件密码)　u1(用户名)。

(3) # chown apach.apache /var/www/html/passwds。

方法二：

(1) # vi /etc/httpd/conf/httpd.conf。添加如下内容：

```
options indexs followsymlinks
allowoverride authconfig
orden allow，deny
allow from all
</directory>
```

(2) # vi /var/www/html/pab/.htalless。添加如下内容：

```
authname "pub"
authtype basic
authhaserfile /var/www/html/passwds
authgroupfile /var/www/html/groups
require user u1
```

(3) htpasswd –c /var/www/html/passwd。

8.5　FTP 网络服务

一般来说，用户上网的首要目的就是实现信息共享，文件传输是信息共享非常重要的内容之一。Internet 上早期实现传输文件的便是 FTP 服务。

8.5.1　FTP 简介

FTP(File Transfer Protocol，文件传输协议)服务器利用文件传输协议实现文件的上传与下载服务，以达到文件存储和交换的目的。FTP 在软件开发中应用很早，随着技术的推广，FTP 服务已成为 Internet 广为应用的服务之一，利用 FTP 服务，可实现将大容量文件传送到远程服务器或从服务器下载到本地。其主要功能为将文件从一个系统传送到另一个系统的网络服务，并且适宜大容量文件，以及远程、近程文件快速传送。

1. FTP 与 TCP

FTP 是 TCP/IP 的应用，其工作在 TCP 模型的第四层上。FTP 网络服务模型使用 TCP

传输而不是 UDP，如图 8-11 所示。

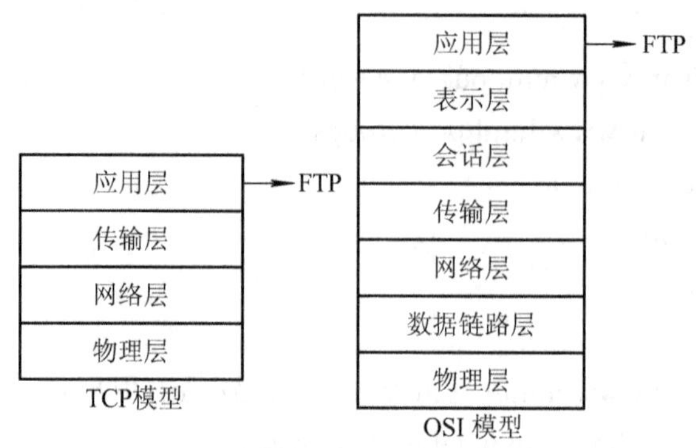

图 8-11　FTP 网络服务模型

2. FTP 连接

当用户建立 FTP 连接时，将与两个端口建立联系：端口 20 和 21。这两个端口的功能不同，端口 20 是数据端口，端口 21 是控制端口。控制端口用于 FTP 响应用户请求命令及对命令执行控制。数据端口是 FTP 服务器上传和下载数据文件使用的端口，如图 8-12 所示。

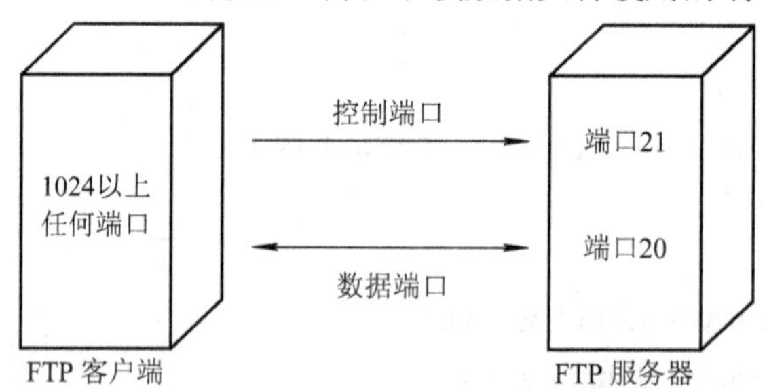

图 8-12　FTP 服务器上传和下载数据文件使用的端口

8.5.2　Linux 下的 FTP 服务器软件

Linux 环境下常见的 FTP 服务器软件为 vsftpd。

1. vsftpd 的特点

vsftpd(very security ftp)是 Linux 环境下的 FTP 服务器软件。vsftpd 具有如下特点：

(1) vsftpd 的传输速度是 Wu-ftpd 的两倍；

(2) 在单机(非集群)上支持 4000～15000 个并发用户同时连接；

(3) 具备安全、高速、稳定的特性；

(4) 匿名服务的根目录不需要特殊的目录结构；

(5) 不执行任何外部程序，减少安全隐患；

(6) 支持授权认证；

(7) 支持带宽限制。

2. vsftpd 服务器配置文件

vsftpd 启动检验成功后，下一步需要配置 vsftpd 服务器。vsftpd 的配置文件有 3 个，分别是：

(1) /etc/vsftpd/vsftpd.conf，FTP 服务器主配置文件；

(2) /etc/vsftpd.ftpusers，规定不能访问 FTP 服务器的用户；

(3) /etc/vsftpd.user_list，控制访问 FTP 服务器的用户。

注：/etc/vsftpd.user_list 需要与 /etc/vsftpd/vsftpd.conf 文件配合使用。

/etc/vsftpd/vsftpd.conf 文件中的设置如下：

(1) userlist_enable=YES 且 userlist_deny=YES 时，/etc/vsftpd.user_list 文件中指定的用户不能访问 FTP 服务器。

(2) userlist_enable=YES 且 userlist_deny=no 时，/etc/vsftpd.user_list 文件中指定的用户能够访问 FTP 服务器。

Linux 下系统默认的主配置文件为 vsftpd.conf，可通过操作查看到如下命令：

```
#grep –v "#" /etc/vsftpd/vsftpd.conf
```

其它配置如下：

```
//允许匿名登录
anonymous_enable=YES
//允许本地用户登录
local_enable=YES
//开放本地用户的写权限
write_enable=YES
//当切换到目录时，显示该目录下的.message 隐含文件的内容
dirmessage_enable=YES
//激活上传和下载日志
xferlog_enab1e =YES
//启用 FTP 数据端口的连接请求
connect_from_port_20 = YES
//使用标准的 ftpd xferlog 日志格式
xferlog_std_format=YES
//设置认证服务的配置文件名称，该文件存放在/etc/pam.d/
pam_service_name=vsftpd
```

激活 vsftpd，检查 userlist_file 指定用户是否可以访问 vsftpd 服务器。userl.st_file 的默认值是 /etc/vsftpd.user_list。由于默认情况下 userlist_deny=YES，所以/etc/vsftpd.user_list。

```
//文件中所列的用户均不能访问此 vsftpd 服务器
userlist_enable＝YES
//使 vsftpd 处于独立启动模式
listen=YES
//使用 tcp_wrappers 作为主机访问控制方式
tcp_wrappers=YES
```

3. vsftpd 服务器的默认配置

vsftpd 服务器的默认配置文件的功能描述如下：

(1) 允许匿名用户和本地用户登录；

(2) 匿名用户的登录名为 ftp 或 anonymous，口令为一个 E-mail 地址；

(3) 匿名用户只能运行在 /var/ftp 目录中，且只能下载文件，不能上传文件；

(4) 本地用户的登录名为本地注册用户名，口令为本地用户的口令；

(5) 本地用户可以运行在根目录和权限允许访问的工作目录中，而且在权限允许的情况下可以进行文件的下载和上传；

(6) 记录在 /etc/vsftp.ftpusers 文件中的本地用户将被禁止登录访问 FTP 服务器；

(7) 为了实现断点再续的下载传输功能，必须保证被访问的文件具有对其它用户可读的权限；否则，只能再次完整下载。

8.5.3 配置基本的性能和安全选项

基本性能的配置如下。

(1) 设置在用户会话空闲 10 min 后被中断：

```
idle_session_timeout = 600
```

(2) 设置数据连接空闲 2 min 后被中断：

```
data_connect = 120
```

(3) 设置客户端空闲 1 min 后自动中断连接，并在中断 1 min 后自动激活连接：

```
accept_timeout=60
connect_timeout＝60
```

(4) 限制并发连接数为 200：

```
max_clients=200
```

(5) 限制每个客户机的最大连接数为 3：

```
max_per_ip=3
```

(6) 设置对最大传输速率的限制：

```
local max rate＝50000      //注册用户为 50KB/s
anon rnax rate＝30000      //匿名用户为 30KB/s
```

8.5.4 配置基于本地用户的访问控制方法

(1) 限制指定的本地用户不能访问，而其它未指定的本地用户可访问，其命令格式如下：

```
userlist_enable=YES
userlist_deny＝YES
userlist_file＝/etc/vsftpd.user_list
```

上述命令使文件/etc/vsftpd.user_list 中指定的本地用户不能访问 FTP 服务器，而其它本地用户可访问 FTP 服务器。

(2) 限制指定的本地用户可以访问，而其它未指定的本地用户不可访问，其命令格式如下：

```
userlist_enable=YES
userlist_deny＝NO
userlist_file＝/etc/vsftpd.user_list
```

上述命令使文件/etc/vsftpd.user_list 中指定的本地用户可以访问 FTP 服务器，而其它未指定的本地用户不能访问 FTP 服务器。

下面介绍允许匿名用户上传文件的配置方法。

为了使匿名用户能够上传文件，需要在 fete/vsftpd 中激活两个配置选项：

(1) anon_upload_enable

(2) anon_mkdir_write_enable。

操作步骤如下：

```
//备份默认配置文件
#cp /etc/vsftpd/vsftpd.conf /etc/vsftpd/vsftpd.conf.rh9
//修改 vsftpd 的主配置文件
# yi /etc/vsftpd/vsftpd.conf
//将行前的#删除，赋予如下状态：
    anon_upload_enable=YES          //允许匿名用户上传
    anon_mkdir_write_enable=YES     //给匿名用户写和创建目录的权限
    write_enable=YES                //匿名用户对上传的目录具有写权限
    anon_world_readable_only＝NO    //放开匿名用户的读权限
//修改后存盘，退出 Vi
//创建匿名上传目录
# mkdir /var/ftp/incoming
//修改上传目录的权限
# chmod  707  /var/ftp/incoming/
//重新启动 vsftpd
# service vsftpd restart
```

8.6 DHCP 网络服务

8.6.1 DHCP 简介

DHCP(Dynamic Host Configuration Protocol，动态主机配置协议)主要用来简化网络管理在工作站/主机网络中 TCP/IP 参数的设定，俗称为动态 IP 地址分配。

IP 地址一般分为两种类型，即静态 IP 地址和动态 IP 地址。静态 IP 地址需要用户手工输入 TCP/IP 参数，而且这个地址在使用过程中如果没有人为改动的话，地址是不会改变的。自动获取的 IP 地址一般是由 DHCP 主机动态分发的 TCP/IP 参数，此地址是动态可改变的，称为动态 IP 地址。

8.6.2 Linux 下的 DHCP 服务

1. 安装

DHCP 的安装可分为以下两种方式。

(1) 自动安装：在 Linux 系统安装时选择对应的 DHCP 组件。

(2) 手动安装：使用 RPM 命令，获取 DHCP 的 RPM 套件包，使用“rpm -ivh　rpm 包名”进行手动安装。一般为了使用最新的 DHCP 套件，都使用这种安装方式。

2. 控制

启动：/etc/rc.d/init.d/./dhcpd start。

停止：/etc/rc.d/init.d/./dhcpd stop。

重新启动：/etc/rc.d/init.d/./dhcpd restart。

观察运作状况：/etc/rc.d/init.d/./dhcpd status。

3. 其它信息

DHCP 服务在系统中的进程名为 dhcpd。

8.6.3　DHCP 服务的设置

DHCP 服务的设置如下：

(1) 在/etc 下建立 dhcpd.conf 文件；

(2) 修改 dhcpd.conf 文件：

```
#自动在 DNS 中更新 DHCP 客户信息
ddns-update-style interim
#设置子网及其子网掩码
subnet  192.168.4.0  netmask  255.255.255.0  { … }
# 路由器 IP
option routers 192.168.4.1;
# 设置广播 IP 地址
option broadcast-address 192.168.4.255
# 网路遮罩
option subnet-mask 255.255.255.128
# 指定域名
option domain-name "dns.lantian.net"
# 指定要分派哪几台 DNS Server 来提供服务
option domain-name-servers 192.168.4.1，192.168.4.2
#指定作用域的 Windows 服务器地址，也就是名称服务器地址
option netbios-name-servers 192.168.4.10
option time-offset -5; # Eastern Standard Time
# 动态分配 IP 范围
range dynamic-bootp 192.168.4.1 192.168.4.100
# IP 租约时间
default-lease-time 691200
min-lease-time 691200
max-lease-time 691200
# 将 DNS 主机设定在固定 IP
```

```
host ns
{
    next-server dns.lantian.net;
    hardware ethernet 12:34:56:78:AB:CD;
    fixed-address 192.168.4.2;
}
```

8.6.4　DHCP 服务器的实例

本例对上述 DHCP 服务器的设置与操作进行详述，使其更加明了。

(1) cp /usr/share/doc/dhcp-3.0.1/dchpd.conf.sample /etc/dhcpd.conf。

(2) vi /etc/dhcpd.conf。

subnet 192.168.0.0 netmask 255.255.255.0：修改所需要的网段。

range dynamic-bootp 192.168.0.1 192.168.0.254：修改为所需要的地址段。

DHCP 服务器对网段、地址段的修改如图 8-13 所示。

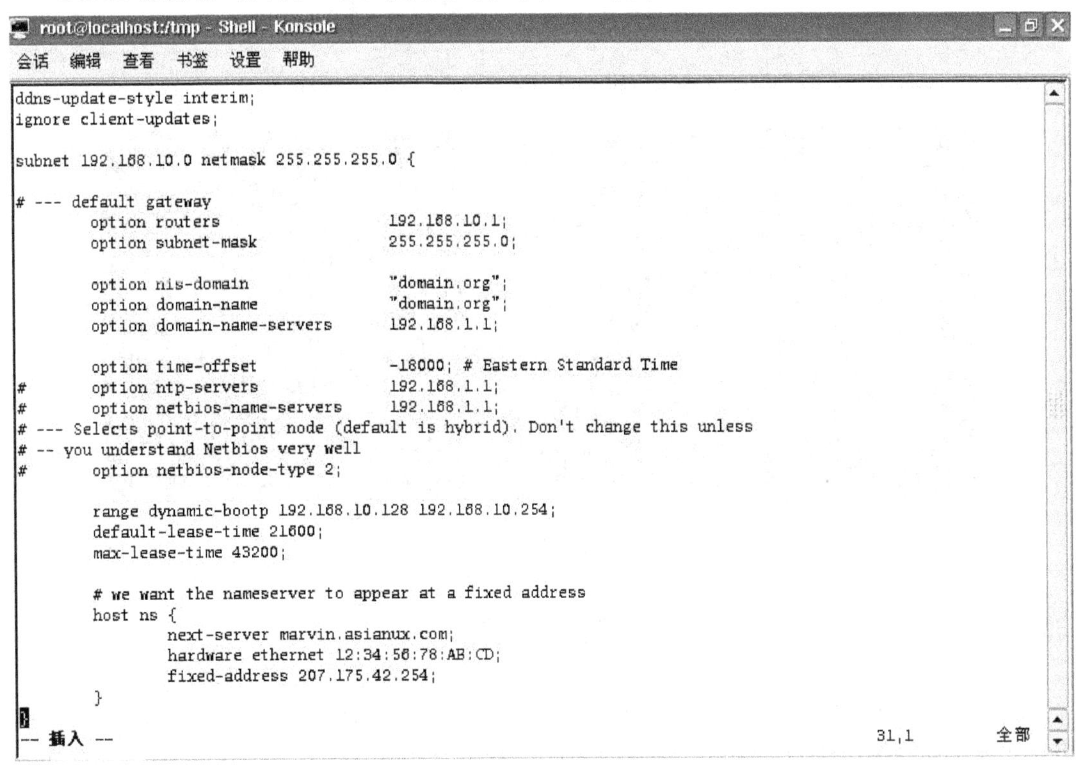

```
root@localhost:/tmp - Shell - Konsole
会话 编辑 查看 书签 设置 帮助
ddns-update-style interim;
ignore client-updates;

subnet 192.168.10.0 netmask 255.255.255.0 {

# --- default gateway
        option routers                  192.168.10.1;
        option subnet-mask              255.255.255.0;

        option nis-domain               "domain.org";
        option domain-name              "domain.org";
        option domain-name-servers      192.168.1.1;

        option time-offset              -18000; # Eastern Standard Time
#       option ntp-servers              192.168.1.1;
#       option netbios-name-servers     192.168.1.1;
# --- Selects point-to-point node (default is hybrid). Don't change this unless
# -- you understand Netbios very well
#       option netbios-node-type 2;

        range dynamic-bootp 192.168.10.128 192.168.10.254;
        default-lease-time 21600;
        max-lease-time 43200;

        # we want the nameserver to appear at a fixed address
        host ns {
                next-server marvin.asianux.com;
                hardware ethernet 12:34:56:78:AB:CD;
                fixed-address 207.175.42.254;
        }
}
-- 插入 --                                                  31,1          全部
```

图 8-13　DHCP 服务器对网段、地址段的修改

(3) service dhcpd start。

(4) 按照程序→运行→输入命令 ncpa.cpl→双击 VMwareNetworkAdapterVMnet1→点击属性→点击 TCP/IP 协议→自动获取 IP 地址和自动获得 DNS 服务器地址这一路径执行，其结果如图 8-14 所示。

(5) 按照程序→运行→cmd→ipconfig /all 执行，结果如图 8-15 所示。

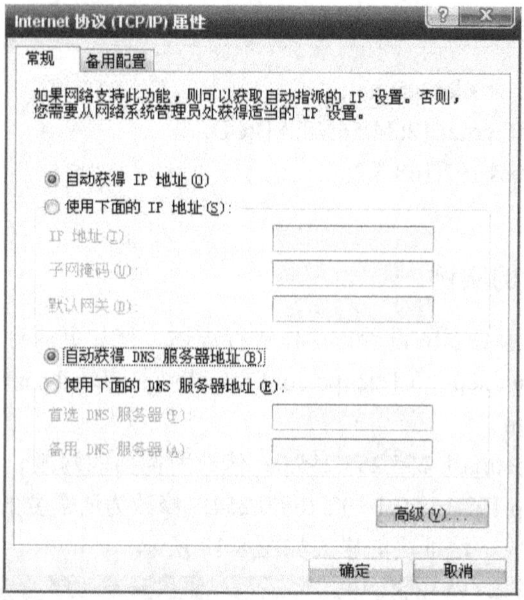

Internet 协议 (TCP/IP) 属性

常规　备用配置

如果网络支持此功能，则可以获取自动指派的 IP 设置。否则，您需要从网络系统管理员处获得适当的 IP 设置。

◉ 自动获得 IP 地址(O)
○ 使用下面的 IP 地址(S):
IP 地址(I):
子网掩码(U):
默认网关(D):

◉ 自动获得 DNS 服务器地址(B)
○ 使用下面的 DNS 服务器地址(E):
首选 DNS 服务器(P):
备用 DNS 服务器(A):

高级(V)...

确定　取消

图 8-14　自动获取 IP 地址和自动获得 DNS 服务器地址

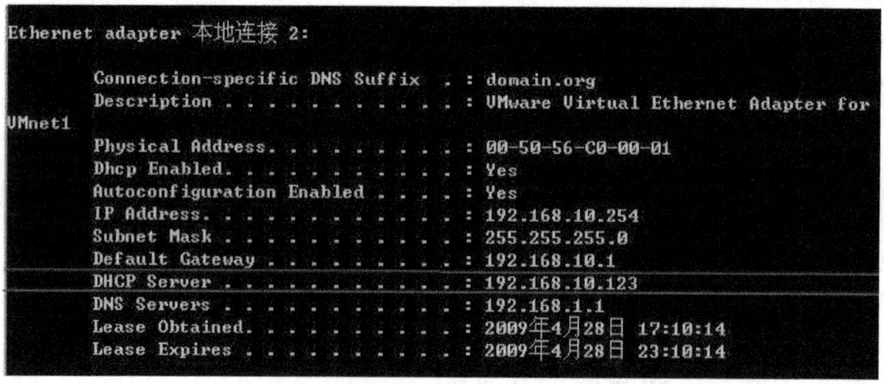

```
Ethernet adapter 本地连接 2:

        Connection-specific DNS Suffix  . : domain.org
        Description . . . . . . . . . . . : VMware Virtual Ethernet Adapter for
VMnet1
        Physical Address. . . . . . . . . : 00-50-56-C0-00-01
        Dhcp Enabled. . . . . . . . . . . : Yes
        Autoconfiguration Enabled . . . . : Yes
        IP Address. . . . . . . . . . . . : 192.168.10.254
        Subnet Mask . . . . . . . . . . . : 255.255.255.0
        Default Gateway . . . . . . . . . : 192.168.10.1
        DHCP Server . . . . . . . . . . . : 192.168.10.123
        DNS Servers . . . . . . . . . . . : 192.168.1.1
        Lease Obtained. . . . . . . . . . : 2009年4月28日 17:10:14
        Lease Expires . . . . . . . . . . : 2009年4月28日 23:10:14
```

图 8-15　ipconfig /all

8.7　DNS 网络服务

域名系统(Domain Name System，DNS)是一种 TCP/IP 的标准服务，是组织成域层次结构的计算机和网络服务命名系统，其职能是进行 IP 地址与域名之间的转换。DNS 网络服务允许网络上的客户注册和解析 DNS 域名。注册的名称用于搜索和访问网络上的计算机定位。

8.7.1　域名解析

1. 域名解析的概念和意义

Internet 上的计算机是通过 IP 地址来定位的，给出一个 IP 地址就可以找到 Internet

上的某台主机。但由于 IP 地址难于记忆，便诞生了域名来代替 IP 地址。但通过域名并不能直接找到要访问的主机，中间要加一个从域名查找 IP 地址的过程，这一过程就是域名解析。

域名解析就是为了实现域名和 IP 地址之间的转换过程。

2. 域名解析器

域名解析器是把域名转换成主机所在 IP 地址的中介，常用的有以下三种。

(1) HOSTS 文件：适用于小型网络(文本文件)。

(2) NIS 服务器：库存放的解析记录，适用于中型网络。

(3) DNS 服务器：用库存放目录，分布式解析。

8.7.2　DNS 的工作体系

1. DNS 的组成

1) 域名空间

域名是一种分层次的结构，由根域、顶级域名、二级域、子域和主机或资源名称结构层次组成，域名服务器负责控制本地数据库中的名字解析。域名空间是 DNS 提供的一个倒立的树型层次结构的逻辑空间。树的每一个节点都表示整个分布式数据库中的一个分区域，每个区域可进一步划分为子分区域。命名标识中不区分大小写字母。节点的域名是从根域到当前域所经过的所有节点的标识名从右到左排列，并用“.”分隔得来的。域名树上的每一个节点必须有唯一的域名，每个域名对应一个 IP 地址，但一个 IP 地址可以对应多个域名。

例如，域名 www.linux.net 中第一个“.”后的 net 为根域。net、com、edu、org 等为顶级域，如 www.linux.net 域名中 net 为顶级域。域名 www.linux.net 中 linux 为子域。域名 www.163.com 中的 163 为子域。

2) DNS 服务器

DNS 服务器的作用是存放区域文件和域名解析。

DNS 服务器可分为主域名服务器(Primary Name Server)、辅助域名服务器(Second Name Server)、缓存域名服务器(Caching-Only Server)和转发域名服务器(Forwarding Server)。

(1) 主域名服务器：存放区域文件，实现域名解析。

(2) 辅助域名服务器：备份主域名服务器中的区域文件。当主域名服务器关闭、发生故障或负载过重时，作为备份服务器提供域名解析服务。

(3) 缓存域名服务器：可运行域名服务器软件，提供间接信息。

(4) 转发域名服务器：负责所有非本地域名的本地查询。

3) 客户机的配置

客户机配置的作用是提供查询请求。

2. DNS 的解析过程

1) 正向解析

正向解析的过程如下：

入口

↓

客户机发送请求

↓

请求远程 DNS 服务器

↓

查询名称是否在所辖的区域

↓

是否存在下一个 DNS 服务器

2) 反向解析

利用 in-addr.arpa 反向指针将一个 IP 地址指向域名。

8.7.3　DNS 的配置

1. 安装 bind 软件(9.0)

安装命令如下：

```
#rpm -ivh bind
```

相关文件包括：

/etc/named.conf
/etc/rc.d/init.d/named
/var/named.ca
/var/named/localhosts.zone
/etc/resolo.conf
/etc/host.conf
/var/named.conf
/var/named.local

2. 修改 named.conf

修改 named.conf 的内容如下：

```
option {
    参数;
    ……
}
zone {
    参数……
}
include  "……"
```

其各参数的说明如下：

(1) option 声明：其作用是定义 DNS 的属性。option 声明的命令格式如下：

```
option{
  directory "/var/named";
```

```
  #定义区域文件的存放位置
 }
```

(2) zone 声明：其作用是定义一个区域。zone 声明的命令格式如下：

```
zone "区域名"      IN {
    type __master
        Type---slave
    #定义区域类型
    file "文件名";
    #定义区域文件名
}
```

3. include 选项

include 包含配置文件。

(1) 建立正向区域 linux.net 和反向区域指向 192.168.0.0./24。例如：

```
# vi /etc/named.conf
```

修改后的文件内容如下：

```
option {
  directory "/var/named";
};
正向区域：zone "." IN {
  type:hint;
  file："/named.ca";
  zone "localhost.zone";
  {
    type master;
    file "localhost.zone";
  }
  反向区域：zone "0.0.0.127.in-addr.arpa" IN {
    type master;
    file "named.local";
  }
  zone "linux.net" in {
    type master ;
    file "linux.zone" ;
  }
  zone "0.168.192.in-addr.arpa" in{
    type master;
    file "linux.rev";
};
include "/etc/rndc.key";
```

(2) 创建区域文件。创建区域文件的作用是存放区域的信息记录。

区域文件的格式：

<由若干条记录组成>[name] [ttl] [in] [type] [值]

(3) 反向区域文件主要由 SOA　NS PTR 记录构成。

8.7.4　DNS 配置实例

下面给出 DNS 配置实例。

(1) 要求建立一个正向区域文件(linux.cn)，具体步骤如下：

① 将 linux.cn 授权于 www.linux.cn 主机，且管理员 mail 为 admini@linux.cn。

② linux.cn 区域的域名服务器为 192.168.0.1。

③ 指定 linux.cn 域的 IP 为 192.168.0.1。

④ 建立主机 www 的 IP 为 192.168.0.1。

⑤ 建立主机 www 的别名为 mail。

(2) 要求建立反向区域文件 linux.rev，具体步骤如下：

① 授权于 www.linux.cn 管理员 mail 为 root@linux.cn。

② 主机指向 www.linux.cn。命令如下：

```
@    IN    SOA    localhost    root
   www.linux.cn.
.root.linux.cn.
ID    IN    NS 192.168.0.1
IN    PRT    www.linux.cn.
```

启动 dns 记录的命令：#/etc/rc.d/init.d/named start。

(3) 配置 DNS 客户机。DNS 客户机的配置如下：

① Windows 系统的配置。

② Unix/linux 操作系统配置：

```
#vi /etc/host.conf
order hosts.bind
#vi /etc/resolv.conf
nameserver
```

(4) 测试 DNS 服务器实例：

```
nslookup
   #nslookup
   >linux.cn
```

(5) 实例：利用 bind 软件将 Dns.linux.net 主机制作成一个 DNS 服务器。具体要求如下：

① 该服务器负责正向区域 linux.net 的解析，且 IP 地址为 192.168.3.1。

② linux.net 区域的 mail 服务器是 192.168.30.2。

③ 在 linux.net 区域中有两条记录分别是 www.linux.net ip :192.168.3.1 和 mail.linux.net ip:192.168.3.1。

④ 将 dns.linux.net 主机的 DNS 服务器 IP 设为 192.168.3.1。

配置过程如下：

```
#vi /etc/named.conf
```

在文件中添加以下内容：

```
zone "linux.net"  IN {
    TYPE MASTER;
    FILE "LINUX.ZONE" ;
};
#cd /var/named
#cp localhost.zone   linnx.zone
#vi linux.zone
$TTL 886400
$ORIGIN LINUX.NET-----(1)
@   ID   SOA @ ROOT
ID   IN NS 192.168.3.1
ID IN A 192.168.3.1
WWW. IN A 192.168.3.1
MAIL IN A 192.168.3.1
LINUX.NET IN MX   8   192.168.3.2
#vi /etc/resolv.conf
```

添加如下选项：

```
nameserver 192.168.3.1
```

8.8　NAT 网络服务

8.8.1　NAT 简介

NAT(Network Address Translation)即网络地址转换，是一种把内部私有网络地址(IP 地址)翻译成合法公有网络 IP 地址的技术；也属于一个 IETF(Internet Engineering Task Force, Internet 工程任务组)标准，允许一个整体机构以一个公用 IP(Internet Protocol)地址出现在 Internet 上。

8.8.2　NAT 工作原理

NAT 的基本工作原理是：当私有网主机和公共网主机通信的 IP 包经过 NAT 网关时，将 IP 包中的源 IP 或目的 IP 在 NAT 的私有 IP 和公共 IP 之间进行转换。

如图 8-16 所示，NAT 网关有 2 个网络端口。其中，公共网络端口的 IP 地址是统一分配的公共 IP，为 202.204.65.2；私有网络端口的 IP 地址是保留地址，为 192.168.1.1。私有网中的主机 192.168.1.2 向公共网中的主机 166.111.80.200 发送了 1 个 IP 包(Des=166.111.80.200，Src=192.168.1.2)，即源 IP 包。当源 IP 包经过 NAT 网关时，NAT 会将其源 IP 转换为 NAT 的公共 IP 并转发到公共网，此时的 IP 包(Des=166.111.80.200，Src= 202.204.65.2)中已

经不含任何私有网的 IP 信息。由于 IP 包的源 IP 已经被转换成 NAT 的公共 IP，响应的 IP 包(Des= 202.204.65.2，Src=166.111.80.200)将被发送到 NAT。这时，NAT 会将响应的 IP 包的目的 IP 转换成私有网中主机的 IP，然后将 IP 包(Des=192.168.1.2，Src=166.111.80.200)转发到私有网。

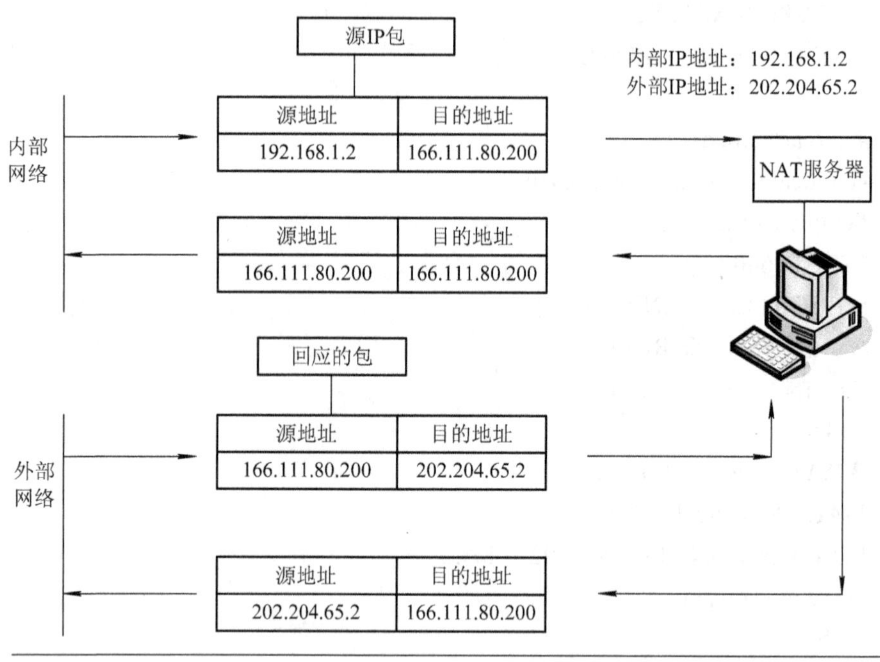

图 8-16　NAT 的工作原理示意图

8.8.3　NAT 的企业应用

(1) 可用于连接到 Internet，但却没有足够的公用 Internet 地址分配给内部主机的情况。中小企业内部机器数量较少，可以通过 NAT 方式接入 Internet，这时，仅仅需要一个合法的 IP 地址。

(2) 接到一个需要重新分配地址的 ISP。使用同一 IP 地址的两个工作组合并，可以使用 NAT 而不用重新规划 IP 地址，保留了以前的网络设计与规划。需要注意的是，采用 NAT 可能使 NAT 路由器出现 IP 报文转发效率的损失。

(3) 支持多重服务器和负载均衡。通过给一个服务器集群一个逻辑 IP 地址(10.10.10.100)，在路由器上配置 NAT 可以做到负载分担。常见的例子是 TCP Load Balancing，将外部网络对 10.10.10.100 的访问顺序定位到不同的服务器。

8.8.4　NAT 配置实例

1. 网络结构

网络地址翻译和 IP 伪装都可以实现多台主机共享一个 Internet 连接，而这个局域网可以是 Linux 和 Windows 系统组成的多系统局域网。

假设现在某一台机器有两个网卡，其中 eth0 为“公共”网卡，eth1 为“私有”网卡。

换句话说，eth0 被分配了一个静态的、可选择路由的 IP 地址；而 eth1 则被分配给了一个私有的、不能选择路由的 IP 地址，也就是说该 IP 是属于该局域网子网的，其网间连接结构如图 8-17 所示。

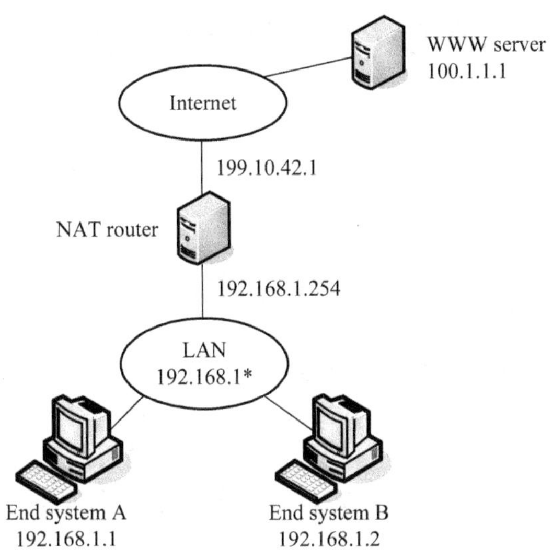

图 8-17　一个网间连接结构

2. 各接口的 IP 选择示例

假设局域网中的客户机 A eth0 网络接口的 IP 地址：192.168.1.1；

NAT 路由器连接局域网的 eth0 网络接口的 IP 地址：192.168.1.254；

NAT 路由器连接 Internet 的 eth1 网络接口的 IP 地址：199.10.42.1；

Internet 上的一个 WWW 服务器的 IP 地址：100.1.1.1。

本章小结

Linux 在计算机网络通信领域的应用越来越普遍，它最大的特点在于提供了强大的网络服务功能。本章首先介绍了网络中的基本概念，然后阐述了 Samba 服务器、NFS 服务器、Apache 服务器、FTP 服务器、DHCP 服务器、DNS 服务器、WWW 服务器、NAT 服务器等，并对其配置、操作等一一详述。本章所介绍的多种服务器都是目前 Linux 应用的主要内容。

习　题

1. 请将/var/smb/share 文件夹共享，共享名为 share，任何人可以对该文件夹中的内容作任何操作。
2. NFS 的配置文件是哪个？启动 NFS 服务的命令是什么？请举一个例子。
3. DHCP 的主要用途是什么？
4. DNS 的搜寻流程是什么？
5. 什么是 NAT？

第 9 章　Shell 编程

9.1　Shell 简介

Shell 是用户与 Linux 操作系统之间交互的外层。它可节省命令行长度，并对命令参数执行完整的变换、定位和解释。由于有了 Shell，用户可通过键盘输入指令来操作计算机。Shell 会执行用户输入的命令，并且在显示器上显示执行结果。和其它 Linux 中的图像化操作不同，这一交互的全过程都是基于文本的形式。这种面向命令行的用户界面被称为 CLI(Command Line Interface)。

Linux Shell 是功能强大的程序语言，能创建用户自己的命令，提供制作工具的功能，甚至还可创建一个完整的新环境。在图像化用户界面(GUI)出现之前，人们一直是通过命令行界面来操作计算机的。

在启动 Linux 桌面系统后，Shell 已在后台运行起来，但并没有显示出来。用户同时按下键盘上的 Ctrl、Alt、F2 组合键就能实现 Shell 后台运行的显示。其中的 F2 能够替换为 F3、F4、F5、F6。假如要回到图像界面，则同时按如下组合键 Ctrl、Alt、F7 即可。

另外，在图像桌面环境下运行“系统终端”也能够执行 Shell 命令，与用组合键转换出来的命令行界面等效。“系统终端”启动后是个命令行操作窗口，能够随时放大、缩小，随时关闭，比较方便。启动“系统终端”的方法是：开始→应用程序→附件→系统终端，然后通过键盘执行系统终端得到系统终端的界面。该软件允许建立多个 Shell 客户端。这样建立的 Shell 客户端相互独立，并能够通过标签在彼此之间进行切换。

9.1.1　Shell 批处理文件

Shell 批处理文件(Shell Script)是一个文本文件，指挥并控制 Shell 执行一系列特定的操作。一个批处理文件可以包含任何命令，甚至还包括既往编写的批处理文件。批处理文件能使用重定向或管道，并能够编写自己的过滤器(Filter)。对比 DOS 下的 .bat 文件便可领会 Shell 的批处理方式。然而，Linux 的 Shell 批处理文件具有更丰富的内容，Shell 批处理能提示输入，随后根据键入的回答信息来执行不同的动作。这种批处理文件还能根据用户提供的参数来处理命令，并根据命令的结果选择相应的步骤，其选择是根据条件执行，即所谓的流控制(Flow Control)。

我们已知 Linux 的内核(Kernel)是操作系统最基本最核心的部分，它运行在最高特权优先级。而 Shell 处于内核的外层，为命令解释(处理)程序(Shell)，负责用户的交互处理，完成解释和执行用户提交命令的功能。

9.1.2　Shell 语言的特点

Shell 允许通过编程来完成复杂的功能处理，但其作为语言与高级语言相比较具有自身的特点：

(1) Shell 是解释型语言，而多数高级语言是编译型语言；

(2) Shell 语言与高级语言处理的对象不同；

(3) Shell 与系统的关系更加密切；

(4) Shell 易编写、调试，灵活性较强，但速度低；

(5) Shell 作为命令级语言，命令组合功能很强。

9.1.3　Shell 的种类

Unix 操作系统具有多种 Shell，彼此不兼容。其中应用较多的有三种：Bourne Shell(BASH)、Korn Shell(KSH)和 C Shell(CSH)。

Bourne Shell 是为 AT&T Unix 环境而开发的，是 Linux、Solaris 等操作系统的缺省 Shell。超级用户的提示符为 #，普通用户的提示符为 $，工作路径为/usr/bin/sh。Bourne Shell 在诸多领域均有应用，深受用户信赖。

Bourne Shell 之所以得到了更多的应用，是因为它具有以下特点：

(1) 自动补全功能。对于要输入的命令很长的情况，仅需输入开始的部分命令字符，再按一个 Tab 键，BASH 就会在可能的命令类中找寻匹配的命令，找到后就会自动补齐。用户输入的字符越多，BASH 搜寻匹配的命令就越容易找到。

(2) 命令行编辑程序功能。BASH 的命令行编辑是在提示符下，可对未执行的命令字符任意地修改，即使拼错了也不需要重新输入整个命令，只需在执行命令前使用左右方向键移动光标，用 Backspace 键或 Del 键删除字符来修改打错的命令，利用编辑功能纠正错误。

(3) 命令历史(Command History)利用功能。所谓的命令历史就是把曾经输入过的命令记录起来，方便查询与再使用。BASH 利用上、下键就可以显示和选择以前输入过的命令。

Korn Shell 是 Bourne Shell 的一个超级版本。它增加了别名、历史记录以及命令行编辑等功能。其超级用户的提示符为 #，普通用户的提示符为 $，工作路径为 /usr/bin/ksh。

C Shell 的语法则类似于 C 语言，它的超级用户的提示符为 #，普通用户的提示符为 %，工作路径为 /usr/bin/csh。

用户可以经过比较，按自己的喜好选择适合于自己的 Shell 种类。

9.2　Shell 的启动与切换

1. 用户登录时启动 Shell

Linux 系统在用户登录时即启动 Shell，系统在引导的过程中，需要调用 Login 进程，负责验证用户身份，验证后把控制权交给 Shell 程序。Shell 根据环境文件建立系统范围内的工作环境和该用户自己的工作环境，最后显示命令提示符按具体实际情况可分为 #、$ 或 %。

在 /etc/passwd 文件中指定要启动的 Shell，其命令格式如下：

```
root: x: 0: 0: root: /root: /bin/bash
jobn: x: 701: 10: Certer starf: /home/john: /bin/csh
```

在约定的提示符出现后则完成启动，此时便进入 Shell 环境。

2. 命令行状态下启动交互 Shell

在同一 Linux 系统中可能有多种版本的 Shell 存在，可通过相应的命令来启动或转换，实现 3 种 Shell 之间的转换，比较方便。

例如，若在 $ 提示符下输入：

```
$ bsh
```

则会出现 $ 提示符，表示此时是 Bourne Shell(BASH)环境，其工作路径在 /usr/bin/sh 目录下。

若在 $ 提示符下输入：

```
$ ksh
```

则会出现 $ 提示符，表示此时是 Korn Shell(KSH)环境，其工作路径在 /usr/bin/ksh 目录下。

若在 $ 提示符下输入：

```
$ csh
```

则会出现 % 提示符，表示此时是 C Shell(CSH)环境，其工作路径在 /usr/bin/csh 目录下。

3. 执行用户命令时启动 Shell

执行用户命令时，由系统生成新的子 Shell 来执行该命令。

9.3 Shell 的元字符(通配符)

1. 管道与命令表

管道指一个命令的标准输出作为另一个命令的标准输入，不经过任何中间文件的通道。管道能在应用程序中使用。利用管道，可将信息从一个程序送到另一个程序。管道是单向的通信路径，由输出端将信息送入管道，由接收端接收。管道操作符用符号“ | ”来表示。

例如，输入命令：

```
$ ps -ef | grep ftp
```

该命令实现了 ps -ef 的输出作为 grep ftp 的输入，即管道功能。这实际上是 Shell 命令的顺序执行，由管道先执行 ps -ef，再执行 grep ftp，由管道命令限定中间不许插入其它命令的执行。

命令表指由命令分隔符连接组成的命令序列。命令分隔符用“;”表示，意思是按顺序执行命令。可以把两个或多个命令组织在一命令行中，每个命令间用“;”隔开，分号告诉 Shell 执行第一个命令，且它完成后再执行下一条命令。

例如，输入命令：

```
$ command1;command2;command3
```

上述命令格式表明命令 command1、command2、command3 在命令分隔符“;”的控制下逐一执行由分隔符连接的命令序列，即执行命令表。

例如，输入程序：

```
$ ls -l /etc/rc
```

```
$ who|wc -l
$ ps
```

上述程序等价于 $　ls -l /etc/rc；who | wc -l；ps。

2. 条件确定后续命令的执行

(1) & & 表示条件为真(true)时，执行其后的命令。

例如，输入命令：

```
$ command1 & & command2
```

上述命令表示若 command1 命令的结果为 true，则退出 command1 命令状态，返回零值。于是执行&&的后续命令 command2。若 command1 命令的结果为 false，则不执行&&的后续命令 command2。

(2) ||表示条件为假(false)时，执行其后的命令。

例如，输入命令：

```
$ command1 || command2
```

上述命令表明当 command1 命令执行结果为假(false)时，执行命令 command2；command1 命令结果为真时，不执行 command2。

再如，输入命令：

```
$ copy || echo UNIX has no such command!
UNIX has no such command!
$
```

以上命令表示若 copy 执行结果为假，则 Linux 显示“UNIX has no such command!”。

例如，输入命令：

```
$ who l grep liu || echo Liu is not logged　in
Liu is not logged　in
$
```

则表明经搜索系统现行目录后没有发现 liu，即 liu 没有登录。

例如，输入命令：

```
$ who l grep root && mail john < letter
root tty1 may 11 17:30
$
```

表明经搜索 root 目录，john mail 里 may 11 17:30 收到 letter。

3. 后台执行命令

& 指在后台运行一个进程。Linux 系统是一个多任务操作系统，能调动几个进程同时运行。当计算机执行已登录的每个其它任务的命令时，也能执行用户要求的命令。这些操作看起来是同时进行的，实际上，在任一时刻，计算机都只能执行一个进程，它只是在不同进程之间快速转换。计算机系统收到多用户所要求的全部执行过程命令，并为它们分配进程，这个操作称为定时。Linux 系统不但允许不同用户同时执行命令，而且允许一个用户一次完成多个任务。用户可在后台运行一个长任务。只要在后台执行的命令行的结尾输一个键盘上的字符 &，Linux 系统将在用户的终端上显示一个号码，立即出现执行的提示符 $，便可输入下一个命令。这个进程号标识后台进程。通过这一键盘上的字符&控制 Shell 不要等长任务完成就可以执行刚才新输入的后台命令。这一命令使用权限为所有使用者，命令格式如下：

```
$ command &
```

Linux 系统在运行时，一个进程执行一条命令。一般情况下，只有前一条命令的进程执行结束，才调度运行下一条命令进程。后台执行命令则无须当前命令运行结束，Shell 程序就开始执行新的命令(异步执行)。

例如，输入命令：

```
$ cc prog.c  &
  [1]   307
$ ls
  dir1    dir2     dir3     dir4     dir5
  [1]   Done cc prog.c
```

可以看出，该用户正在执行一个命令，可能这是个长任务，但还未完成，他又要运行其它命令，则可把急需的命令用后台命令执行，其中 cc prog.c & 能使系统马上执行此命令。当提示符 $ 出现时，又可顺序执行其它后续命令。本例中仅通过 1 s 就可马上看到指定的这一后台指令 cc prog.c 执行的情况。

4. 反单引号 ` ` 与 $()

键盘左上方的反单引号`在 Shell 程序中起主导作用。当 Linux 的 Shell 遇到某一命令时，它执行或试执行该命令，并在执行后输出来替换整个命令表达式。用反单引号 `` 括起来的命令表达式可包含任何合法的开关、选项或参数，也可以是几个命令的组合表达式。反单引号 `` 和 $() 的功能都是实现命令替换，反单引号的两个符号间或 $() 中的字符串是作为命令来执行的。我们在用 Shell 编程时经常用到将系统命令的执行结果赋给一个变量，这时，便可以用反单引号 `` 或 $() 实现命令替换。但反单引号内不能再引用反单引号，而 $() 中可以引用反单引号。所有使用者都可拥有该命令的权限。命令格式如下：

```
`command`
```

反单引号内的字符可作为命令执行。例如：$(cat `ls`)也可执行，但 `cat `ls`` 不能执行。

例如，输入命令：

```
$ echo The current time is `date`
The current    time is May 15 17:43:23 2009
```

由上述命令可知，两个反单引号间的命令 date 执行后，则显示当前年月日时分秒，本例采用的时间为 2009 年 5 月 15 日 17 点 43 分 23 秒。

又例如，输入命令：

```
$ echo 'The current time is `date`'
The current    time is `date`
```

执行后结果表明，单引号中的字符串按原样显示，并不能执行其中的 date 命令。也就是说单引号隐藏了 Shell 的反单引号，因此命令不执行替换。但下面两例却可以执行。

例如，输入命令：

```
$(echo `The current time is `date`` )
```

执行后则显示 The current time is May 15 17:43:23 2009。

又如，输入命令：

```
$echo "Today is `date`"
Today is Tue Aug 11 17:35:30 2009
$
```

之所以有这样的结果，是因为 Linux Shell 的规则是，双引号不隐藏反单引号。双引号与单引号的作用不同，双引号可以看到反单引号，因此可调用 date 命令。

反单引号还有另一种用途，例如，输入命令：

```
$ echo The current path is `pwd`
The current path is /home/wang
```

执行的显示结果表明用户处于 /home/wang 工作目录下。

```
$ pwd
/usr/home/wang
$ HERE=`pwd`
$ echo $HERE
/usr/home/wang
$ cd
<do thing in /usr/home>
$ cd $HERE
<return to /usr/home/wang>
```

上述命令中，pwd 的输出存入 Shell 变量 HERE 中，接着能用 $HERE 回到前面的目录中。在用户不了解公用的批处理文件在哪个目录之前也可使用这些批处理文件。还可用下面的命令引用反单引号：

```
$ mail `cat mailshot`<memo
```

如果 mailshot 包含多个接收者，cat 命令将输出这些名字并为 mail 命令提供参数，向每个接收者发送 memo 文件的内容。

**5. 转义符 **

如果用户想在文件名字中加入一个 * 符号，则可以使用命令 vi text*.txt 来实现。在这个通配符 * 前面加入一个转义字符 \，就告诉系统要将 * 这个字符当作普通字符来对待。然而，这个转义字符的重要作用还是体现在文件的删除中。假设现在某个目录下有如下几个文件，chap*.txt、chap1.txt 和 chap2.txt。其中 chap* 表示一本书的目录，而其它的文件表示这本书的各章内容。如果现在系统管理员只想把目录文件删除，采用 rm chap*.txt 命令，此时系统便会把所有的以 chap 开头的文件删除，即删除的不只是目录文件，章节的内容文件也被删除了，因为此时操作系统是将这个 * 符号当作通配符来对待。如果要删除目录文件所在的那个文件，正确的命令应为 rm chap*.txt。这个命令就是告诉系统这个 * 符号为普通的符号，并不是通配符。此时系统就会将这个目录文件删除，而不会影响到其它文件。所有使用者都拥有该命令的使用权限。使用的命令格式如下：

\ 有转义的具体字符

执行此命令后转义符的功能消失，变为普通字符。

元字符 \ (反斜线) 可以让你引用任何单个元字符，包括 \ 自身。例如：

```
$ echo \*
$ echo \\\?
\?
$ echo `date`
Tue Aug 11 17:35:30 2009
$ echo \`date\`
`date`
$ echo "\`date\`"
`date`
$_
```

另外，也可用\来生成 ASCII 控制码，如用 '\t' 代表制表符；用 '\0n' 代表一个 ASCII 字符的八进制值，其中 n 为一个八进制的数；'\ c' 用来限制 echo 命令中的换行符。例如：

```
$echo ' Enter Name : \c '
Enter Name : $_
```

如果输入命令太长，则行尾的\不适合屏幕显示。当然，具体的显示层次由屏幕的宽度和滚动特性决定，紧跟在\换行符之后的内容将被 Shell 隐藏。

6. 标准输入、输出和错误处理文件

Shell 解释执行一条 Linux 命令时，同时还启动了系统的监控程序，用于跟踪和监视该命令的输入、输出和执行情况。这种监督机制通过系统的 3 种标准文件执行，它们分别用不同的文件描述字表示。

1) 标准输入文件

标准输入文件用于描述命令获得输入数据。它用文件描述字 0 表示，一般指键盘输入。

2) 标准输出文件

标准输出文件用于描述接收命令的输出。它用文件描述字 1 表示，一般为屏幕输出信息。

3) 标准错误处理文件

标准错误处理文件用于接收命令产生的任何错误信息。它用文件描述字 2 表示，一般会显示于屏幕输出信息。

7. 输出、输入重定向

1) 输出重定向

Linux 系统可以把命令输出发送给标准输出文件(Standard Output File)。通常情况下，终端被指定为标准输出文件。Shell 有把标准输出文件重新分配给另一个文件的能力，如重新分配给某一指定的文件或打印机等其它输出设备。输出重定向的命令格式如下：

```
command>file1
```

而追加输出重定向的命令格式是：

```
command>>file1
```

例如，将 date 的输出重定向转向到 myfile2 文件中保存，命令如下：

```
$ date>myfile2
```

执行上述命令后，则把这一时刻的年月日时分秒存入 myfile2 文件。

又如，将 ls -l 的输出追加到 myfile3 文件中，命令如下：

```
$ ls –l>>myfile3
```

执行上述命令后，则把 ls -1 显示的内容追加到指定的 myfile3 文件中保存。

2) 输入重定向

同样，Shell 也可以把标准输入重新指定给一个命令。一个命令通常从终端键盘得到标准的输入，也可以用编辑程序把数据或文本存放到文件中，然后控制 Shell 把这个文件用作命令的标准输入。输入重定向的命令格式是：

```
command<file2
```

追加输入重定向的命令格式是：

```
command<<file2
```

例如，将 myfle1 作为 sort 的输入，命令如下：

```
$ sort<myfile1
```

执行上述命令后，则将 myfile1 文件作为 sort 输入。

又如，将 myfile2 文件追加作为 cat 的输入显示出来，命令如下：

```
$ cat<<myfile2
```

执行上述命令后，则将 myfile2 文件追加到 cat 的输入，并通过 cat 显示出来。

3) 标准错误输出的改向

和 Shell 程序的标准输出重定向一样，程序的错误输出也可以重新定向。使用符号 2>(或追加符号 2>>)表示对错误输出设备重定向。命令格式如下：

```
command 2>file3
command 2>>file3
```

例如，输入命令：

```
$ ls /usr/tmp 2> err.file
```

执行上述命令后，可在屏幕上看到程序的正常输出结果，同时又可将程序的任何错误信息送到文件 err.file 中，以备将来检查用。

又如，将 myprogram 错误输出转向到 err_file 文件，命令如下：

```
$ myprogram 2>err_file
```

在执行后，则将 myprogram 的错误输出转向到 err_file 文件。

9.4 Shell 变 量

Shell 变量分为两大类：标准的 BASH 变量和用户定义的 Shell 变量。

标准的 BASH 变量由 Linux 系统定义和提供，用于设置系统的运行环境，用户可以引用和修改。标准的 BASH 变量显示与引用的命令格式如下：

```
$ echo  $变量名
```

用户定义的 Shell 变量是注册用户根据需要自行定义的 Shell 变量。用户定义的 Shell 变量的格式如下：

```
$ 变量名=值
```

下面介绍常用的 Linux Shell 变量。

1. $HOME

$HOME：显示注册用户默认登录的目录命令。$HOME 变量包含注册用户默认登录的目录，也称注册用户自有的目录，如/home/liu。$HOME 也可以替换任何一个需要用路径名来表示的地方，以节省输入的时间，提高操作速度。

2. $SHELL

$SHELL：显示注册 Linux Shell 的全路径名称命令。$SHELL 变量保存了注册 Shell 的全路径名称。该名字定义在文件 /etc/passwd 的最后一个字段。

例如，输入命令：

```
$ echo $SHELL
/bin/bash
$_
```

这说明当前正在使用的 Shell 是 BASH Shell。

3. $USER

$USER：显示注册用户命令，包含注册用户名。通过该值可以知道当前注册的用户是谁，它与 whoami 命令的功能相同。

例如，输入命令：

```
$ echo $USER
wang
$ whoami
wang
$ mail $USER < letterl
$ mail ″whoami″ < letter1
$_
```

可以通过 mail 命令来验证，发现这两封信都成功收到。

4. $PATH

$PATH：定义、改变、查找目录路径命令。$PATH 用来定义查找程序的目录列表，目录名之间用冒号隔开。若程序所在的目录不包含在 PATH 中，则不能执行该程序，只有进入 PATH 目录才可以执行该程序；否则，Linux 系统将报告该命令找不到，导致执行失败。如果程序的目录包含在 PATH 中，则在文件系统的任何地方都可执行该实用程序。$PATH 参数的设置在隐含文件 .bash_profile 中。

例如，输入命令：

```
$ echo$   PATH
/bin：/sbin：/usr/sbin：/root/bin：/home/liu
```

有两种办法修改$PATH：

(1) 通过修改 .bash_profile 文件，修改变量$PATH 的值。

(2) 使用命令将目录添加到 PATH 变量中。

例如，输入命令：

```
$ PATH=$PATH : NEWPATH
```

此例中，$PATH 变量表示当前路径，NEWPATH 是新添加的路径参数。

当用户注销时，上述方法(2)的设置将失效，再次登录时需要重新设置。因此，对于一些常用路径的设置，都应放在文件 .bash_profile 中。

5. $PWD

$PWD：定位用户当前位置命令。$PWD 用来定位用户在 Linux 系统中的当前位置，与 pwd 命令的输出结果相同。

例如，输入命令：

```
$pwd
/usr/home/wang
$PWD
$_
```

6. $?

$?：退出码变量值成否命令。当 Linux 程序运行时，有成功、不成功两种执行结果。Linux 系统用 $? 退出码变量的值来标记程序执行的情况。若成功执行，则 $? 的值被置 0；否则，根据不同错误的情况，置 $? 变量为非 0 值。

例如，输入命令：

```
$ ls    file1
file1 1：  No    such    file    or directory
$ echo$?
2
$_
```

$? 被置 2，为非 0 值，说明执行未成功。

例如，输入命令：

```
$ who| grep root
root tty0 Jun 22 4:55
$echo$?
0
$_
```

$? 被置 0，说明执行成功。

7. $#

$#：参数命令。

Shell 解释一条命令时，认为采用空格和制表符隔开的都是参数序列，并且可以用变量 $#的数字序列来表示这些参数，以满足编程的需要。

命令本身用 $0 来表示，第一个参数用 $1 表示，依此类推，一直到 $9。

如要编制一个用来检验上述情况的 Shell 文本 report，其内容如下：

```
echo $0
echo $1
echo $3
echo $#
```

在运行该文本之前，需先将该文件的属性改为可执行：

```
$ ./report   I   like UNIX very much
report
I
UNIX
5
$_
```

8. $PS1 和$PS2

Shell 提供两个系统提示符变量 $PS1 和 $PS2，并且允许用户自主设置。

(1) $PS1。$PS1 定义 Shell 的主提示符，决定主提示符的式样。当该变量未被定义时，缺省主提示符是 $。

通过变量 $PS1 赋值实现，用户个性化工作环境的设置如下：

```
$ PS1="Wang is Working:"
Wang is Working: echo $PS1
Wang is Working:
Wang is Working:_
```

(2) $PS2。$PS2 定义 Shell 的第二提示符，缺省值是“>”，第二提示符一般用在 Shell 需要进一步地显示某种信息，位于主提示符之后。

使用方法：PS1=“特殊字符”；PS2=“特殊字符”。

Linux Shell 变量中的字符\和特殊符号组合在一起的功能如表 9-1 所示。

表 9-1　Linux 中查找变量有关信息的字符 \ 和特殊符号组合的功能表

字 符 组 合	功 能 含 义
\!	显示该命令的历史记录编号
\#	显示当前命令的编号
\$	显示 $ 作为提示符，如果用户是 root，则显示#号
\\	显示反斜杠
\d	显示当前日期
\h	显示主机名
\n	换行显示
\nnn	显示八进制数 nnn 的值
\s	显示系统当前运行的 Shell 名字
\t	显示系统当前时间
\u	显示当前用户的用户名
\W	显示当前工作目录名
\w	显示当前工作目录的路径

例如，执行 $ PS1="\t"，提示符显示当前的时间：

```
02:16:15
```

若执行 $ PS1=\t，则提示符会变成：

```
t
```

若执行 $ PS1=" \t\\"，提示符则是：

```
02:16:30\
```

9.5 选择结构

Shell 编程语言与其它高级的程序设计语言一样，也具有条件分支结构与循环结构来控制程序执行流程，达到相同的效果。

9.5.1 if 条件分支结构

if 选择语句的语法结构如下：

```
if  test-condition
  then
        command_1
        comman_i
    else
        comman_j
        command_n
fi
```

例如，Shell 的一个文本文件 report1 如下：

```
#!  /bin/bsh
if test $PWD=/home/wang
   then
        echo"the current path is /home/wang"
else
        echo"the current path is not /home/wang"
fi
```

程序执行后，执行如下操作：

```
$ pwd
/home/wang
$ ./report1
the current path is /home/wang
$ cd ..
$ ./report1
the current path is not /home/wang
$
```

再看 if 判断系统类型的一个实例。程序如下：

```
#!/bin/sh
SYSTEM=`uname -s`
if [ $SYSTEM = "Linux" ] ; then
    echo "Linux"
elif [  $SYSTEM  =  "FreeBSD"  ] ; then
    echo "FreeBSD"
elif [  $SYSTEM  =  "Solaris"  ] ; then
    echo "Solaris"
else
    echo "What?"
fi
```

综上，执行 if 分支结构适用于在两项中取其一。可以从多个选项中执行其一的结构便为 case 分支结构。下节将详细讲述 case 分支结构及其用法。

9.5.2　case 分支结构

case 语法结构是由一个表达式和众多可选择的操作序列组成的。运行时，根据表达式的求值结果，在众多分支中选取一个执行。其一般语法结构如下：

```
case $var in
    value1)
    command1
    ;;
    value2)
    command2
    ;;
    value3|4)
    command3
    ;;
esac
```

1. case 菜单技术

```
#! /bin/bsh
#display menu
    echo "please choose in M、D or Q"
    echo "[M]odify the file"
    echo "[D]elete the file"
    echo "[Q]uit the menu"
# get the user command from the standard input
    read command
```

```
# do according to command
      case $command in
        M|m) echo –n ″Name of file to be modified: ″
             read filename
             vi $filename
             ; ;
        D|d) echo –n ″Name of file to be deleted: ″
             read filename
             rm   $filename
             ; ;
        *) echo   ″quit the program″
             ; ;
      esac
```

2. case 判断系统类型

```
#!/bin/sh
SYSTEM=`uname -s`
case $SYSTEM in
      Linux)
         echo "My system is Linux"
         echo "Do Linux stuff here..."
         ; ;
      Solaris)
         echo "My system is Solaris"
         echo "Do Solaris stuff here..."
         ; ;
      FreeBSD)
         echo "My system is FreeBSD"
         echo "Do FreeBSD stuff here..."
         ; ;
      *)
         echo "Unknown system : $SYSTEM"
         echo "I don't what to do..."
         ; ;
esac
```

9.6 循环结构

在做程序设计时，经常要通过反复执行某一动作来完成一个重复的任务。编写这类程序可使用循环结构来实现。

9.6.1　for 循环

for 循环的语法结构如下：

```
for  variable in rang
  do
       command
     ……
       command
  done
```

for 循环适宜处理次数已知或可明确算出的循环。

例如，输入命令：

```
#!  /bin/bsh
# Look through each file in current direction
#Allowing the user to delete the file if required
for file in *
  do
       echo –n "[$file ] Delete the file (y/n)? "
       read yesno
       case $yesno in
            Y|y) echo –n "the file [$file ] has been    deleted! "
                 rm $file
                 ;;
            *) echo    "Keep the file [$file ] "
                 echo
                 ;;
         esac
  done
```

9.6.2　while 循环

while 循环的语法结构如下：

```
while  condition
     do
          command
          ……
          command
     done
```

while 循环适宜处理次数未知的循环。

例如，输入命令：

```
#!  /bin/bsh
# Check whether user liu is logged in
```

```
while !(who|grep wang)
    do
      echo   "wang is not logged in "
done
echo   "wang is logged in now. "
```

9.7　Shell 脚本的执行

要执行一个 Shell Script 文件有多种方法。

1. 方法一

将 Shell Script 文件权限设为可执行，使用执行引导符 ./ 。命令格式如下：

```
$   chmod 755 Shell-filename
```

或

```
$   chmod 711 Shell-filename
$ ./Shell-filename
```

2. 方法二

使用 BASH 内建指令“source”或“ .”。命令格式如下：

```
$ source Shell-filename
$ . Shell-filename
```

3. 方法三

直接使用 SH(或 BASH)指令 sh(或 bash)来执行。命令格式如下：

```
$ sh   Shell-filename
$ bash   Shell-filename
```

本章小结

Linux 的 Shell 是一种命令解释器，也是一种程序设计语言。本章主要介绍了 Linux 中如何实现 Shell 编程，从 Shell 操作到 Shell 编程基础，如通配符、输入/输出重定向、管道、Shell 脚本的执行、Shell 变量、测试命令和算术与逻辑运算符等，到 Shell 程序设计的 4 种流程控制，如条件选择判断、循环控制等。随后介绍了执行 Shell 脚本的几种方法。

习　题

1. 如何宣告一个变量成为整数型态?
2. 在命令重导向当中，>与>>有什么不同?
3. 万用字符中，*、?、[] 各代表什么意思?
4. 请写一 Shell 程序，以 jack、tom、bill、joshon 为用户名，所有用户的初始密码为 123456。
5. 哪些方法可以执行 Shell 脚本?

第 10 章　Linux C 编程

10.1　Linux C 编程初探

10.1.1　学习 Linux C 编程的意义

Linux C 编程的应用范围很广，并且还在不断发展、壮大和延伸，主要原因有：

(1) 便于积累，可以继承前人的优秀成果，不断优化。计算机程序设计语言有很多种，之所以许多计算机程序设计语言逐渐淡化、萎缩，甚至正在走向消亡、淘汰，是因为它们在诸多方面，特别是函数继承性等方面，并不具备优势，而 C 程序设计语言则不同。C 程序设计语言自出现后，首先在各高校流行开来，然后，各主要操作系统都逐渐采用 C 或 C++ 进行程序编写。现在，C 编程主要用在工业或软件开发的嵌入式、中间件、单片机、单板机等场合；在大型电信计费软件、银行、电子商务、民航、海关、铁道、宇航等领域，其作为大中型软件的核心地位已确立多年。预测其未来，它是发展势头最强的计算机程序设计语言之一。当今各大高校几乎都开设了 C 和 C++ 程序设计的课程。

(2) C 程序以稳定而著称，Linux C 及 DOS 下的 C 程序设计语言都比较稳定。Turbo C 至今仍很流行，Linux C 已成为嵌入式、中间件、单片机、单板机、接口编程等的常用控制语言。所以消费类的电子产品，如手机内部的控制程序，汽车中电设备的控制程序，电脑、电视机、电冰箱、空调、洗衣机等电器内部的控制程序和其它设备控制场合大量用到 C 程序。现代工业发展已和软件结缘，C 程序会在人类的探索、继承、进取和发展中继续发挥关键的作用，不断创造新的价值。

(3) C 编程比较好掌握，只要潜心学习，C 程序设计对于不管是计算机软硬件、通信、信息类专业，还是文理类结合的其它非计算机类专业的人士，都容易上手。

(4) C 有广泛的技术市场。目前在 Unix、Linux、Windows、Mac、Solaris、NetWare 等操作系统中，主体语言都用 C/C++ 实现，并在控制场合得以流行；此外，大量的小程序都用 C 编写。

(5) 在底层开发领域，物美价廉，性价比高，便于继承和推广。

(6) 适应规模大小可选，可深入到内层的各个方面。

正是基于以上优点，C/C++ 具有较强的生命力。当然 C/C++ 的优点还不仅限于这些，在不同的应用场合，如通信中，C 也是发展势头较猛的一个主流计算机控制语言；在数学建模、电器设备控制、油田设备控制中用到 C/C++ 程序设计的地方也很多。

当然，C 并不是十全十美的，如果编程者掌握不好，乱用或滥用便会发生不稳定或内存泄漏的问题。但这主要是由于设计者或编程者对 C/C++ 的核心理解不够或适用场合不妥，而且 C/C++ 本身发展中的问题也有，其实绝大部分问题经过研究，发现问题所在，都可解决或绝大部分解决，并不影响工程的实际发展和应用。

10.1.2　Linux C 编程技术

1. Linux C 编程基本步骤

为了快速掌握C，现以一个简单的 Linux C 程序为例，说明在 Linux 环境下 C 语言程序设计的基本步骤。

例如，设计一个程序，要求在屏幕上输出“Hello Linux C!”。

分析：可用 C 程序最简单的主函数来解决这个问题，主函数体只要一个输出语句，printf 是 C 中的输出函数，双引号中的内容将被原样输出，\n 是换行符。

编程步骤如下：

(1) 编写程序源代码。Linux 下常用的文本编辑器是 Vim，在屏幕终端中输入如下命令：

```
[root@localhost root]# vim 10-1.c
```

得到文本编辑器工作界面，接着按 i(a / o)键，进入编辑模式，输入如下程序代码：

```
#include <stdio.h>
int main()
{
   printf ("Hello Linux C! \n");    /* C 程序的内容，显示输出 Hello Linux C! */
   return 0;
}
```

为了便于他人或编程者以后阅读，建议从最简单的程序开始，养成写注释的习惯。其中，注释内容在“/*”与“*/”之间，凡是在此之间的文字(或其它字母、数字)，编译器均会忽略，不予编译，只是便于编程者了解或读懂程序。

“#include”是指定程序中用到的系统函数所包含的文件库，“stdio.h”是标准输入/输出库。“main()”表示主函数，每个 C 语言设计的程序都必须至少有一个主函数，主函数体(主函数内容)使用“{ }”(大括号)括起来，每条语句使用标点符号“；”(分号)来结束。

(2) 编译程序。编译程序之前，最好先确定程序的源文件是否存在，可使用 Linux 的“ls”命令查看当前目录下是否有 10-1.c 的源文件。若在根目录下，输入[root@localhost root]# ls，则显示出“10-1.c”的源文件名。接着使用编译命令编译此源文件，将其编译成可执行文件；若编译时没有出错信息，则说明程序编译成功，显示如下代码：

```
[root@localhost root]#gcc -o 10-1 10-1.c
[root@localhost root]#
```

(3) 运行程序。编译成功以后，可执行程序在编程者所在的系统中将是绿色的可执行文件 10-1，同样可以使用“ls”命令查看文件是否存在。如果存在，输入“./10-1”，执行程序后，会在屏幕终端看见程序执行结果：

```
[root@localhost root]# ls
10-1.c     10-1
```

```
[root@localhost root]# ./10-1
Hello Linux C!
[root@localhost root]#
```

由此可见，一个在 Linux 环境下的 C 程序，主要用到的工具是文件编辑器和编译工具(编译软件)。图 10-1 显示出了同一类简单 C 程序的实际显示界面。

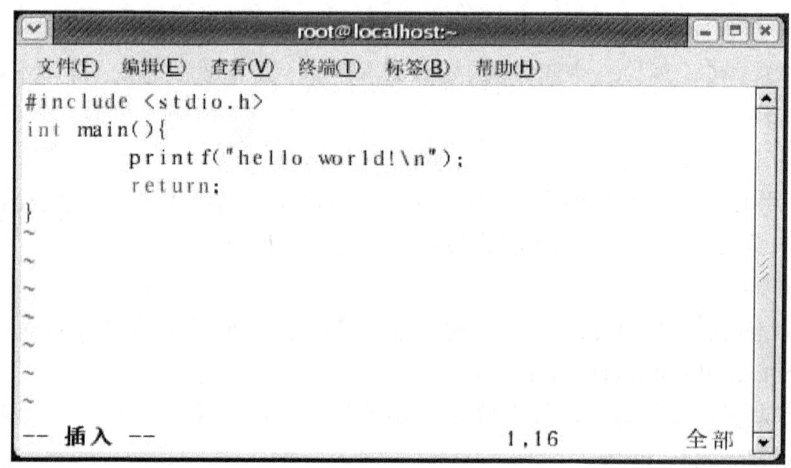

图 10-1　一个简单的 Linux C 程序的显示界面

C 语言最初是由美国贝尔实验室为辅助 Unix 的开发而编写的。规范和标准的 C 是于 1987 年由美国国家标准协会 ANSI 对不同版本的 C 进行扩展和补充而成的，并制定了一个标准，称为 ANSI C，进一步推动了 C 程序设计的流行和推广。

C 语言既有高级语言方便、实用、可和实际结合的优势，又有低级语言速度快、灵活、朴实、直接到部分底层操作等特点，其动作和数据相分离，功能齐全强大，可移植性强。

Linux 下的 C 程序设计可用文本编辑器实现程序编辑。Linux 的文本编辑器主要有 Vim、gedit 和 Emacs，用其编写程序文件或文本文件，在 Linux 环境下执行，便可产生编程者所编程序要达到的效果。

2. Linux 下的编辑工具

在 Linux 下，最常用的编辑器就是 Vi 或 Vim，其功能强大，使用方便。下面对 Linux 下的 Vi 编辑器进行简要总结。

Vi 有三种模式，分别为命令模式、插入模式和可视模式。

用户最初进入 Vi 时的模式即为命令模式。这种模式下，可以通过键盘上的上下左右键对某一行进行“删除字符”或“整行删除”等操作，也可以进行“复制”、“粘贴”等操作，但无法编辑文字。

当按下字母“i”时，可进入插入模式。在此模式下，用户可以编辑文字。若编辑完成，可按键盘上的 Esc 键返回命令模式。

在命令模式下输入“：”可进入底行模式。这种模式下，用户可以进行保存、退出以及设置编辑环境、寻找字符、列行号等属性的操作命令。Vi 常用的命令模式和底行模式如表 10-1 和表 10-2 所示。

表 10-1 Vi 命令模式常见功能

敲击键盘或配合击键	功 能 内 容
i	切换到插入模式，此时光标位于开始插入文件处
a	切换到插入模式，在当前光标之后的位置开始插入
o	切换到插入模式，在当前行的下一行首开始插入一新行
O	切换到插入模式，在当前行的上一行首开始插入一新行
Ctrl + b	屏幕向后翻动一页，光标移到后一屏的结尾处
Ctrl + f	屏幕向前翻动一页，光标移到前一屏的开始处
Ctrl + u	屏幕向后翻动半页
Ctrl + d	屏幕向前翻动半页
(数字)0	光标移动到当前行(本行)开头
G	光标移动到文章最后
nG	光标移动到第 n 行
/name	在光标之后查找一个名为“name”的字符串
?name	在光标之前查找一个名为“name”的字符串
x	删除光标所在位置后面的一个字符
dd	删除光标所在行
yy	复制光标所在行
u	恢复前一个动作或废除刚才的修改

表 10-2 Vi 底行模式常见功能

敲击键盘或配合击键	功 能 内 容
:w	将编辑的文件保存在磁盘中
:q	退出 Vi(做过修改的文件会给出提示)
:q!	不存文件直接退出 Vi，强退，没有提示
:wq	保存文件后退出
:w [filename]	将当前文件以另存的 filename 为名存入，再退出 Vi
:set nu	显示行号
:set nonu	取消行号

插入模式的功能键只有一个，即按键盘上的 Esc 键，则结束当前模式并返回到命令模式。

要掌握 C 程序设计方法虽有一定的难度，但只要潜心学习，并非难以掌握。首先要掌握 C 的基本架构，从轮廓上对 C 程序设计先有一个大致印象，再一点一点理清细节，归纳、积累已成型的程序，具备初步编程的能力；结合实际，学会团队编程技术，会用 GCC、GDB，能用 Make 文件管理器，然后重点掌握函数、指针、链表、位运算、文件等。在 C 程序已掌握的情况下，学会面向对象编程以及 C++、Java、J++ 等编程语言。

10.2　GCC 编译器

GCC 最初是 GNU-C-Compiler(GNU C 语言编译器)的缩写，现在是 GNU-Composed-Compiler(GNU 编译器集群)的缩写。GNU 的著名代表项目是 Linux。GNU 是一个“自缩略语”—— Gnu is Not Unix。意思是“GNU 不是 Unix”。在 1983 年，一些早期的 Unix 开发者发起了一个开放软件运动。他们认为，软件应当是开放的，任何人都可以接触到源代码，这样，不仅用户可以随时根据自己的需要修改程序，而且软件本身也可以通过类似生物进化的模式(无限分支、优胜劣汰)得到全面的完善。由于当时 Unix 主要由软件厂商所控制，因此 GNU 决定给自己起名叫“Not Unix”，表示有别于 Unix。

GCC 是一个开放的程序语言编译器，其核心是 C/C++ 编译器。GCC 与众不同的特点在于：它是完全开放的自由软件，可以从网上下载，任何人都可以免费得到这个软件包甚至其源代码。由于 GCC 的开放性，它已经被软件行业的自由开发者移植到各种平台。它既可以用于 Windows 环境，也可以用于 DOS、Unix、Linux 等操作系统。

由于 GCC 不属于赢利性的公司所有，没有商业意图，因而其实现的功能最接近 ANSI 标准，且已成为目前最标准的 C/C++语言编译器之一。使用 GCC 的程序人员均习惯于正确使用标准的 C/C++ 用法。由于没有商业目的，GCC 不会出现“为了获利而升级”的情况，因此其产品本身比较稳定，不需要进行不必要的更新。由于有不同的开发人员将 GCC 移植到了多种不同平台，因此为 GCC 写的程序，在各个平台之间是源代码级兼容的(个别直接操作硬件的程序除外)。这为移植程序打下了良好基础。GCC 在国外应用十分广泛，很有发展前途。

DJGPP 是 GCC 在 DOS/Windows 平台上的实现。作为 GCC 开放软件，使用 DJGPP 需要了解与 DJGPP 集成在一起的另一个重要软件 RHIDE。RHIDE 不是一个编译器，而是一个开发环境(编译调试环境)。它提供了一个界面，供开发者输入、编辑、调试与运行。而真正的编译工作是由 DJGPP(gcc.exe)完成的。RHIDE 在后台调用 gcc.exe 来编译，并将编译信息显示在 RHIDE 的窗口中。

在 Linux 编译工具中，GCC 功能强大，是使用广泛的一种编译软件。GCC 是 GNU 项目中符合 ANSI C 标准的编译器，能够编译 C、C++ 和 Object C 等语言，并且可以通过不同的前端模块来支持各种语言，如 Java、Fortran 等。

GCC 是可以在多种硬件平台上编译可执行程序的超级编译器，其执行效率与一般编译器相比，平均效率要高 20%～30%。且 GCC 支持编译诸多类型的源文件。表 10-3 所示为其中一些源文件的后缀。

表 10-3　GCC 可直接支持编译源文件的后缀名

后缀名	对 应 的 语 言	后缀名	对 应 的 语 言
.c	C 原始程序	.ii	已经预处理过的 C++原始程序
.C	C++ 原始程序	.s	汇编语言原始程序
.cc	C++ 原始程序	.S	汇编语言原始程序
.cxx	C++ 原始程序	.h	预处理文件(头文件)
.m	Objective C 原始程序	.o	目标文件
.i	已经预处理的 C 原始程序	.a/.so	编译后的库文件

GCC 常用编译格式如下：

gcc[参数] 要编译的文件 [参数] [目标文件]

其最常用的编辑格式有三种：

(1) gcc　C 源程序 -o 目标文件名；

(2) gcc　-o 目标文件名 C 源程序；

(3) gcc 源程序文件(使用默认的目标文件名：a.out)。

从本章的第一个 Linux C 程序可以看出，目标文件可以省略，GCC 默认生成的可执行文件为 a.out。如果想要生成自己命名的可执行文件，通常需要使用“-o”参数。下面看一个例子。

例如：设计一个程序，要求使用公式℃=(5/9)(℉-32)显示华氏温度与摄氏温度对照表。

编程步骤如下：

(1) 编写源程序代码。输入命令：

```
[root@localhost root]# vim 1-2.c
```

程序代码如下：

```
/*程序 1-2.c：华氏温度与摄氏温度对照表*/
#include <stdio.h>
main()
{
        float fahr , celsius ;          /*  定义华氏与摄氏符点型变量  */
        int lower , upper , step ;

        lower = 0 ;                     /*  温度表的下限  */
        upper = 300 ;                   /*  温度表的上限  */
        step = 20 ;                     /*  步长  */

        fahr = lower ;
        while (fahr <= upper) {
                celsius = (5.0 / 9.0) *(fahr -32.0);
                printf("%3.0f %6.1f\n", fahr, celsius);
                fahr = fahr + step ;
        }
}
```

(2) 用 gcc 编译程序。输入命令：

```
[root@localhost root]# gcc -o 1-2 1-2.c
```

或者

```
[root@localhost root]# gcc 1-2.c -o 1-2
```

如果编译成功，两者的结果是一样的，都会生成可执行文件 1-2。如果使用默认编译，即 gcc 1-2.c，则会得到结果 a.out。

(3) 运行程序。编译成功后，执行可执行文件 1-2，输入如下命令：

```
[root@localhost ~]# ./1-2
```

此时系统会输出结果，如图 10-2 所示。

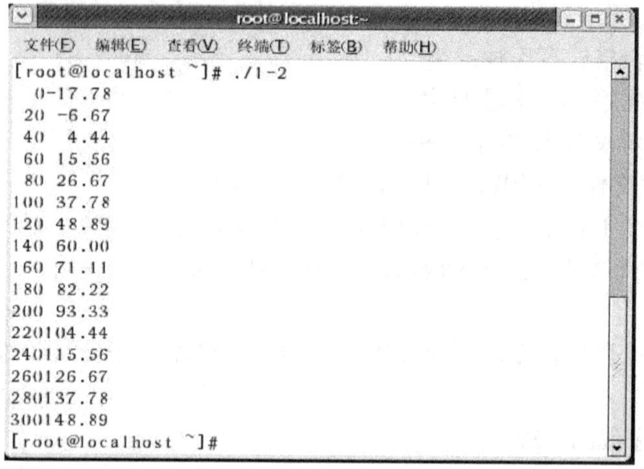

图 10-2　显示华氏温度与摄氏温度对照表

10.2.1　GCC 的编译流程

开放、自由与灵活是 Linux 的魅力和优势所在，GCC 将这一点体现得淋漓尽致。GCC 可以让软件工程师完全控制整个编译流程。在使用 GCC 编译时，具体流程如图 10-3 所示。下面通过实例来具体看一下 GCC 是如何完成这些过程的。

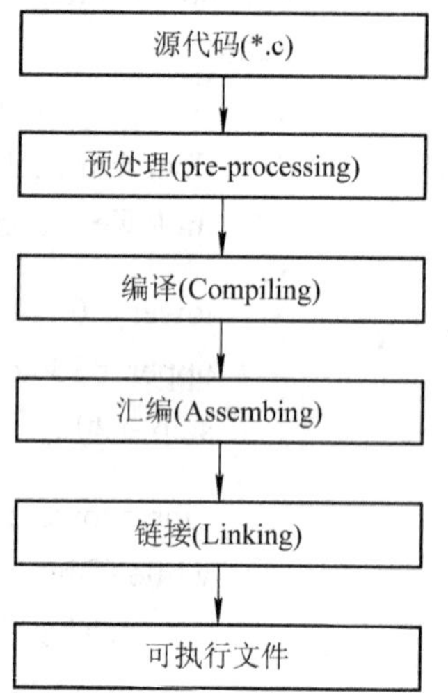

图 10-3　GCC 编译流程

例如，设计一个程序，要求通过使用 GCC 的参数，控制并深入了解 GCC 的编译过程，认识 GCC 编译的灵活性。

分析如下：

(1) 先用 Vim 编辑源程序，生成源程序文件 1-3.c。

(2) 然后使用 GCC 的“-E”参数预处理，生成经过预处理的源程序文件 1-3.i。

(3) 接着使用 GCC 的“-S”参数编译，生成汇编语言程序文件 1-3.s。

(4) 然后用 GCC 的“:”参数汇编，生成二进制文件 1-3.o。

(5) 最后再一次使用 GCC，把“1-3.o”和一些用到的链接库文件链接成可执行文件，并使用“-o”参数将文件输出到目标文件“1-3”，最终的 1-3 就是完全编译好的可执行文件。

编程步骤如下：

(1) 编译源程序。输入命令：

```
[root@localhost root]# vim 1-2.c
```

程序代码如下：

```
/*程序 1-2.c：华氏温度与摄氏温度对照表*/
#include <stdio.h>
main()
```

```
{
    float fahr , celsius ;          /* 定义华氏与摄氏符点型变量 */
    int lower , upper , step ;
    lower = 0 ;                     /* 温度表的下限 */
    upper = 300 ;                   /* 温度表的上限 */
    step = 20 ;                     /* 步长 */
    fahr = lower ;
    while (fahr <= upper)
    {
        celsius = (5.0 / 9.0) = (fahr -32.0);
        printf("%3.0f %6.1f\n", fahr, celsius);
        fahr = fahr + step ;
    }
}
```

(2) 预处理阶段。在这个阶段，编译器将上述代码中的“stdio.h”编译进来，在此可以用 GCC 的“-E”参数指定 GCC 只进行预处理过程，输入如下：

```
[root@localhost root]# gcc -o 1-3.i 1-3.c -E
[root@localhost root]#vim 1-3.i
```

此时，参数“-E”起到让 GCC 编译时在预处理结束后停止编译过程的作用。“-o”指向目标文件，成功后，可使用 Vi 编译器查看预处理结束以后的 C 原始程序，部分内容如图 10-4 所示。

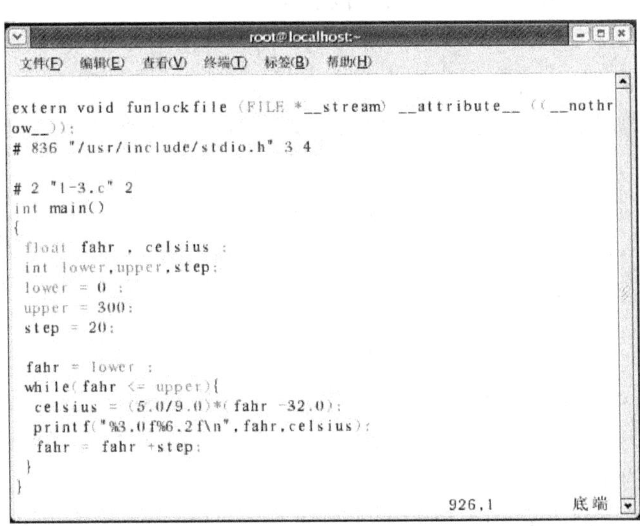

图 10-4　已经预处理的部分内容

由此可见，GCC 确实进行了预处理，把“stdio.h”的内容插入到“1-3.i”文件中。

(3) 编译阶段。在编译阶段，GCC 首先检查代码的规范性、是否有语法错误等，确定代码实际要做的工作，在检查没有错误以后，GCC 把代码编译成汇编语言，使用参数“-S”指定 GCC 只进行编译产生汇编代码，输入如下命令：

[root@localhost root]# gcc -o 1-3.s 1-3.i -S

[root@localhost root]#vim 1-3.s

此时，使用命令“ls”可以看到 1-3.s 文件，后缀为“.s”的文件为汇编原始程序；同样，使用 Vim 文本编辑器也可以查看其内容，部分内容如图 10-5 所示。

```
root@localhost:~
文件(F)  编辑(E)  查看(V)  终端(T)  标签(B)  帮助(H)
        flds    -8(%ebp)
        leal    -8(%esp), %esp
        fstpl   (%esp)
        flds    -4(%ebp)
        leal    -8(%esp), %esp
        fstpl   (%esp)
        pushl   $.LC2
        call    printf
        addl    $32, %esp
        fildl   -20(%ebp)
        flds    -4(%ebp)
        faddp   %st, %st(1)
        fstps   -4(%ebp)
        jmp     .L2
.L3:
        leave
        ret
        .size   main, .-main
        .section        .note.GNU-stack,"",@progbits
        .ident  "GCC: (GNU) 3.4.3 20041212 (Red Hat 3.4.3-9.EL4)"
~
                                                68,2-9          底端
```

图 10-5　汇编原始代码部分内容

(4) 汇编阶段。汇编阶段是将前一个阶段(编译阶段)生成的“.s”汇编文件转化成目标文件(二进制代码)，使用 GCC 的参数“-c”让 GCC 在汇编结束后停止链接过程，把汇编代码转化成二进制代码，操作如下：

[root@localhost root]# gcc -o 1-3.o 1-3.s -c

此时，文件 1-3.o 中已经是二进制机器代码，我们再使用 Vim 文本编辑器已经无法正确查看其内容(显示为乱码)。其中一些部分可能会是如图 10-6 所示乱码。

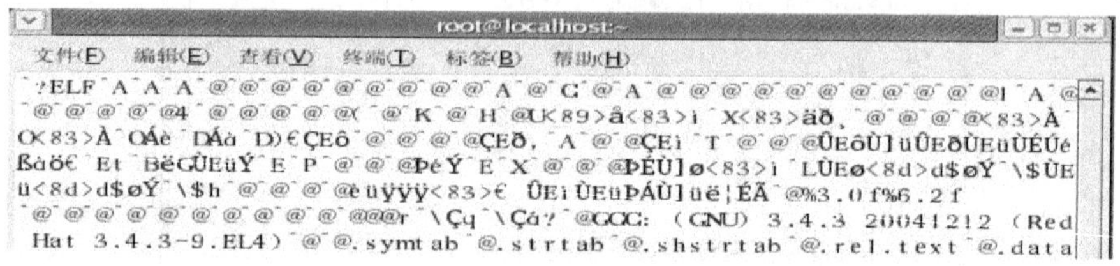

图 10-6　用 Vim 看到的乱码

(5) 链接阶段。通过 C 语言的学习我们知道，在程序的源代码中，有时并没有实现全部的函数，比如在 1-3.c 中就没有函数“printf”的实现；在头文件“stdio.h”中只有此函数的声明，但没有函数的实现。那么，此函数是如何实现的呢？

其实，Linux 系统把“printf”函数的实现放在了“libc.so.6”的库文件中，在没有参数指定时，GCC 将到系统默认的路径“/usr/lib”下查找库文件，找到后，再将函数链接到 libc.so.6 库函数中，这样就有了 printf 函数的实现部分。把程序中一些函数与这些函数的实现部分链接起来，这就是链接阶段的工作。

完成链接后，GCC 就可以生成可执行程序。

以[root@localhost ~]# gcc -o 1-3 1-3.o 为例，其执行结果如图 10-7 所示。

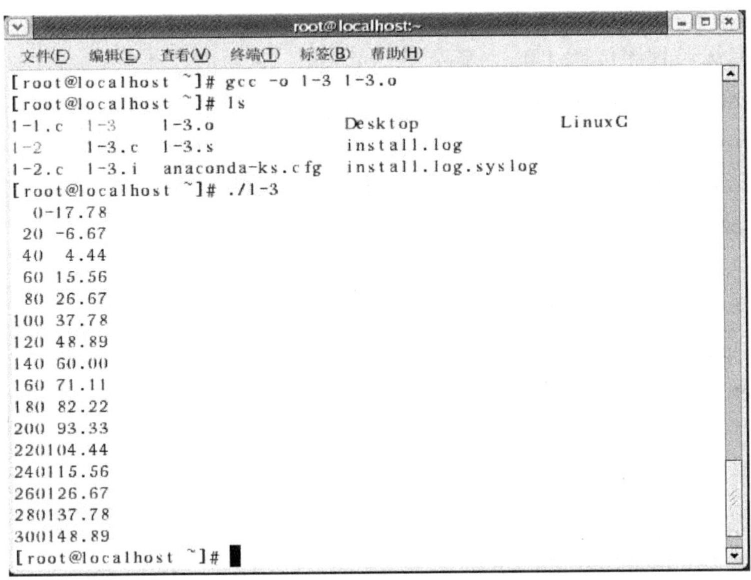

图 10-7　链接后生成可执行程序

注意：GCC 在编译的时候默认使用动态链接库，使用动态链接库编译链接时并不把库文件的代码加入到可执行文件中，而是在程序执行时动态地加载链接库，这样做的目的是为了节约系统开销。动态链接库的后缀是“.so”，而静态链接库的后缀是“.a”。

10.2.2　GCC 编译器的主要参数

GCC 有超过 100 个可用的参数，按照它们的功能可以分为三大类型：总体参数、警告和出错参数、优化参数。这里主要介绍最常用的参数。

1. 总体参数

常用的总体参数如表 10-4 所示。

表 10-4　GCC 的总体参数

参数	含　义	参数	含　义
-c	只是编译不链接，生成目标文件	-v	显示 GCC 的版本
-S	只是编译不汇编，生成汇编代码	-I dir	在头文件的搜索路径列表中添加 dir 目录
-E	只进行预处理	-L dir	在库文件的搜索路径列表中添加 dir 目录
-g	在可执行程序中包含调试信息	-static	链接静态库
-o file	把输出文件输出到 file 中	-llibrary	链接名为 library 的库文件

此前，我们已经了解了“-E，-S，-c, -o”的用法，本节就不再过多说明。在此，主要讲解常用的库依赖参数“-I dir”、“-L dir”和“-l”。

-I 参数是指头文件的所在目录。用一个例子就能说明。

例如：设计一个程序，要求把输入的字符原样输出并自定义属于自己的头文件，自定义头文件为“my.h”，放在目录“/root/Linux C”下。

编程步骤如下：

(1) 设计编辑源程序代码 1-4.c，输入命令：

```
[root@localhost root]# vim 1-4.c
```

程序源代码如下：

```
#include <my.h>     /*文件预处理，包含自定义的库文件*/
int main(){
        char ch;
        while ((ch=getchar())!=EOF)
        putchar(ch);
    return 0;
}
```

(2) 设计编辑自定义的头文件 my.h，输入如下命令：

```
[root@localhost root]#mkdir LinuxC
[root@localhost root]#cd LinuxC
[root@localhost LinuxC]#vim my.h
```

程序代码如下：

```
/* my.h 自定义头文件*/
#include <stdio.h>
```

(3) 正常编译 1-4.c 文件，输入如下命令：

```
[root@localhost root]# gcc 1-4 -o 1-4.c
```

首先，GCC 会到默认目录“/usr/include”中去寻找“my.h”头文件，这是因为在 C 语言的 include 语句中，“<>”表示默认路径，如果在 include 语句中使用了“<>”，GCC 就会到系统的默认路径中去寻找与两个尖括号“<”和“>”中间包含字符相匹配的头文件。例如，在 Linux 下，头文件的默认路径是“/usr/include”，那么当 C 语言 include 语句中出现“<my.h>”，那么 GCC 将去“/usr/include”目录下寻找名为“my.h”的头文件。

此时，我们自定义的头文件在目录“/root/Linux C”中，当然在默认路径中找不到，程序在编译时会提示出错，表明无法找到头文件的信息，如图 10-8 所示。

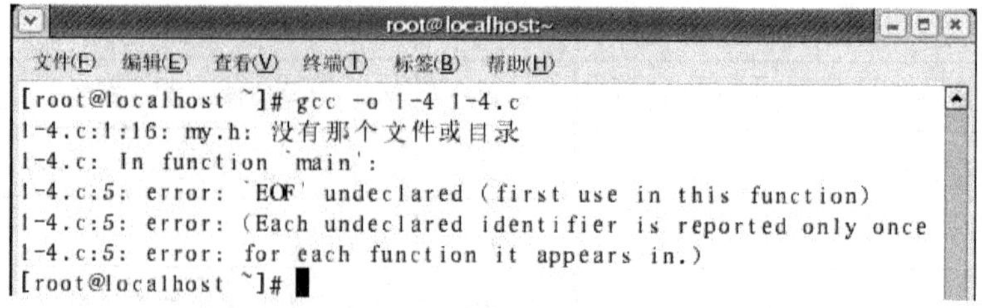

图 10-8　无法找到头文件的提示

于是，我们就需要使用“-I dir”参数来指出头文件 my.h 在何位置。

(4) 使用“-I dir”参数，输入如下命令：

```
[root@localhost root]# gcc 1-4 -o 1-4.c -I /root/LinuxC
```

这样，编译器才能正确编译，结果如图 10-9 所示。

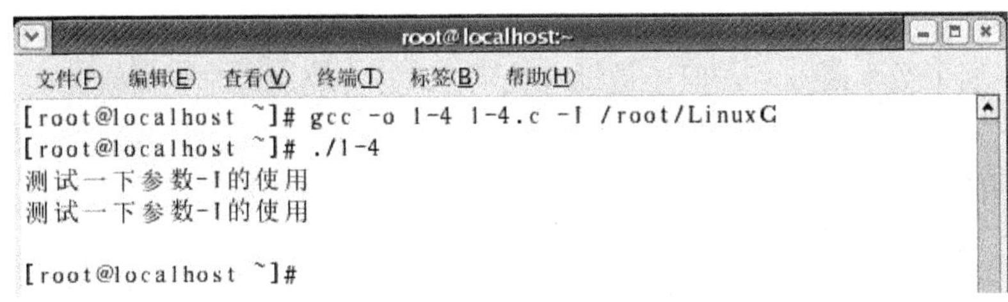

图 10-9　编译器正确编译图示

至此，函数执行成功。

参数“-L dir”的功能与“-I dir”类似，能够指定库文件的所在目录，让 GCC 在库文件的搜索路径列表中添加 dir 目录。

参数“llibrary”的使用如同前面的“-L dir”，在参数 L 的后面跟的是文件目录(路径)，但并没有指定文件，而“l”则是指定特定的库文件，“library”指特定库名。

同样，通过一个例子，我们就可以很好地理解“llibrary”的使用方法。

例如：设计一个程序，要求计算输入数字的正弦值，sin(a)。

操作步骤如下：

(1) 编辑源程序代码，输入如下命令：

```
[root@localhost root]# vim 1-6.c
```

程序代码如下：

```
/*1-6.c 输入数字，计算数字的正弦值 sin(a)*/
#include <stdio.h>
#include <math.h>
int main(){
        double a,b;
        printf("请输入将要计算的数字：\n");
        scanf("%lf",&a);
        b=sin(a);
        printf("sin(%lf)=%lf\n" a,b);
}
```

(2) 使用 GCC 编译程序，输入如下命令：

```
[root@localhost ~]# gcc -o 1-6 1-6.c
```

结果发现编译器报错，如图 10-10 所示。

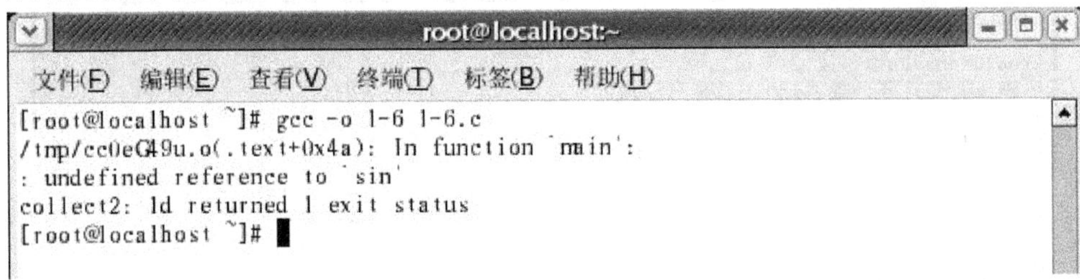

图 10-10　编译器报错

错误原因主要是没有定义“sin”函数，或者说没有找到“sin”函数的实现，虽然我们在函数开头声明了数学函数库，但还是没有找到 sin 的实现，这时我们就需要指定 sin 函数的具体路径。

在指定具体路径之前，我们当然需要知道这个所谓的具体路径在哪里。

函数的查找方法是先输入：

[root@localhost root]#nm -o /lib/*.so|grep 函数名

可以通过“nm”命令查找我们想要找的函数，例如 sin 函数，方法如下：

[root@localhost root]#nm -o /lib/*.so|grep sin

这时，查找(部分)结果如下：

```
……………………………………………………
/lib/libm-2.3.4.so:00008610 W sin
/lib/libm-2.3.4.so:00008610 t _sin
/lib/libm-2.3.4.so:000183e0 W sinl
/lib/libm-2.3.4.so:000183e0 t _sinl
……………………………………………………
```

在/lib/libm-2.3.2.so:00008610 W sin 中，/lib 是系统存放函数的默认位置，libm-2.3.4.so 是包含 sin 函数的函数库名，其中，所有函数库的名都以“lib”开头，跟着的字母“m”是包含 sin 函数的函数库真正的名字，“-2.3.4”是版本号，“.so”说明它的动态库。

在使用“ -l”参数时，通常的习惯是除去“lib”函数库头和后面的版本号，使用真名和参数“-l”连接，形成“- lm”。于是，我们需要在 GCC 找不到库时，使用“-l”直接给定库名，输入如下命令：

[root@localhost root]# gcc -o 1-6 1-6.c -lm

此时，就可以正确编译了，如图 10-11 所示。

图 10-11　能正确编译图示

(3) 运行程序。编译成功后，就可以执行程序，结果如图 10-12 所示。

图 10-12　编译成功后执行程序结果

2. 警告和出错参数

GCC 常用的警告和出错参数如表 10-5 所示。

表 10-5　GCC 的警告和出错参数

参　数	含　　义
-ansi	支持符合 ANSI 的 C 程序
-pedantic	允许发出 ANSI C 标准所在列的全部警告信息
-w	关闭所有警告
-Wall	允许发出 GCC 提供的所有有用的警告信息
-werror	把所有的警告信息转化成错误信息，并在告警发生时终止编译

警告和出错参数可以在编译时检查语法的一些规范性，并在终端的警告(出错)信息中显示。它对软件设计师编程很有帮助，其中的“-Wall”参数是跟踪调试的有力武器，在复杂的程序设计中非常有用。

例如，设计一个程序，要求程序中包含一些非标准语法，以熟悉 GCC 常用的警告和出错参数的使用。

操作步骤如下：

(1) 设计编辑源程序代码，输入如下命令：

```
[root@localhost ~]# vim 1-7.c
```

程序代码如下:

```
/*程序 1-7  用于测试警告和出错参数*/
#include <stdio.h>
void main()
{
    long long tmp=1;
    printf("这是一段用于测试警告和出错参数的程序");
    return 0;
}
```

(2) 测试 1——关闭所有警告。GCC 编译时加 “-w”参数，输入如下命令：

```
[root@localhost ~]# gcc -o 1-7 1-7.c –w
```

运行结果如图 10-13 所示。

```
root@localhost:~
文件(F)  编辑(E)  查看(V)  终端(T)  标签(B)  帮助(H)
[root@localhost ~]# gcc -o 1-7 1-7.c -w
[root@localhost ~]# ./1-7
这是一段测试警告和出错参数的程序
[root@localhost ~]#
```

图 10-13　测试警告和出错参数的运行结果

(3) 测试 2 ——显示不符合 ANSI C 标准语法的警告信息。GCC 编译时加“-ansi”参数，输入如下命令：

```
[root@localhost ~]# gcc -o 1-7 1-7.c -ansi
```

运行结果如图 10-14 所示。

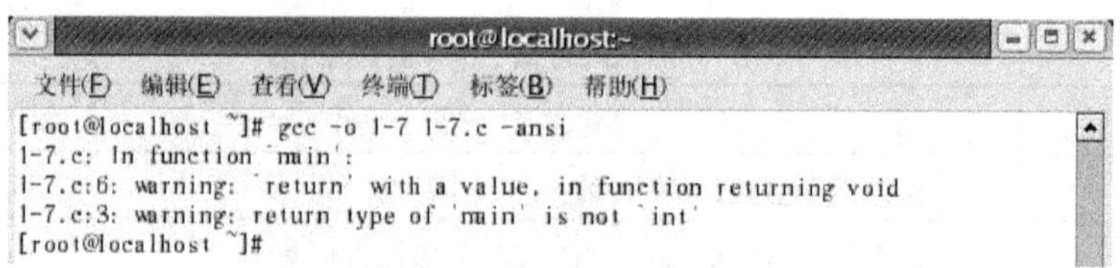

图 10-14　显示不符合 ANSI C 标准语法的警告信息

(4) 测试 3——显示 ANSI C 标准所列的全部警告信息。GCC 编译时加“-pedantic”参数，输入如下命令：

[root@localhost ~]# gcc -o 1-7 1-7.c -pedantic

运行结果如图 10-15 所示。

```
root@localhost:~
文件(F) 编辑(E) 查看(V) 终端(T) 标签(B) 帮助(H)
[root@localhost ~]# gcc -o 1-7 1-7.c -pedantic
1-7.c: In function `main':
1-7.c:4: warning: ISO C90 does not support `long long'
1-7.c:6: warning: `return' with a value, in function returning void
1-7.c:3: warning: return type of `main' is not `int'
[root@localhost ~]#
```

图 10-15　显示 ANSI C 标准所列的全部警告信息

(5) 测试 4——显示所有 GCC 提供的有用的警告。GCC 编译时加“-Wall”参数输入命令如下：

[root@localhost ~]# gcc -o 1-7 1-7.c -Wall

运行结果如图 10-16 所示。

```
[root@localhost char1]# gcc -o 1-7 1-7.c -Wall
1-7.c:3: warning: return type of 'main' is not `int'
1-7.c: In function `main':
1-7.c:6: warning: `return' with a value, in function returning void
1-7.c:4: warning: unused variable `tmp'
[root@localhost char1]#
```

图 10-16　显示所有 GCC 提供的有用的警告

GCC 的警告和出错参数信息在编程过程中非常有用。其中的“-Wall”参数是跟踪和调试的有用工具，养成使用这个参数的习惯，在以后进行复杂的程序设计时会节省许多时间。

3. 优化参数

优化参数是指编译器通过分析源代码，找出其中尚未达到最优化的部分，然后进行重新整合，目标是改善程序的执行性能。

GCC 提供的代码优化功能相当强大，它通过一个正整数与参数“-O”组合而成。正整数就代表需要优化的级别。数字越大，优化的程度就越高，也就意味着将来编译好的程序运行速度越快，但是编译却要耗费很长时间及大量的系统性能。因此推荐使用“2”级优化，因为它在优化长度、编译时间和代码大小之间取得了一个比较理想的平衡。

下面我们结合一个实例来具体看一下优化参数的使用。

例如：设计一个程序，要求循环足够多的次数(往往是数亿至数十亿次的循环)，每一次循环都要进行乘除的计算，然后使用优化参数对程序进行编译，比较优化前后程序执行的时间。

操作步骤如下:

(1) 设计编译源代码，输入下面所示命令：

```
[root@localhost ~]# vim 1-8.c
```

程序代码如下：

```
/*1-8 用于测试代码优化的复杂运算程序*/
#include <stdio.h>
int main()
{   double testnum;
    double result;
    double temp;
    for(testnum=0;testnum<5000.0*5000.0*5000.0/20.0 + 1024;testnum+=(6-2+1)/4 )
    {
        temp = testnum/1234;
        result=testnum;
    }
    printf("运算结果是：%lf\n", result);
}
```

(2) 不加优化参数进行编译，输入如下命令：

```
[root@localhost ~]# gcc -o 1-8 1-8.c
```

编译成功后，在程序运行前加“time”程序命令，用于计算程序的运行时间，运行结果如图 10-17 所示。

图 10-17　计算程序的运行时间

我们可以看到，上述程序没有优化参数编译，数亿次的循环需要 1 分 47 秒左右才运行出来，在执行程序并得到结果之前确实需等待一段时间。

(3) 加入优化参数“-O2”编译程序，输入如下命令：

```
[root@localhost ~]# gcc -o 1-8 1-8.c -O2
```

这时，我们发现，使用优化参数的效果使得编译过程持续了一段时间。编译成功后，运行程序，同样使用“time”参数计算程序执行时间，运行结果如图 10-18 所示。

通过对比发现，经过优化参数编译后，从程序执行到得到执行结果，确实缩短了程序执行时间，从原来的 1 分 47 秒缩减到现在的 31 秒，效率提高了将近 3 倍。程序的性能通过加入优化参数得到了很大的改善和提高。

尽管 GCC 优化代码的功能十分强大，但作为一名优秀的软件工程师，首先还是要力求写出高质量的代码，任何事物都有利有弊，不能完全地形成依赖，还要权衡用之。

图 10-18　缩短程序执行时间

10.3　GDB 调 试 器

开发软件对质量和开发期限都有要求，况且软件还有个优化和精益求精的问题。这就意味着编写软件不是一下就能实现理想的效果。在软件开发中，优秀的软件工程师一般都不保证所编的程序代码仅一次就可以通过执行；其实软件开发的大部分工作是按实际情况的变化或依照用户要求对程序代码反复调试以达到最优或效益最佳的过程。为了优化代码，解决快速定位程序中出现的问题等，在对程序代码进行调试时，Linux 在命令行模式下提供了一个调试器，称为 GDB。

10.3.1　GDB 概述

Linux 下的 GDB 调试器，是 GNU 组织开发并发布的在 Unix/Linux 下的一款程序调试工具，虽然没有图形化的界面，但是它的功能强大，是在调试程序的过程中帮助程序员查找问题和定位故障点的调试工具。

GDB 与其它商业化的调试工具区别在于 GDB 调试的是可执行程序，而不是程序源文件。因此，使用 GDB 前必须先编译源文件。在上一节中的 GCC 总体参数中，有一个参数“:”，只有编译源文件的时候加入这个参数，生成的可执行文件才包含调试信息，否则 GDB 无法加载该可执行程序，也就无法进行程序的调试。

10.3.2　使用 GDB 调试程序

常用 GDB 命令如表 10-6 所示。

表 10-6　常用 GDB 命令

命 令 格 式	作　　用
list<行号|函数名>	查看指定位置的程序代码
break 行号|函数名|表达式	设置断点
info braek	显示断点信息
run	运行程序
print 表达式|变量	查看运行时表达式和变量的值
next	步入，不进入函数调用
step	步入，进入函数调用
continue	继续执行，直到函数结束或遇到新的断点

下面通过一个实例简单地说明 GDB 调试器的用法。

例如：设计一个程序，要求至少有一个自定义函数。

(1) 设计源程序代码，输入命令：

```
[root@localhost Linux C]#vim 10-9.c
```

程序代码如下：

```
#include <stdio.h>
int min(int x,int y );
int main()
{   int a1,a2,min_int;
    printf("请输入第一个整数:");
    scanf("%d",&a1)
    printf("请输入第二个整数:");
    scanf("%d",&a2);
    min_int = min(a1,a2)
    printf("两个数之间的最小整数是:%d\n",min_int)
}
int min(int x, int y)
{   if(x<y)
        return x;
    else
        return y
}
```

(2) 用 GCC 编译程序。注意：在编译的时候一定要加上选项“-g”，这样，编译出来的代码才包含调试信息，否则在运行 GDB 后无法载入该执行文件。命令格式如下：

```
[root@localhost Linux C]#gcc -o 1-9 1-9.c -g
```

(3) 进入 GDB 调试环境。GDB 进行调试的是可执行文件，因此要调试的是 1-9,而不是 1-9.c。命令格式如下：

```
[root@localhost Linux C]#gdb 1-9
```

然后就进入了 GDB 调试模式，如图 10-19 所示。

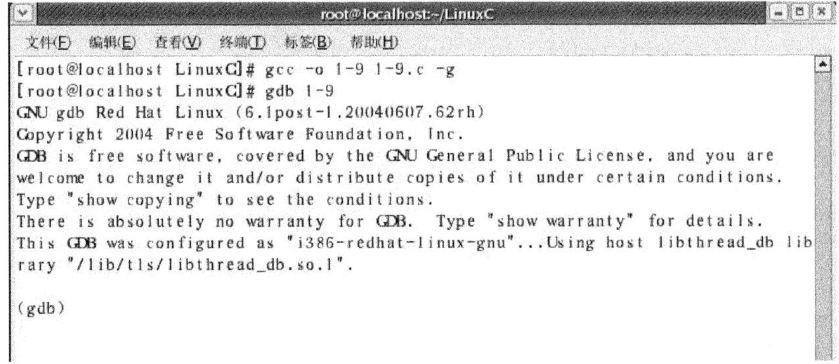

图 10-19 GDB 调试模式

由图 10-19 可以看到 GDB 的启动画面中有 GDB 的版本号、使用的库文件等信息，在 GDB 的调试环境中，提示符是“(gdb)”。

GDB 操作步骤如下：

(1) 查看源文件。命令“list”，输入“1”就可，如图 10-20 所示。

```
root@localhost:~/LinuxC
文件(F)  编辑(E)  查看(V)  终端(T)  标签(B)  帮助(H)
There is absolutely no warranty for GDB.  Type "show warranty" for details.
This GDB was configured as "i386-redhat-linux-gnu"...Using host libthread_db lib
rary "/lib/tls/libthread_db.so.1".

(gdb) l
1       #include <stdio.h>
2       int min(int x,int y );
3       int main(){
4       int a1,a2,min_int;
5       printf("请输入第一个整数:");
6       scanf("%d",&a1);
7       printf("请输入第二个整数:");
8       scanf("%d",&a2);
9       min_int = min(a1,a2);
10      printf("两个数之间的最小整数是:%d\n",min_int);
(gdb) l
11      }
12      int min(int x, int y){
13              if(x<y)
14               return x;
15              else
16               return y;
17      }
(gdb)
```

图 10-20　输入“l”查看源文件

可以看出，GDB 列出的源代码中明确给出了对应的行号，这样可以大大方便代码的定位。

提示：如果要查看指定位置的代码，只需要使用命令“list ‘行号’”就可以了。

(2) 设置断点。设置断点是调试程序的一个非常重要的手段，它使程序到一定位置后暂停运行，工程师可以在断点或单步前进的时候查看变量的值，设置断点的命令是“break ‘行号’”或者“b ‘行号’”，如图 10-21 所示。

```
15              else
16               return y;
17      }
(gdb) b 2
Breakpoint 1 at 0x804839c: file 1-9.c, line 2.
(gdb)
```

图 10-21　设置断点

断点设置好以后，我们就可以使用“run”程序来开始调试程序。

(3) 查看变量。查看变量才是程序调试的重要手段，程序运行到断点处会暂停，此时，输入“p ‘变量名’”可查看指定变量的值，如图 10-22 所示。

```
请输入第一个整数:34
7       printf("请输入第二个整数:");
(gdb) s
8       scanf("%d",&a2);
(gdb) s
请输入第二个整数:45
9       min_int = min(a1,a2);
(gdb) p a1
$1 = 34
(gdb)
```

图 10-22　查看指定变量的值

(4) 单步运行。单步运行可以使用 s(step)命令或 n(next)命令，它们两个的区别在于当程序步进到函数时，“s”会进入该函数，“n”则不会进入该函数，如图 10-23 和图 10-24 所示。

s 步进：

```
Breakpoint 1, main () at 1-9.c:3
3         int main(){
(gdb) s
5         printf("请输入第一个整数:");
(gdb) s
6         scanf("%d",&a1);
(gdb) s
请输入第一个整数:34
7         printf("请输入第二个整数:");
(gdb) s
8         scanf("%d",&a2);
(gdb) s
请输入第二个整数:45
9         min_int = min(a1,a2);
```

图 10-23　使用 step 步进运行

n 步进：

```
Breakpoint 1, main () at 1-9.c:3
3         int main(){
(gdb) n
5         printf("请输入第一个整数:");
(gdb) n
6         scanf("%d",&a1);
(gdb) n
请输入第一个整数:34
7         printf("请输入第二个整数:");
(gdb) n
8         scanf("%d",&a2);
(gdb) n
请输入第二个整数:56
9         min_int = min(a1,a2);
```

图 10-24　使用 next 步进运行

(5) 继续运行程序的命令“c” (continue)，跳出步进，可以一直运行到整个程序的最末端。

(6) 退出 GDB 程序，输入“q” (quit)。

以上就是一个演示 GDB 的例子(若程序没有错，当然不需要调试)，有兴趣的同学可以自己到信息实验室体会一下基于命令行的调试程序和平常所用的基于图形的调试程序有何不同。

10.4　Make 文件管理器

我们已经了解了如何在 Linux 下使用编辑器编写程序代码，如何使用 GCC 把代码编译成可执行文件，还学习了如何使用 GDB 来调试程序。所有的工作看似已经完成了，为什么还需要 Make 这个文件管理器呢?

所谓文件管理器，顾名思义，是指管理较多的文件。试想一下，有一个由上百个文件的代码构成的项目，如果其中只有一个或少数几个文件进行了修改，按照之前所学的 GCC

编译工具，就不得不把这所有的文件重新编译一遍，因为编译器并不知道哪些文件是最近更新的，而只知道需要包含这些文件才能把源代码编译成可执行文件，于是，程序员就不得不再重新输入数目庞大的文件名以完成最后的编译工作。

但是，编译过程是分为编译、汇编、链接不同阶段的。其中，编译阶段仅检查语法错误以及函数与变量的声明是否正确，在链接阶段则主要完成函数链接和全局变量的链接。因此，那些没有改动的源代码根本不需要重新编译，而只要把它们重新链接进去就可以了。所以，人们就希望有一个文件管理器能够自动识别更新了的文件代码，同时又不需要重复输入冗长的命令行，因此，Make 工程管理器就应运而生。

实际上，Make 文件管理器也就是一个"自动编译管理器"，这里的"自动"是指它能够根据文件时间戳自动发现更新过的文件而减少编译的工作量，同时通过读入 Makefile 文件的内容来执行大量的编译工作。用户只需编写简单的编译语句就可以了。它大大提高了实际项目的工作效率，而且几乎所有 Linux 下的项目编程均会涉及到它。

10.4.1 Makefile 基本结构

Makefile 是 Make 读入的唯一配置文件，因此本节的内容主要是讲 Makefile 的编写规则。在一个 Makefile 中通常包含如下内容：

(1) 需要由 Make 工具创建的目标体(Target)，通常是目标文件或可执行文件；

(2) 要创建的目标体所依赖的文件(Dependency_file)；

(3) 创建每个目标体时需要运行的命令(Command)。

它的命令格式如下：

```
target: dependency_files
        command
#The simplest example
hello.o: hello.c hello.h
        gcc hello.c -o hello.o
```

接着就可以使用 Make 了。使用 Make 的格式为 make target，这样 Make 就会自动读入 Makefile(也可以是首字母小写 makefile)并执行对应 target 的 command 语句，进而找到相应的依赖文件：

```
[root@localhost makefile]# make hello.o
gcc   hello.c -o hello.o
[root@localhost makefile]# ls
hello.c   hello.h   hello.o   Makefile
```

可以看到，Makefile 执行了"hello.o"对应的命令语句，并生成了"hello.o"目标体。

10.4.2 Makefile 变量

上面示例的 Makefile 在实际中是几乎不存在的，因为它过于简单，仅包含两个文件和一个命令，在这种情况下完全不必要编写 Makefile 而只需在 Shell 中直接输入即可。但在实际中使用的 Makefile 往往是包含很多文件和命令的，这也是 Makefile 产生的原因。下面就对稍微复杂一些的 Makefile 进行讲解。例如：

```
sunq:kang.o yul.o
gcc kang.o bar.o -o sunq
kang.o : kang.c kang.h head.h
gcc -Wall -O -g -c kang.c -o kang.o
yul.o : bar.c head.h
Gcc -Wall -O -g -c yul.c -o yul.o
```

在这个 Makefile 中有三个目标体(Target)，分别为 sunq、kang.o 和 yul.o，其中第一个目标体的依赖文件就是后两个目标体。如果用户使用命令“make sunq”，则 Make 管理器就找到 sunq 目标体开始执行。

这时，Make 会自动检查相关文件的时间戳。首先，在检查“kang.o”、“yul.o”和“sunq”三个文件的时间戳之前，它会向下查找那些把“kang.o”或“yul.o”作为目标文件的时间戳。比如，“kang.o”的依赖文件为“kang.c”、“kang.h”、“head.h”。如果这些文件中有任何一个的时间戳比“kang.o”新，则命令“gcc -Wall -O -g -c kang.c -o kang.o”将会执行，从而更新文件“kang.o”。在更新完“kang.o”或“yul.o”之后，Make 会检查最初的“kang.o”、“yul.o”和“sunq”三个文件，只要文件“kang.o”或“yul.o”中有任何一个文件的时间戳比“sunq”新，则第二行命令就会被执行。这样，Make 就完成了自动检查时间戳的工作，然后便开始执行编译工作。这也就是 Make 工作的基本流程。

接下来，为了进一步简化编辑和维护 Makefile，Make 允许在 Makefile 中创建和使用变量。变量是在 Makefile 中定义的名字，用来代替一个文本字符串，这个文本字符串称为该变量的值。在具体要求下，这些值可以代替目标体、依赖文件、命令以及 Makefile 文件中的其它部分。在 Makefile 中的变量定义有两种方式：一种是递归展开方式；另一种是简单扩展方式。

递归展开方式定义的变量是在引用该变量时进行替换的，即如果该变量包含了对其它变量的应用，则在引用该变量时一次性将内嵌的变量全部展开，虽然这种类型的变量能够很好地完成用户的指令，但是它也有严重的缺点，如不能在变量后追加内容(因为语句：CFLAGS = $(CFLAGS) -O 在变量扩展过程中可能导致无穷循环)。

为了避免上述问题，简单扩展方式变量的值在定义处展开，并且只展开一次，因此它不包含任何对其它变量的引用，从而消除了变量的嵌套引用。

递归展开方式的定义格式如下：

```
VAR=var
```

简单扩展方式的定义格式如下：

```
VAR:=var
```

Make 中的变量均使用的格式如下：

```
$(VAR)
```

值得注意的是：

(1) 变量名是不包括“ : ”、“ # ”、“ = ”、结尾空格的任何字符串。同时，变量名中包含字母、数字以及下划线以外的情况应尽量避免，因为它们可能在将来被赋予特别的含义。

(2) 变量名对大小写敏感，例如变量名“foo”、“FOO”和“Foo”代表不同的变量。

(3) 推荐在 Makefile 内部使用小写字母作为变量名，预留大写字母作为控制隐含规则参数或用户重载命令选项参数的变量名。

下面将给出上例中用变量替换修改后的 Makefile，这里用 OBJS 代替 kang.o 和 yul.o，用 CC 代替 gcc，用 CFLAGS 代替“-Wall -O -g”。这样在以后修改时，就可以只修改变量定义，而不需要修改下面的定义实体，从而大大简化了 Makefile 维护的工作量。

经变量替换后的 Makefile 如下：

```
OBJS = kang.o yul.o
CC = gcc
CFLAGS = -Wall -O -g
sunq : $(OBJS)
    $(CC) $(OBJS) -o sunq
kang.o : kang.c kang.h
    $(CC) $(CFLAGS) -c kang.c -o kang.o
yul.o : yul.c yul.h
    $(CC) $(CFLAGS) -c yul.c -o yul.o
```

可以看到，此处程序中的变量是以递归展开方式定义的。

Makefile 中的变量分为用户自定义变量、预定义变量、自动变量及环境变量。如上例中的 OBJS 就是用户自定义变量，自定义变量的值由用户自行设定，而预定义变量和自动变量为通常在 Makefile 中都会出现的变量，其中部分有默认值，也就是常见的设定值，当然用户也可以对其进行修改。

预定义变量包含了常见编译器、汇编器的名称及其编译选项。表 10-7 列出了 Makefile 中常见预定义变量及其中的部分默认值。

表 10-7　Makefile 中常见预定义变量

命 令 格 式	含　义
AR	库文件维护程序的名称，默认值为 ar
AS	汇编程序的名称，默认值为 as
CC	C 编译器的名称，默认值为 cc
CPP	C 预编译器的名称，默认值为$(CC) -E
CXX	C++ 编译器的名称，默认值为 g++
FC	FORTRAN 编译器的名称，默认值为 f77
RM	文件删除程序的名称，默认值为 rm -f
ARFLAGS	库文件维护程序的选项，无默认值
ASFLAGS	汇编程序的选项，无默认值
CFLAGS	C 编译器的选项，无默认值
CPPFLAGS	C 预编译器的选项，无默认值
CXXFLAGS	C++ 编译器的选项，无默认值
FFLAGS	FORTRAN 编译器的选项，无默认值

可以看出，上例中的 CC 和 CFLAGS 是预定义变量，其中由于 CC 没有采用默认值，因此，需要把“CC=gcc”明确列出来。

由于常见的 GCC 编译语句中包含了目标文件和依赖文件，而这些文件在 Makefile 文件中目标体的一行已经有所体现，因此，为了进一步简化 Makefile 的编写，就引入了自动变量。自动变量通常可以代表编译语句中出现的目标文件和依赖文件等，并且具有本地含义(即下一语句中出现的相同变量代表的是下一语句的目标文件和依赖文件)。表 10-8 列出了 Makefile 中常见的自动变量。

表 10-8　Makefile 中常见的自动变量

命令格式	含　义
$*	不包含扩展名的目标文件名称
$+	所有的依赖文件以空格分开，并以出现的先后为序，可能包含重复的依赖文件
$<	第一个依赖文件的名称
$?	所有时间戳比目标文件晚的依赖文件，并以空格分开
$@	目标文件的完整名称
$^	所有不重复的依赖文件，以空格分开
$%	如果目标是归档成员，则该变量表示目标的归档成员名称

自动变量的书写比较难记，但是在熟练了之后会非常的方便，请结合下例中自动变量改写的 Makefile 进行记忆。

例如：

```
OBJS = kang.o yul.o
CC = gcc
CFLAGS = -Wall -O -g
sunq : $(OBJS)
    $(CC) $^ -o $@
kang.o : kang.c kang.h
    $(CC) $(CFLAGS) -c $< -o $@
yul.o : yul.c yul.h
    $(CC) $(CFLAGS) -c $< -o $@
```

另外，在 Makefile 中还可以使用环境变量。使用环境变量的方法相对比较简单，Make 在启动时会自动读取系统当前已经定义了的环境变量，并且会创建与之具有相同名称和数值的变量。但是，如果用户在 Makefile 中定义了相同名称的变量，那么用户自定义变量将会覆盖同名的环境变量。

10.4.3　Makefile 规则

Makefile 的规则是 Make 进行处理的依据，它包括了目标体、依赖文件及其之间的命令语句。一般地，Makefile 中的一条语句就是一个规则。在上面的例子中，都指出了 Makefile 中的规则关系，如“$(CC) $(CFLAGS) -c $< -o $@”，但为了简化 Makefile 的编写，Make 还定义了隐式规则和模式规则，下面就分别对其进行讲解。

1. 隐式规则

隐式规则能够说明 Make 怎样使用传统的技术完成任务，这样，当用户使用它们时就不必详细指定编译的具体细节，而只需把目标文件列出即可。Make 会自动搜索隐式规则目录来确定如何生成目标文件，如上例就可以写成：

```
OBJS = kang.o yul.o
CC = gcc
CFLAGS = -Wall -O -g
sunq : $(OBJS)
        $(CC) $^ -o $@
```

为什么可以省略后两句呢？因为 Make 的隐式规则指出，所有“.o”文件都可自动由“.c”文件使用命令“$(CC) $(CPPFLAGS) $(CFLAGS) -c file.c -o file.o”生成。这样“kang.o”和“yul.o”就会分别调用“$(CC) $(CFLAGS) -c kang.c -o kang.o”和“$(CC) $(CFLAGS) -c yul.c -o yul.o”生成。

注意：在隐式规则只能查找到相同文件名的不同后缀名文件，如“kang.o”文件必须由"kang.c" 文件生成。表 10-9 给出了常见的隐式规则目录。

表 10-9　Makefile 中常见隐式规则目录

对应语言后缀名	规　则
C 编译：.c 变为 .o	$(CC) –c $(CPPFLAGS) $(CFLAGS)
C++编译：.cc 或 .c 变为 .o	$(CXX) -c $(CPPFLAGS) $(CXXFLAGS)
Pascal 编译：.p 变为 .o	$(PC) -c $(PFLAGS)
FORTRAN 编译：.r 变为 -o	$(FC) -c $(FFLAGS)

2. 模式规则

模式规则是用来定义相同处理规则的多个文件的。它不同于隐式规则，隐式规则仅仅能够用 Make 默认的变量来进行操作，而模式规则还能引入用户自定义变量，为多个文件建立相同的规则，从而简化 Makefile 的编写。

模式规则的格式类似于普通规则，这个规则中的相关文件前必须用“%”标明。使用模式规则修改后的 Makefile 的编写如下：

```
OBJS = kang.o yul.o
CC = gcc
CFLAGS = -Wall -O -g
sunq : $(OBJS)
        $(CC) $^ -o $@
%.o : %.c
        $(CC) $(CFLAGS) -c $< -o $@
```

3. Make 的使用

使用 Make 管理器非常简单，只需在 Make 命令的后面键入目标名即可建立指定的目标。如果直接运行 Make，则建立 Makefile 中的第一个目标。此外，Make 还有丰富的命令行选项，可以完成各种不同的功能。表 10-10 列出了常用的 Make 命令行选项。

表 10-10　Make 的命令行选项

命令格式	含　义
-C dir	读入指定目录下的 Makefile
-f file	读入当前目录下的 file 文件作为 Makefile
-i	忽略所有的命令执行错误
-I dir	指定被包含的 Makefile 所在目录
-n	只打印要执行的命令，但不执行这些命令
-p	显示 Make 变量数据库和隐式规则
-s	在执行命令时不显示命令
-w	如果 Make 在执行过程中改变目录，则打印当前目录名

10.5　Linux C 函数

10.5.1　Linux C 函数结构与函数编写

C 源程序由函数组成。最简单的 C 源程序中只有一个主函数 main()。实用程序往往由多个函数组成，但必须有一个主函数。函数是 C 源程序的基本模块，它通过对函数模块的调用实现特定的功能。C 语言中的函数相当于其它高级语言的子程序。C 语言不仅提供了极为丰富的库函数，还允许用户建立自定义函数。用户可把自己的算法编成一个个相对独立的函数模块，随后用调用的方法来使用函数，即 C 程序的全部工作都是由各式各样的函数完成的，故把 C 语言称为函数式语言。

采用函数模块式结构有很多好处，主要有：减少重复性程序段的工作量，易于实现结构化程序设计，使程序的层次结构清晰，便于程序编写、阅读、调试。

函数可分为库函数和用户自定义函数。库函数由 C 系统提供，用户无须定义，也不必在程序中作类型说明，只需在程序前包含有该函数原型的头文件即可在程序中直接调用。用户自定义函数是由用户按需要编写的满足所要求功能的函数。

函数还可分为有返回值函数和无返回值函数。有返回值函数指被调用执行完后将向调用函数返回一个执行结果，称为函数返回值。无返回值函数则用于完成某项特定的处理任务，执行完成后不向调用函数返回函数值。由于函数无须返回值，用户在定义此类函数时可指定它的返回值为“空类型”，空类型的说明符为“void”。

函数又可分为无参函数和有参函数。无参函数指函数定义、函数说明及函数调用中均不带参数，主调函数和被调函数之间不进行参数传送。而有参函数也称为带参函数，在函数定义及函数说明时都有参数，称为形式参数(简称“形参”)。在函数调用时也必须给出参数，称为实际参数(简称“实参”)。进行函数调用时，主调函数将把实参的值传送给形参，供被调函数使用。

在 C 语言中，所有的函数定义，包括主函数 main 在内，都是平行的，即在一个函数的函数体内，不能再定义另一个函数，也就是说不能嵌套定义。但函数之间允许相互调用，允许嵌套调用。习惯上把调用函数称为主调函数。

main 函数是主函数，它可以调用其它函数，而不允许被其它函数调用。C 程序的执行总是从 main 函数开始，完成对其它函数的调用后再返回到 main 函数，最后由 main 函数结束整个程序。一个 C 源程序必须有且只能有一个主函数 main。

1. 无参函数定义的一般形式

无参函数定义的一般形式如下：

```
类型标识符  函数名()
{
    声明部分
    语句部分
}
```

2. 有参函数定义的一般形式

有参函数定义的一般形式如下：

```
类型标识符  函数名(形式参数表列)
{
    声明部分
    语句部分
}
```

例如，编写一个让某装置比较两个整数的大小的函数。函数如下：

```
#include<stdio.h>
int max(int a,int b)
{
   if(a>=b) return a;
   else return b;
}
main()
{
    int max(int a,int b);
    int x,y,z;
    printf(" input two numbers:\n ");
    scanf(" %d%d ",&x,&y);
    z=max(x,y);
    printf(" maxnum=%d ", z);
}
```

3. 形式参数和实际参数

(1) 形参变量只有在被调用时才分配内存单元，在调用结束时，即刻释放所分配的内存单元。形参只有在函数内部有效，函数调用结束返回主调函数后则该形参变量便不起作用。

(2) 实参可以是常量、变量、表达式、函数等，无论实参是何种类型的量，在进行函数调用时，都必须具有确定值，以便把这些值传送给形参。

(3) 实参和形参在数量上、类型上、顺序上应严格一致，否则会发生“类型不匹配”的错误。

(4) 函数调用中发生的数据传送是单向的，即只能把实参的值传送给形参，而不能把形参的值反向地传送给实参。因此在函数调用过程中，形参的值发生改变，而实参中的值不会变化。

例如，通过函数调用，分析下面程序实现的功能。

```
#include<stdio.h>
main()
{
   int n;
   printf("input number\n");
   scanf("%d",&n);
   s(n);
   printf("n=%d\n",n);
}
int s(int n)
{
   int i;
   for(i=n-1; i>=1; i--)
      n=n+i;
   printf("n=%d\n",n);
}
```

通过分析可以发现，上述程序原本要解决的问题实际是要输入一个整数值，实现指定范围的整数从小到指定数字的累加功能，即

```
#include<stdio.h>
main()
{
     int s(int i);
     int n,c;
     printf("input number\n");
     scanf("%d",&n);
     c=s(n);
     printf("c=%d\n",c);
}
int s(int i)
{
     int j=0;
     for(i=i; i>=1; i--)
```

```
        j=j+i;
      return(j);
    }
```

运行该程序，输入一个整数值，便可实现指定范围的整数从小到指定数字的累加功能。

4. 函数的返回值

(1) 函数的值只能通过 return 语句返回主调函数。

return 语句的一般形式如下：

    return 表达式;

或

    return (表达式);

上述语句的功能是计算表达式的值，并返回给主调函数。在函数中允许有多个 return 语句，但每次调用只能有一个 return 语句被执行。

(2) 函数值的类型和函数定义中函数的类型应保持一致。如果两者不一致，则以函数类型为准，自动进行类型转换。

(3) 如函数值为整型，在函数定义时可以省去类型说明。

(4) 不返回函数值的函数，可以明确定义为“空类型”，类型说明符为“void”。

10.5.2 函数的调用

1. 函数调用的一般形式

函数调用的一般形式是：

    函数名(实际参数表)

实际参数表中的参数可以是常量、变量或其它构造类型数据及表达式，各实参之间用逗号分隔。对无参函数调用时则无实际参数表。

2. 函数调用的方式

(1) 函数表达式。例如：z=max(x,y);

(2) 函数语句。例如：printf ("%d",a); scanf ("%d",&b);

(3) 函数实参。例如：printf("%d",max(x,y));

例如，通过 printf 函数看函数中参数的运算顺序。语句如下：

```
main()
{
    int i=8;
    printf("%d\n%d\n%d\n%d\n",++i,--i,i++,i--);
}
```

如按照从右至左的顺序求值。运行结果如下：

```
8
7
7
8
```

如对 printf 语句中的 ++i、--i、i++、i-- 从左至右求值，运行结果如下：

```
9
8
8
9
```

3. 被调用函数的声明和函数原型

在主调函数中调用某函数之前应对该被调函数进行声明，这与使用变量之前要先进行变量说明类似。在主调函数中对被调函数作声明的目的是使编译系统知道被调函数返回值的类型，以便在主调函数中按此种类型对返回值作相应的处理。

其一般形式如下：

类型说明符 被调函数名(类型 形参，类型 形参，…)；

或

类型说明符 被调函数名(类型，类型，…)；

例如，main 函数中对 max 函数的说明是：

```
int max(int a,int b);
```

或

```
int max(int,int);
```

4. 函数的嵌套调用

C 语言中不允许作嵌套的函数定义，因此各函数之间是平行的，不存在上一级函数和下一级函数的问题。但是 C 语言允许在一个函数的定义中出现对另一个函数的调用，这样就出现了函数的嵌套调用，即在被调函数中又调用其它函数。这与其它语言子程序嵌套的情形是类似的。其关系如图 10-25 所示。

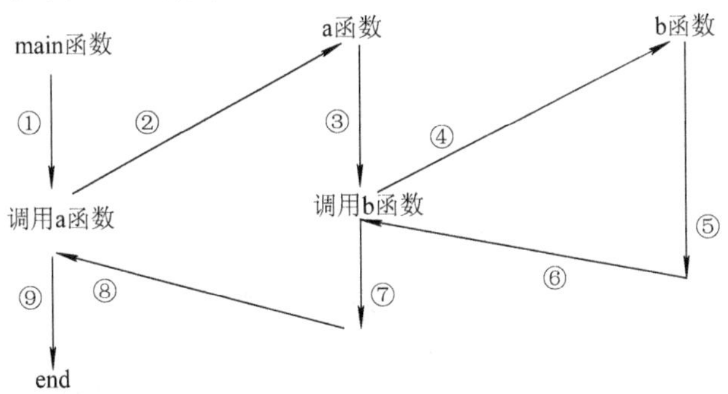

图 10-25　函数的多次嵌套调用

由图 10-25 可以看出，从最初的①主函数 main 开始执行，在主函数执行的过程中调用 a 函数，又转入 a 函数执行；在 a 函数执行的过程中，再调用 b 函数执行，若在 b 函数执行的过程中，再没有调用任何函数，则在执行完 b 函数后，返回原在 a 函数的调用处，即执行图中的⑥；接着再执行原 a 函数未执行完的部分，完成 a 函数的执行；a 函数执行完后，再返回到原 a 函数的调用处，完成主函数的执行，以至整个程序执行结束。

例如，计算 s = 22! + 32!。

本题可编写两个函数，一个是用来计算平方值的函数 f1，另一个是用来计算阶乘值的函数 f2。主函数先调用 f1 计算出平方值，再在 f1 中以平方值为实参，调用 f2 计算其阶乘值，然后返回 f1，再返回主函数，在循环程序中计算累加和。具体函数如下：

```
long f1(int p)
{
    int k;
    long r;
    long f2(int);
    k=p*p;
    r=f2(k);
    return r;
}
long f2(int q)
{
    long c=1;
    int i;
    for(i=1;i<=q;i++)
      c=c*i;
    return c;
}
main()
{
    int i;
    long s=0;
    for (i=2;i<=3;i++)
      s=s+f1(i);
    printf("\ns=%ld\n",s);
}
```

10.6 指　　针

存储器中的一个字节称为一个内存单元，计算机系统在工作时为内存储器中的存储单元编上号码，该号码称为内存储单元的编号。这样做的目的是为了让计算机系统在工作时可以根据内存储单元的编号准确地找到该内存储单元。内存储单元的编号又称为地址的编号。地址编号分为物理地址编号和逻辑地址编号。物理地址编号是计算机生产时给内存储器存储单元地址分配好的编号；逻辑地址编号的编排由操作系统工作时编排完成。

如图 10-26，通过地址编号 62 能够读取存储的数据 6956，同样通过地址编号 68 能够读取存储的数据 62，再将数据 62 作为物理地址编号，并读取物理地址编号 62 中的数据，读取到数据 6956。我们称地址编号 68 中存储的数据为指针，把保存在地址编号 68 中的数据变量称为指针变量。

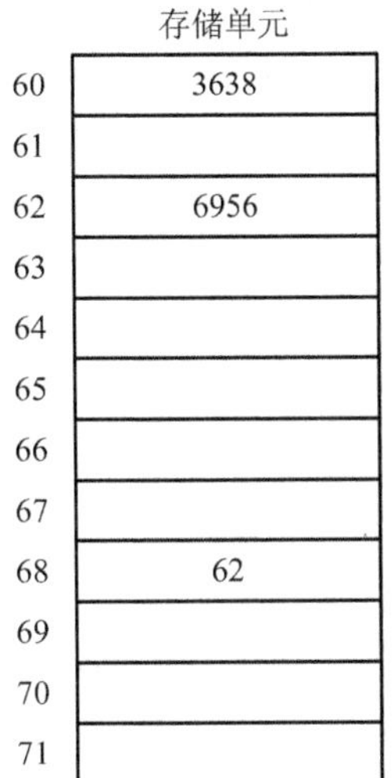

图 10-26　内存保存数据和指针的示意图

10.6.1　指针变量与指针相关的运算

1. 定义指针变量

指针变量用规定的格式定义，定义指针变量的表示格式如下：

类型说明*变量名

变量名前的星号表明定义的变量是指针变量，这种变量只能用来保存变量的地址。指针变量保存的数据始终是整数数据。指针变量的类型是指该变量保存的是哪种变量的地址。

例如，定义整型变量指针的格式如下：

```
int *x;
```

定义实型变量指针的格式如下：

```
float *y;
```

定义字符型变量指针的格式如下：

```
char *c;
```

定义双精度型变量指针的格式如下：

```
double *d;
```

2. 取地址运算

把变量的地址值取出来保存到指针变量中的过程，称为取地址运算，简称取址运算。

取地址运算格式如下：

指针变量=&变量名

取地址运算格式中符号&是取址运算符，它的含义是取变量的地址值赋给指针变量。指针变量的类型应该与变量的类型一致。例如：

```
int x=3, *p=&x;
char c='A', *cp; cp=&c;
：  int   x=3；float *p=&x;
```

最后一条语句为错误用法，是因为变量的类型与指针的类型不一致。

3. 地址指向运算

地址指向运算是用指针变量的值操纵变量的运算。指向运算的格式如下：

*指针变量

在指向运算的格式中，在指针变量前面加星号表示用指针变量的值作为地址编号读取已经存入其中的内容。

例如，下面程序段：

```
int x=3,y,*p;
p=&x;
y=*p;
```

表示了指针的定义，为指针变量 p 取地址，是地址指向运算。其中 y 得到 3 这一值。

4. 指针赋值运算

指针赋值运算是把指针的值赋给另外的一个指针，但不能把常数或普通变量的值赋给指针，因为这样的操作会给系统带来灾难性的后果。指针赋值运算的格式同变量赋值运算相同。

给指针赋值的方法有两种，取变量地址和把指针的值赋给另一指针变量。

用一个例子说明如何取变量的地址，赋给指针变量。

例如，输入命令：

```
int x,*p1,*p2;
p1=&x;          /* 取变量地址 */
p2=p1;          /* 把指针的值赋给另一个指针变量*/
```

5. 取地址运算

指针定义后必须给它赋予地址值才可以使用。如果定义了指针而没有给它赋值，指针就没有指向，也就没有具体明确的操作对象，使用这样的指针，后果是极严重的。取地址运算的格式前面已经讲过，在此把它再复习一下。

取地址运算格式：

指针变量=&对象

在赋值号的左边必须是指针变量，赋值号右边的&号是取地址符号，取地址符号右边的对象是泛指的，它可以是变量、指针，还可以是数组、数组元素和函数等。例如：

```
int x,y[10],z[2][2],*p1,*p2,*p3,*p4,**p5;
p1=&x; p2=y; p3=&y[0];
p4=z[0]; p5=&p1;
```

上面的程序段中，若在正常执行后，其中第 2 行 p1 保存有整型变量 x 的地址，p2 存有一维数组 y[10]的首地址，p3 保存了二维数组 z[2][2]的首地址；第 3 行 p4 保存了二维数组 z[2][2]的首行首元素的地址，也即 z[2][2]的首地址，p5 则保存了指针变量 p1 的地址。

6. 指针指向运算

指针已经获取对象的地址，使用指针指向运算可以完成操作对象的动作，比如读取数据、修改数据等。把对象的地址赋予一个指针变量，就称该指针变量指向了这个对象。

使用指针操作对象的格式如下：

*指针变量名

在前面已经论述过，使用指针指向运算可以完成操作对象的动作，在使用指针变量作指向运算时，不要忘记星号，否则指向的操作会变成对指针的操作。

若下列程序段能正常执行，请读者分析出执行后输出的结果。

```
int x=5,*p;
p=&x;
printf("%d",*p);
printf("%d",p);
```

7. 指针减法运算

指针的运算没有四则运算，指针与指针之间没有加法运算、乘法运算和除法运算，只有减法运算。指针之间的加法、乘法和除法运算是没有任何意义的。指针的减法运算得到的是两个指针之间的距离。

指针减法运算格式如下：

指针变量 - 指针变量

在作指针减法运算时，指针变量前面不能带有星号，否则会成为两个指针的指向相减。例如：

```
int x=10,y=5,*p1,*p2;
p1=&x; p2=&y;
printf("%d\n",p1-p2);
printf("%d\n",*p1-*p2);
```

8. 指针加数值运算

指针加数值运算表明指针向后移动若干距离。指针加数值运算格式如下：

指针变量+常量(或变量)

指针加数值运算时，指针变量前面不要加星号，否则指针加数值运算会变成指针指向加数值运算。例如，分别输入命令：

```
(1) int x=10,*p;
    p=&x;
    p=p+2;
(2) float y=10,*p;
    p=&y;
    p=p+2;
(3) nt x=10,*p;
    p=&x;
    printf("%d\n",*p+2);
```

9. 指针减数值运算

指针减数值运算表明指针向前移动若干距离。指针减数值运算格式如下：

指针变量 - 常量(或变量)

指针减数值运算时，指针变量前面不要加星号，否则指针减数值运算会变成指针指向减数值运算。例如，分别输入命令：

(1) int x=10,*p;
    p=&x;
    p=p-2;

(2) float y=10,*p;
    p=&y;
    p=p-2;

(3) int x=10,*p;
    p=&x;
    printf("%d\n",*p-2);

10.6.2　指针与数组

1. 指针与一维数组

数组名本身是数组在内存中的首地址，可以把数组名直接赋给指针变量，通过指针来操作数组元素的运算，当然也可以把数组名直接当作指针来用。需要注意的是，数组名是常量，对数组名不能进行赋值运算。例如：

```
int x[5]={1,2,3,4,5},*p;
p=x;或者 p=&x[0];
printf("%d\n",*p);
p++;
printf("%d\n",*p);
printf("%d\n",*(x+0));
printf("%d\n",*(x+1));
```

2. 指针与二维数组

二维数组名也是数组在内存中的首地址，不可以把二维数组名直接赋给指针变量，这是因为二维数组有两个变数因子。可以使用二维数组的行数组名赋给指针，然后通过指针来操作数组元素的运算；也可以把二维数组名直接当作指针来用，这当然要对需要操作的数组元素进行定位运算。需要注意的是，数组名是常量，对数组名不能进行赋值运算。例如：

```
int  x[3][2]={1,2,3,4,5,6},*p;
p=x[0];或者 p=&x[0][0];
printf("%d\n",*p);
p++;
printf("%d\n",*p);
printf("%d\n",*(*(x+0)+0));
printf("%d\n",*(*(x+1)+3));
```

3. 指针与指针数组

指针数组是一个数组，该数组的每个元素都是指针变量，这些数组元素具有相同的类型，这些指针的集合也具有相同的数据类型。定义指针数组的格式如下：

```
int *数组名[元素个数];
```

例如：

```
int *po[5],x[5][10];
po[0]=x[0];
po[1]=x[1];
po[2]=x[2];
po[3]=x[3];
po[4]=x[4];
```

指针数组 po 是有五个元素的指针数组，该数组的每个元素存有 x 数组每行的地址。

10.6.3　指向函数的指针和返回指针值的函数

1. 指向函数的指针

变量在内存中有它自己的存储空间的地址，通过使用取地址符&可以取到变量的地址，数组名是地址常量，它代表数组在内存中的首地址，把数组名赋给指针，该指针就指向数组。同样，函数在内存也有自己的地址，当把函数的地址赋给指针，该指针就指向该函数。

定义函数指针的格式如下：

```
类型说明 (*指向函数的指针变量)(参数说明);
```

指向函数的指针带有参数说明项。它与函数的参数有关，如函数参数类型、个数。例如：

```
int fun(int x , int y){ ….  }
⋮
int (*p)(int , int );
p=fun;
printf("%d\n",(*p)(a,b));
```

2. 返回指针值的函数

函数一般可以返回整型数值、实型数值、字符型数值，同样它也可以返回指针型数值，也就是函数的返回值是一个地址量，有时也称该函数为指针型函数。

定义返回指针值的函数格式如下：

```
类型名 * 函数名(参数表)
```

说明：在函数名前面加有星号表明该函数的返回值是一个指针，该指针的类型由类型名说明。例如：

```
int *fun(int x[],int n)
{         return &x[n];   }
void main()
{
```

```
    int a[5]={2,3,4,5,6};
    clrscr();
    printf("%d\t%d\n",fun(a,2),*fun(a,2));
    getchar();
}
```

10.7　Linux C 的应用

10.7.1　定时器

如何在 Lniux C 下实现定时器？在 Linux 系统中实现一个定时器，不像 Windows 桌面 32 位机下那样直观。在 Win32 下调用 SetTimer 就行了，在 Linux 下则没有相应函数可以直接调用。定时器作为一个常用的功能，在 Linux 下当然有相应的实现。下面介绍几种常用的方法。

要实现定时器功能，最简单的办法是用 sleep/usleep 来实现。但是它会阻塞当前线程，除处理定时功能外，无法处理其它线程。要解决这个问题，则要创建一个单独的线程来负责定时器，让其它线程负责正常的任务就行。

实现定时器功能的另一个办法是利用 ALARM 信号。这种方法虽简单，但也有相应的缺陷，即信号实现效率较低，最小精度为 1 s，无法实现高精度的时间定义器。

例如，实现最小以秒为单位的定时器，程序如下：

```
#include <stdio.h>
#include <signal.h>
static void timer(int sig)
{
    if(sig == SIGALRM)
    {
        printf("timer\n");
    }
    return;
}

int main(int argc, char* argv[])
{   signal(SIGALRM, timer);
    alarm(1);
    getchar();
    return 0;
}
```

从上例可看出，alarm 和 SetTimer 有类似的功能，也是通过信号来实现的。

较好的方法是使用 RTC 机制。利用 select 函数，可以用单线程实现定时器，同时还可以处理其它任务。下面给出定时器的一个示例程序：

```
#include <stdio.h>
#include <linux/rtc.h>
#include <sys/ioctl.h>
#include <sys/time.h>
#include <sys/types.h>
#include <fcntl.h>
#include <unistd.h>
#include <errno.h>

int main(int argc, char* argv[])
{   unsigned long i = 0;
    unsigned long data = 0;
    int retval = 0;
    int fd = open ("/dev/rtc", O_RDONLY);

    if(fd < 0)
    {  perror("open");
          exit(errno);
    }

    /*Set the freq as 4Hz*/
    if(ioctl(fd, RTC_IRQP_SET, 4) < 0)
    {   perror("ioctl(RTC_IRQP_SET)");
         close(fd);
         exit(errno);
    }

    /* Enable periodic interrupts */
    if(ioctl(fd, RTC_PIE_ON, 0) < 0)
    {   perror("ioctl(RTC_PIE_ON)");
        close(fd);
        exit(errno);
    }

    for(i = 0; i<100; i++)
    {
        if(read(fd, &data, sizeof(unsigned long)) < 0)
        {    perror("read");
             close(fd);
```

```
            exit(errno);
        }
        printf("timer\n");
    }

    /* Disable periodic interrupts */
    ioctl(fd, RTC_PIE_OFF, 0);
    close(fd);
    return 0;
}
```

10.7.2　用指针处理链表

在一些大的程序中，往往要处理链表，在此对链表作以简单介绍。首先介绍链表的概念。

在程序中通常采用动态分配的办法为一个结构分配内存空间。每一次分配一块空间可用来存放一个应用程序要处理的客户的数据，我们可称之为一个结点。有多少个客户就应该申请分配多少块内存空间，也就是说要建立多少个结点。当然，用结构数组也可以完成上述工作，但如果预先不能准确把握客户人数，也就无法确定数组大小，而且当客户放弃或处理完成之后也不能把所占用的空间从数组中释放出来。用动态存储的方法可以很好地解决这些问题。有一个客户就分配一个结点，无须预先确定客户的准确人数。若某客户退出，可删去该结点，并释放该结点占用的存储空间，从而节约了宝贵的内存资源。另一方面，用数组的方法必须占用一块连续的内存区域。而使用动态分配方法时，每个结点之间可以是不连续的(结点内是连续的)，结点之间的联系可以用指针实现，即在结点结构中定义一个成员项用来存放下一结点的首地址，这个用于存放首地址的成员，常把它称为指针域。

可在第一个结点的指针域内存入第二个结点的首地址，在第二个结点的指针域内又存放第三个结点的首地址，如此下去直到最后一个结点。最后一个结点因无后续结点连接，其指针域可赋为 NULL。这样一种连接方式，在数据结构中称为“链表”。

图 10-27 为一简单链表的示意图。

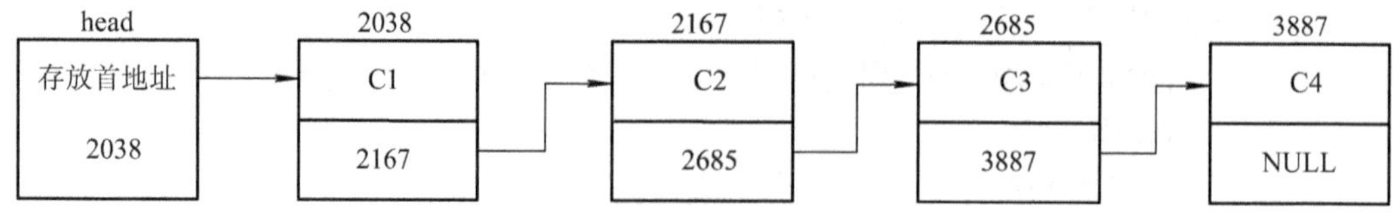

图 10-27　简单链表结构

图 10-27 中，第 0 个结点称为头结点，它存放有第一个结点的首地址，没有数据，只是一个指针变量。以下的每个结点都分为两个域，一个是数据域，存放各种实际的数据，如客户的 ID 号、电话号码(Num)、姓名(Name)、性别(Sex)和通话时间(time_i)等；另一个域是指针域，存放下一结点的首地址。链表中的每一个结点都是同一种结构类型。例如：

一个存放客户电话号码和计费时长的结点应为以下结构：

```
struct cli
{    int num;
     int time_i;
     struct cli *next;
}
```

前两个成员项组成数据域，后一个成员项 next 构成指针域，它是一个指向 stu 类型结构的指针变量。

1. 链表的基本操作

对链表的主要操作有建立链表、结构的查找与输出、插入一个结点、删除一个结点等几种。下面通过实例来说明这些操作。

例如，建立一个三个结点的链表，存放学生数据。为简单起见，我们假定学生数据结构中只有学号和年龄两项，可编写一个建立链表的函数 creat，程序如下：

```
#define NULL 0
#define TYPE struct stu
#define LEN sizeof (struct stu)
struct stu
{
    int num;
    int age;
    struct stu *next;
};
TYPE *creat(int n)
{
    struct stu *head,*pf,*pb;
    int i;
    for(i=0;i<n;i++)
    {
      pb=(TYPE*) malloc(LEN);
      printf("input Number and Age\n");
      scanf("%d%d",&pb->num,&pb->age);
      if(i==0)
      pf=head=pb;
      else pf->next=pb;
      pb->next=NULL;
      pf=pb;
    }
    return(head);
}
```

在函数外首先用宏定义对三个符号常量作了定义。这里用 TYPE 表示 struct stu，用 LEN 表示 sizeof(struct stu)，主要的目的是为了在以下程序内减少书写并使阅读更加方便。结构 stu 定义为外部类型，程序中的各个函数均可使用该定义。

creat 函数用于建立一个有 n 个结点的链表，它是一个指针函数，它返回的指针指向 stu 结构。在 creat 函数内定义了三个 stu 结构的指针变量。head 为头指针，pf 为指向两相邻结点中前一结点的指针变量，pb 为后一结点的指针变量。

10.8 位 运 算

前面介绍的各种运算都是以字节作为最基本位进行的。但在很多系统程序中常要求在位(bit)一级进行运算或处理，如单片机、单板机、IC 卡等的控制程序。Linux C 提供了位运算的功能，这使得 Linux C 能像汇编语言一样用来编写系统程序。

1. 位运算符

Linux C 提供了六种位运算符。

(1) &：按位与；

(2) |：按位或；

(3) ^：按位异或；

(4) ~：取反；

(5) <<：左移；

(6) >>：右移。

2. 按位与运算

按位与运算符“&”是双目运算符，其功能是参与运算的两数各对应的二进位相与。只有对应的两个二进位均为 1 时，结果位才为 1，否则为 0。参与运算的数以补码方式出现。

例如，写出 9&5 的算式，可写算式如下：

```
00001001        (9 的二进制补码)
&00000101       (5 的二进制补码)
00000001        (1 的二进制补码)
00001001&00000101
```

可见，9&5=1。

按位与运算通常用来对某些位清 0 或保留某些位。例如，把 a 的高八位清 0 ，保留低八位，可作 a&255 运算(255 的二进制数为 0000000011111111)。

例如，实现 9 和 5 的按位与运算，结果显示出的程序如下：

```
#include <stdio.h>
void main(){
    int a=9,b=5,c;
    c=a&b;
    printf("a=%d\nb=%d\nc=%d\n",a,b,c);
}
```

3. 按位或运算

按位或运算符“|”是双目运算符，其功能是参与运算的两数各对应的二进位相或。只要对应的两个二进位有一个为 1 时，结果位就为 1。参与运算的两个数均以补码出现。

例如，实现 9 或 5 的按位或运算，可实现的算式为 9|5。实现按位或的算式如下：

```
00001001 | 00000101
00001101            (十进制为 13)
```

可见，9|5=13。实现的程序如下：

```
#include <stdio.h>
void main(){
      int a=9,b=5,c;
      c=a|b;
      printf("a=%d\nb=%d\nc=%d\n",a,b,c);
}
```

4. 按位异或运算

按位异或运算符“^”是双目运算符，其功能是参与运算的两数各对应的二进位相异或。当两对应的二进位相异时，结果为 1。参与运算数仍以补码出现。

例如，按位异或实现 9^5，可写算式如下：

```
00001001^00000101
00001100 (十进制为 12)
```

实现的程序如下：

```
#include <stdio.h>
void main(){
      int a=9;
      a=a^5;
      printf("a=%d\n",a);
}
```

5. 求反运算

求反运算符“~”为单目运算符，具有右结合性，其功能是对参与运算的数的各二进位按位求反。

例如，实现 9 的求反运算。算式如下：

```
~(0000000000001001)
```

结果为 1111111111110110。

6. 左移运算

左移运算符“<<”是双目运算符，其功能是把“<<”左边的运算数的各二进位全部左移若干位，由“<<”右边的数指定移动的位数，高位丢弃，低位补 0。

例如，输入命令：

```
a<<4
```

即把 a 的各二进位向左移动 4 位。如 a=00000011(十进制的数 3)，左移 4 位后为 00110000(十进制的数 48)。

7. 右移运算

右移运算符“>>”是双目运算符，其功能是把“>>”左边的运算数的各二进位全部右移若干位，“>>”右边的数指定移动的位数。

例如，设 a=15，实现右移运算，输入：

```
a>>2
```

表示把 000001111 右移为 00000011(十进制 3)。

应该注意的是，对于有符号数，在右移时，符号位将随同移动。当为正数时，最高位补 0，而为负数时，符号位为 1，最高位是补 0 或是补 1 取决于编译系统的规定。Turbo C 和很多系统规定为补 1。

例如，实现输入 1 个整数的右移 5 位运算，并实现与 15 的与运算。程序如下：

```
# include <stdio.h>
void main ( )
{
    unsigned a,b;
    printf("input a number:     ");
    scanf("%d",&a);
    b=a>>5;
    b=b&15;
    printf("a=%d\t b=%d\n",a,b);
}
```

又如：

```
# include <stdio.h>
void main(){
    chara='a',b='b';
    int p,c,d;
    p=a;
    p=(p<<8)|b;
    d=p&0xff;
    c=(p&0xff00)>>8;
    printf("a=%d\nb=%d\nc=%d\nd=%d\n",a,b,c,d);
}
```

8. 位域(位段)

有些信息在存储时，并不需要占用一个完整的字节，而只需占一个或几个二进制位。例如，在存放一个开关量时，只有 0 和 1 两种状态，用一位二进制位即可。为了节省存储空间，并使处理简便，C 语言又提供了一种数据结构，称为“位域”或“位段”。

所谓“位域”是把一个字节中的二进制位划分为几个不同的区域，并说明每个区域的位数。每个域有一个域名，允许在程序中按域名进行操作。这样就可以把几个不同的对象用一个字节的二进制位域来表示。

1) 位域的定义和位域变量的说明

位域定义与结构定义相仿，其形式如下：

```
struct 位域结构名
    { 位域列表 };
```

其中位域列表的形式如下：

```
类型说明符 位域名：位域长度
```

例如，输入命令：

```
struct bs
{
    int a:8;
    int b:2;
    int c:6;
};
```

位域变量的说明与结构变量说明的方式相同，可采用先定义后说明、同时定义说明或者直接说明三种方式中的一种。

下面程序为位域变量的说明程序段：

```
struct bs
{
    int a:8;
    int b:2;
    int c:6;
}data;
```

上面的程序说明 data 为 bs 变量，共占两个字节。其中位域 a 占 8 位，位域 b 占 2 位，位域 c 占 6 位。

对于位域的定义必须注意，一个位域必须存储在同一个字节中，不能跨两个字节。如一个字节所剩空间不够存放另一位域，应从下一单元起存放该位域，也可以有意使某位域从下一单元开始。

位域必须存储在同一个字节的程序段举例。例如，输入命令：

```
struct bs
{
    unsigned a:4
    unsigned :0          /*空域*/
    unsigned b:4         /*从下一单元开始存放*/
    unsigned c:4
}
```

在这个位域定义中，a 占第一字节的 4 位，后 4 位填 0 表示不使用，b 从第二字节开始占用 4 位，c 占用 4 位。

由于位域不允许跨两个字节，因此位域的长度不能大于一个字节的长度，也就是说不能超过 8 位二进制位。

位域可以无位域名，这时它只用来作填充或调整位置。无名的位域是不能使用的。

无名的位域是不能使用的程序段举例。例如，输入命令：

```
struct k
{
   int a:1
   int   :2        /*该 2 位不能使用*/
   int b:3
   int c:2
};
```

从以上分析可以看出，位域在本质上就是一种结构类型，不过其成员是按二进制位分配的。

2) 位域的使用

位域的使用和结构成员的使用相同，其一般形式如下：

位域变量名. 位域名

位域允许用各种格式输出。

位域变量名. 位域名格式的使用举例。例如，输入命令：

```
main(){
      struct bs
      {
         unsigned a:1;
         unsigned b:3;
         unsigned c:4;
      }
      bit,*pbit;
      bit.a=1;        /*位域变量名. 位域名的使用*/
      bit.b=7;        /*位域变量名. 位域名的使用*/
      bit.c=15;       /*位域变量名. 位域名的使用*/
      printf("%d,%d,%d\n",bit.a,bit.b,bit.c);
      pbit=&bit;
      pbit->a=0;
      pbit->b&=3;
      pbit->c|=1;
      printf("%d,%d,%d\n",pbit->a,pbit->b,pbit->c);
}
```

上面的程序中定义了位域结构 bs，三个位域为 a、b、c；说明了 bs 类型的变量 bit 和指向 bs 类型的指针变量 pbit。这表示位域也是可以使用指针的。程序的 9、10、11 三行分别给三个位域赋值(应注意赋值不能超过该位域的允许范围)。程序第 12 行以整型量格式输出三个域的内容。第 13 行把位域变量 bit 的地址送给指针变量 pbit。第 14 行用指针方式给位域 a 重新赋值，赋为 0。第 15 行使用了复合的位运算符“&=”，该行相当于：

pbit->b=pbit->b&3

位域 b 中原有值为 7，与 3 作按位与运算的结果为 3(111&011=011，十进制值为 3)。同样，程序第 16 行中使用了复合位运算符“|=”，相当于：

pbit->c=pbit->c|1

其结果为 15。程序第 17 行用指针方式输出了这三个域的值。

9. 位运算小结

位运算是 C 语言的一种特殊运算功能，它是以二进制位为单位进行运算的。位运算符只有逻辑运算和移位运算两类。位运算符可以与赋值符一起组成复合赋值符，如 &=、|=、^=、>>=、<<= 等。

利用位运算可以完成汇编语言的某些功能，如置位、清零、移位等，还可进行数据的压缩存储和并行运算。位域在本质上也是结构类型，不过它的成员按二进制位分配内存，其定义、说明及使用的方式都与结构相同。

位域提供了一种手段，使得可在高级语言中实现数据的压缩，节省了存储空间，同时也提高了程序的效率。

10.9 文件系统

10.9.1 文件系统概述

所谓“文件”是指一组相关数据的有序集合。这个数据集有一个名称，叫做文件名。实际上在前面的各章中我们已经多次使用了文件，例如源程序文件、目标文件、可执行文件、库文件(头文件)等。

文件通常是存储在外部介质(如磁盘等)上的，在使用时才调入内存中来。从不同的角度可对文件作不同的分类。从用户的角度看，文件可分为普通文件和设备文件两种。

普通文件是指存储在磁盘或其它外部介质上的一个有序数据集，可以是源文件、目标文件、可执行文件，也可以是一组待输入处理的原始数据，或者是一组输出的结果。对于源文件、目标文件、可执行文件可以称做程序文件，对输入、输出数据可称做数据文件。

设备文件是指与主机相联的各种外部设备，如显示器、打印机、键盘等。在操作系统中，把外部设备也看做是一个文件来进行管理，把它们的输入、输出等同于对磁盘文件的读和写。

通常把显示器定义为标准输出文件，一般情况下在屏幕上显示有关信息就是向标准输出文件输出，如前面经常使用的 printf、putchar 函数就是这类输出。

键盘通常被指定为标准的输入文件，从键盘上输入就意味着从标准输入文件上输入数据，scanf、getchar 函数就属于这类输入。

从文件编码的方式来看，文件可分为 ASCII 码文件和二进制码文件两种。ASCII 码文件也称为文本文件，这种文件在磁盘中存放时每个字符对应一个字节，用于存放对应的ASCII 码。

例如，数 5678 的存储形式如下：

ASCII 码	00110101	00110110	00110111	00111000
	↓	↓	↓	↓
十进制码	5	6	7	8

共占用 4 个字节。

ASCII 码文件可在屏幕上按字符显示，例如源程序文件就是 ASCII 文件，用 DOS 命令TYPE 可显示文件的内容。由于是按字符显示，因此能读懂文件内容。

二进制文件是按二进制的编码方式来存放文件的。

例如，数 5678 的存储形式如下：

00010110　00101110

只占 2 个字节。二进制文件虽然也可在屏幕上显示，但其内容无法读懂。C 系统在处理这些文件时，并不区分类型，都看成是字符流，按字节进行处理。

输入、输出字符流的开始和结束只由程序控制而不受物理符号(如回车符)的控制，因此也把这种文件称做“流式文件”。

下面讨论流式文件的打开、关闭、读、写、定位等各种操作。

10.9.2　文件指针

在 C 语言中用一个指针变量指向一个文件，这个指针称为文件指针。通过文件指针就可对它所指的文件进行各种操作。定义说明文件指针的一般形式如下：

FILE *指针变量标识符;

其中 FILE 应为大写，它实际上是由系统定义的一个结构，该结构中含有文件名、文件状态和文件当前位置等信息。在编写源程序时不必关心 FILE 结构的细节。

例如：FILE *fp 表示 fp 是指向 FILE 结构的指针变量，通过 fp 即可找到存放某个文件信息的结构变量，然后按结构变量提供的信息找到该文件，实施对文件的操作。习惯上也笼统地把 fp 称为指向一个文件的指针。

10.9.3　文件的开、关、读写和定位

文件在进行读写操作之前要先打开，使用完毕要关闭。所谓打开文件，实际上是建立文件的各种有关信息，并使文件指针指向该文件，以便进行其它操作。关闭文件则是断开指针与文件之间的联系，也就禁止再对该文件进行操作。

在 Linux C 中，文件操作都是由库函数来完成的。本节将介绍主要的文件操作函数。

1. 文件的打开(fopen 函数)

fopen 函数用来打开一个文件，其调用的一般形式如下：

文件指针名=fopen(文件名,使用文件方式);

其中，“文件指针名”必须被说明为 FILE 类型的指针变量；“文件名”是被打开文件的文件名；“使用文件方式”是指文件的类型和操作要求。

“文件名”是字符串常量或字符串数组。

例如，输入命令：

```
FILE *fp;
fp=("file a","r");
```

其意义是在当前目录下打开文件 file a，只允许进行“读”操作，并使 fp 指向该文件。

又如：

```
FILE *fphzk
fphzk=("/etc/ hzk16"，"rb")
```

使用文件的方式共有 12 种，表 10-11 给出了它们的符号和意义。

表 10-11　使用文件方式的符号和意义

符号	意　义
"rt"	只读打开一个文本文件，只允许读数据
"wt"	只写打开或建立一个文本文件，只允许写数据
"at"	追加打开一个文本文件，并在文件末尾写数据
"rb"	只读打开一个二进制文件，只允许读数据
"wb"	只写打开或建立一个二进制文件，只允许写数据
"ab"	追加打开一个二进制文件，并在文件末尾写数据
"rt+"	读写打开一个文本文件，允许读和写
"wt+"	读写打开或建立一个文本文件，允许读和写
"at+"	读写打开一个文本文件，允许读，或在文件末追加数据
"rb+"	读写打开一个二进制文件，允许读和写
"wb+"	读写打开或建立一个二进制文件，允许读和写
"ab+"	读写打开一个二进制文件，允许读，或在文件末追加数据

对于文件使用方式有以下几点说明：

(1) 文件使用方式由 r、w、a、t、b、+ 六个字符组成，各字符的含义如下：

① r(read)：读；

② w(write)：写；

③ a(append)：追加；

④ t(text)：文本文件，可省略不写；

⑤ b(banary)：二进制文件；

⑥ +：读和写。

(2) 用“r”打开一个文件时，该文件必须已经存在，且只能从该文件读出。

(3) 用“w”打开的文件只能向该文件写入。若打开的文件不存在，则以指定的文件名建立该文件；若打开的文件已经存在，则将该文件删去，重建一个新文件。

(4) 若要向一个已存在的文件追加新的信息，只能用“a”方式打开文件，但此时该文件必须是存在的，否则将会出错。

(5) 在打开一个文件时，如果出错，fopen 将返回一个空指针值 NULL。在程序中可以用这一信息来判别是否完成打开文件的工作，并作相应的处理。因此常用以下程序段打开文件：

```
if((fp=fopen("/etc/hzk16","rb")==NULL)
{
    printf("\nerror on open /etc/hzk16 file!");
    getch();
    exit(1);
}
```

这段程序的意义是，如果返回的指针为空，表示不能打开 etc 盘根目录下的 hzk16 文件，则给出提示信息"error on open /etc/hzk16 file!"；下一行 getch()的功能是从键盘输入一个字符，但不在屏幕上显示。在这里，该行的作用是等待，只有当用户从键盘敲任一键时，程序才继续执行，因此用户可利用这个等待时间阅读出错提示，敲键后执行 exit(1)退出程序。

(6) 把一个文本文件读入内存时，要将 ASCII 码转换成二进制码，而把文件以文本方式写入磁盘时，也要把二进制码转换成 ASCII 码，因此文本文件的读写要花费较多的转换时间。但对二进制文件的读写就不存在这种转换。

(7) 标准输入文件(键盘)、标准输出文件(显示器)、标准出错输出(出错信息)是由系统打开的，可直接使用。

2. 文件关闭函数(fclose 函数)

文件一旦使用完毕，应用关闭文件函数把文件关闭，以避免文件的数据丢失等错误。

fclose 函数调用的一般形式是：

```
fclose(文件指针);
```

例如，输入命令：

```
fclose(fp);
```

正常完成关闭文件操作时，fclose 函数返回值为 0。如返回非零值则表示有错误发生。

3. 文件的读写

对文件的读和写是最常用的文件操作。在 C 语言中提供了多种文件读写的函数。

(1) 字符读写函数：fgetc 和 fputc；

(2) 字符串读写函数：fgets 和 fputs；

(3) 数据块读写函数：freed 和 fwrite；

(4) 格式化读写函数：fscanf 和 fprinf。

使用以上函数都要求包含头文件 stdio.h。

4. 字符读写函数 fgetc 和 fputc

字符读写函数是以字符(字节)为单位的读写函数，每次可从文件读出或向文件写入一个字符。

1) 读字符函数 fgetc

fgetc 函数的功能是从指定的文件中读一个字符，函数调用的形式如下：

```
字符变量=fgetc(文件指针);
```

例如，输入命令：

```
ch=fgetc(fp);
```

其意义是从打开的文件 fp 中读取一个字符并送入 ch 中。

对于 fgetc 函数的使用有几点注意：在 fgetc 函数调用中，读取的文件必须是以读或读写方式打开的；读取字符的结果也可以不向字符变量赋值，例如：

```
fgetc(fp);
```

但是这样读出的字符不能保存。

在文件内部有一个位置指针，用来指向文件的当前读写字节。在文件打开时，该指针总是指向文件的第一个字节。使用 fgetc 函数后，该位置指针将向后移动一个字节。因此可连续多次使用 fgetc 函数，读取多个字符。应注意文件指针和文件内部的位置指针不是一回事。文件指针是指向整个文件的，须在程序中定义说明，只要不重新赋值，文件指针的值是不变的。文件内部的位置指针用以指示文件内部的当前读写位置，每读写一次，该指针均向后移动，它不需在程序中定义说明，而是由系统自动设置的。

例如，读入文件 c1.doc，在屏幕上输出。程序如下：

```
#include<stdio.h>
main()
{
  FILE *fp;
  char ch;
  if((fp=fopen("/jrzh/example/c1.txt","rt"))==NULL)
  {
    printf("\nCannot open file strike any key exit!");
    getch();
    exit(1);
  }
  ch=fgetc(fp);
  while(ch!=EOF)
  {
    putchar(ch);
    ch=fgetc(fp);
  }
  fclose(fp);
}
```

以上程序的功能是从文件中逐个读取字符，在屏幕上显示。程序定义了文件指针 fp，以读文本文件方式打开文件“/jrzh/example/c1.txt”，并使 fp 指向该文件。如打开文件出错，给出提示并退出程序。程序第 12 行先读出一个字符，然后进入循环，只要读出的字符不是文件结束标志(每个文件末有一结束标志 EOF)就把该字符显示在屏幕上，再读入下一字符。每读一次，文件内部的位置指针向后移动一个字符，文件结束时，该指针指向 EOF。执行本程序将显示整个文件。

2) 写字符函数 fputc

fputc 函数的功能是把一个字符写入指定的文件中，函数调用的形式如下：

fputc(字符量，文件指针)；

其中，待写入的字符量可以是字符常量或变量，例如：

```
fputc('a',fp);
```

其意义是把字符 a 写入 fp 所指向的文件中。

对于 fputc 函数的使用也要说明几点：

(1) 被写入的文件可以用写、读写、追加方式打开，用写或读写方式打开一个已存在的文件时将清除原有的文件内容，写入字符从文件首开始；如需保留原有文件内容，希望写入的字符以文件末开始存放，必须以追加方式打开文件；被写入的文件若不存在，则创建该文件。

(2) 每写入一个字符，文件内部位置指针向后移动一个字节。

(3) fputc 函数有一个返回值，如写入成功则返回写入的字符，否则返回一个 EOF。可用此来判断写入是否成功。

例如，从键盘输入一行字符，写入一个文件，再把该文件内容读出显示在屏幕上。程序如下：

```
#include<stdio.h>
main()
{
  FILE *fp;
  char ch;
  if((fp=fopen("/jrzh/example/string","wt+"))==NULL)
  {
    printf("Cannot open file strike any key exit!");
    getch();
    exit(1);
  }
  printf("input a string:\n");
  ch=getchar();
  while (ch!='\n')
  {
    fputc(ch,fp);
    ch=getchar();
  }
  rewind(fp);
  ch=fgetc(fp);
  while(ch!=EOF)
  {
    putchar(ch);
    ch=fgetc(fp);
  }
  printf("\n");
```

```
    fclose(fp);
}
```

程序中第 6 行以读写文本文件方式打开文件 string。程序第 13 行从键盘读入一个字符后进入循环，当读入字符不为回车符时，把该字符写入文件之中，然后继续从键盘读入下一字符。每输入一个字符，文件内部位置指针向后移动一个字节。写入完毕，该指针已指向文件末。如要把文件从头读出，须把指针移向文件头。程序第 19 行 rewind 函数用于把 fp 所指文件的内部位置指针移到文件头。第 20 至 25 行用于读出文件中的一行内容。

把命令行参数中的前一个文件名标识的文件，复制到后一个文件名标识的文件中，如命令行中只有一个文件名则把该文件写到标准输出文件(显示器)中。程序如下：

```
#include<stdio.h>
main(int argc,char *argv[])
{
    FILE *fp1,*fp2;
    char ch;
    if(argc==1)
    {
      printf("have not enter file name strike any key exit");
      getch();
      exit(0);
    }
    if((fp1=fopen(argv[1],"rt"))==NULL)
    {
        printf("Cannot open %s\n",argv[1]);
        getch();
        exit(1);
    }
    if(argc==2) fp2=stdout;
    else if((fp2=fopen(argv[2],"wt+"))==NULL)
    {
        printf("Cannot open %s\n",argv[1]);
        getch();
        exit(1);
    }
    while((ch=fgetc(fp1))!=EOF)
    fputc(ch,fp2);
    fclose(fp1);
    fclose(fp2);
}
```

以上程序为带参的 main 函数。程序中定义了两个文件指针 fp1 和 fp2，分别指向命令行参数中给出的文件。如命令行参数中没有给出文件名，则给出提示信息。程序第 18 行表示如果只给出一个文件名，则使 fp2 指向标准输出文件(即显示器)。程序第 25 行至 28 行用循环语句逐个读出文件 fp1 中的字符再送到文件 fp2 中。再次运行时，给出了一个文件名，故输出给标准输出文件 stdout，即在显示器上显示文件内容。第三次运行，给出了二个文件名，因此把 string 中的内容读出，写入到 OK 之中。可用 DOS 命令 TYPE 显示 OK 的内容。

5. 字符串读写函数 fgets 和 fputs

1) 读字符串函数 fgets

fgets 函数的功能是从指定的文件中读一个字符串到字符数组中，函数调用的形式如下：

```
fgets(字符数组名,n,文件指针);
```

其中的 n 是一个正整数，表示从文件中读出的字符串不超过 n−1 个字符。在读入的最后一个字符后加上串结束标志'\0'。

例如，输入命令：

```
fgets(str,n,fp);
```

意义是从 fp 所指的文件中读出 n−1 个字符送入字符数组 str 中。

例如，从 string 文件中读入一个含 10 个字符的字符串。程序如下：

```
#include<stdio.h>
main()
{
  FILE *fp;
  char str[11];
  if((fp=fopen("/jrzh/example/string","rt"))==NULL)
  {
    printf("\nCannot open file strike any key exit!");
    getch();
    exit(1);
  }
  fgets(str,11,fp);
  printf("\n%s\n",str);
  fclose(fp);
}
```

以上程序定义了一个字符数组 str 共 11 个字节，在以文本文件方式打开文件 string 后，从中读出 10 个字符送入 str 数组，在数组最后一个单元内将加上'\0'，然后在屏幕上显示输出 str 数组。

对 fgets 函数有两点说明：

(1) 在读出 n−1 个字符之前，如遇到了换行符或 EOF，则读出结束。

(2) fgets 函数也有返回值，其返回值是字符数组的首地址。

2) 写字符串函数 fputs

fputs 函数的功能是向指定的文件写入一个字符串，其调用形式如下：

fputs(字符串,文件指针);

其中字符串可以是字符串常量，也可以是字符数组名或指针变量，例如：

fputs("abcd"，fp)；

其意义是把字符串“abcd”写入 fp 所指的文件之中。

例如，在位域的使用例子中建立的文件 string 中追加一个字符串。程序如下：

```
#include<stdio.h>
main()
{
  FILE *fp;
  char ch,st[20];
  if((fp=fopen("string","at+"))==NULL)
  {
    printf("Cannot open file strike any key exit!");
    getch();
    exit(1);
  }
  printf("input a string:\n");
  scanf("%s",st);
  fputs(st,fp);
  rewind(fp);
  ch=fgetc(fp);
  while(ch!=EOF)
  {
    putchar(ch);
    ch=fgetc(fp);
  }
  printf("\n");
  fclose(fp);
}
```

以上程序要求在 string 文件末加写字符串，因此，在程序第 6 行以追加读写文本文件的方式打开文件 string。然后输入字符串，并用 fputs 函数把该字符串写入文件 string。在程序第 15 行用 rewind 函数把文件内部位置指针移到文件首，再进入循环逐个显示当前文件中的全部内容。

6. 数据块读写函数 fread 和 fwrite

C 语言还提供了用于整块数据的读写函数，可用来读写一组数据，如一个数组元素、一个结构变量的值等。

读数据块函数调用的一般形式如下：

fread(buffer,size,count,fp);

写数据块函数调用的一般形式如下：

```
fwrite(buffer,size,count,fp);
```

其中：buffer 是一个指针，在 fread 函数中，它表示存放输入数据的首地址；在 fwrite 函数中，它表示存放输出数据的首地址。size 表示数据块的字节数。count 表示要读写的数据块块数。fp 表示文件指针。

例如：

```
fread(fa,4,5,fp);
```

其意义是从 fp 所指的文件中，每次读 4 个字节(一个实数)送入实数组 fa 中，连续读 5 次，即读 5 个实数到 fa 中。

例如，从键盘输入两个学生数据，写入一个文件中，再读出这两个学生的数据显示在屏幕上。程序如下：

```
#include<stdio.h>
struct stu
{
  char name[10];
  int num;
  int age;
  char addr[15];
}boya[2],boyb[2],*pp,*qq;
main()
{
  FILE *fp;
  char ch;
  int i;
  pp=boya;
  qq=boyb;
  if((fp=fopen("/jrzh/example/stu_list","wb+"))==NULL)
  {
    printf("Cannot open file strike any key exit!");
    getch();
    exit(1);
  }
  printf("\ninput data\n");
  for(i=0;i<2;i++,pp++)
  scanf("%s%d%d%s",pp->name,&pp->num,&pp->age,pp->addr);
  pp=boya;
  fwrite(pp,sizeof(struct stu),2,fp);
  rewind(fp);
```

```
    fread(qq,sizeof(struct stu),2,fp);
    printf("\n\nname\tnumber age addr\n");
    for(i=0;i<2;i++,qq++)
    printf("%s\t%5d%7d%s\n",qq->name,qq->num,qq->age,qq->addr);
    fclose(fp);
}
```

以上程序定义了一个结构 stu,说明了两个结构数组 boya 和 boyb 以及两个结构指针变量 pp 和 qq。pp 指向 boya，qq 指向 boyb。程序第 16 行以读写方式打开二进制文件“stu_list”，输入两个学生数据之后，写入该文件中，然后把文件内部位置指针移到文件首，读出两块学生数据后，在屏幕上显示。

7. 格式化读写函数 fscanf 和 fprintf

fscanf 函数、fprintf 函数与前面使用的 scanf 和 printf 函数的功能相似，都是格式化读写函数。两者的区别在于 fscanf 函数和 fprintf 函数的读写对象不是键盘和显示器，而是磁盘文件。

fscanf 函数和 fprintf 函数的调用格式分别如下：

```
fscanf(文件指针,格式字符串,输入表列);
fprintf(文件指针,格式字符串,输出表列);
```

例如：

```
fscanf(fp,"%d%s",&i,s);
fprintf(fp,"%d%c",j,ch);
```

用 fscanf 和 fprintf 函数也可以完成从 string 文件中读入一个含 10 个字符的字符串的问题。修改后的程序如下：

```
#include<stdio.h>
struct stu
{
  char name[10];
  int num;
  int age;
  char addr[15];
}boya[2],boyb[2],*pp,*qq;
main()
{
  FILE *fp;
  char ch;
  int i;
  pp=boya;
  qq=boyb;
  if((fp=fopen("stu_list","wb+"))==NULL)
```

```
    {
        printf("Cannot open file strike any key exit!");
        getch();
        exit(1);
    }
    printf("\ninput data\n");
    for(i=0;i<2;i++,pp++)
        scanf("%s%d%d%s",pp->name,&pp->num,&pp->age,pp->addr);
        pp=boya;
        for(i=0;i<2;i++,pp++)
        fprintf(fp,"%s %d %d %s\n",pp->name,pp->num,pp->age,pp->addr);
    rewind(fp);
    for(i=0;i<2;i++,qq++)
        fscanf(fp,"%s %d %d %s\n",qq->name,&qq->num,&qq->age,qq->addr);
    printf("\n\nname\tnumber age addr\n");
    qq=boyb;
    for(i=0;i<2;i++,qq++)
        printf("%s\t%5d%7d%s\n",qq->name,qq->num, qq->age,qq->addr);
    fclose(fp);
}
```

本程序中 fscanf 和 fprintf 函数每次只能读写一个结构数组元素，因此采用了循环语句来读写全部数组元素。还要注意，指针变量 pp、qq 由于循环改变了它们的值，因此在程序的 25 和 32 行分别对它们重新赋予了数组的首地址。

8. 文件的随机读写

前面介绍的对文件的读写方式都是顺序读写，即读写文件只能从头开始，按顺序读写各个数据。但在实际问题中常要求只读写文件中某一指定的部分。为了解决这个问题，可移动文件内部的位置指针到需要读写的位置，再进行读写，这种读写称为随机读写。

1) 文件的定位

实现随机读写的关键是要按要求移动位置指针，这称为文件的定位。

移动文件内部位置指针的函数主要有两个，即 rewind 函数和 fseek 函数。

rewind 函数前面已多次使用过，其调用形式如下：

```
rewind(文件指针);
```

它的功能是把文件内部的位置指针移到文件首。下面主要介绍 fseek 函数。

fseek 函数用来移动文件内部位置指针，其调用形式如下：

```
fseek(文件指针,位移量,起始点);
```

其中："文件指针"指向被移动的文件；"位移量"表示移动的字节数，要求位移量是 Long 型数据，以便在文件长度大于 64 KB 时不会出错，当用常量表示位移量时，要求加后缀"L"；"起始点"表示从何处开始计算位移量，规定的起始点有三种：文件首、当前位置和文件尾。

开始计算位移量的起始点表示方法如表 10-12 所示。

表 10-12　开始计算位移量的起始点

起 始 点	表 示 符 号	数字表示
文件首	SEEK_SET	0
当前位置	SEEK_CUR	1
文件尾	SEEK_END	2

例如：

```
fseek(fp,100L,0);
```

其意义是把位置指针移到离文件首 100 个字节处。

还要说明的是，fseek 函数一般用于二进制文件。在文本文件中由于要进行转换，故往往计算的位置会出现错误。

2) 文件的随机读写

在移动位置指针之后，即可用前面介绍的任一种读写函数进行读写。由于一般是读写一个数据块，因此常用 fread 和 fwrite 函数。

下面举例来说明文件的随机读写。

例如，在学生文件 stu_list 中读出第二个学生的数据。程序如下：

```
#include<stdio.h>
struct stu
{
   char name[10];
   int num;
   int age;
   char addr[15];
}boy,*qq;
main()
{
   FILE *fp;
   char ch;
   int i=1;
   qq=&boy;
   if((fp=fopen("stu_list","rb"))==NULL)
   {
      printf("Cannot open file strike any key exit!");
      getch();
      exit(1);
```

```
        }
        rewind(fp);
        fseek(fp,i*sizeof(struct stu),0);
        fread(qq,sizeof(struct stu),1,fp);
        printf("\n\nname\tnumber age addr\n");
        printf("%s\t%5d %7d%s\n",qq->name,qq->num,qq->age,qq->addr);
    }
```

文件 stu_list 已由前面的程序建立，本程序用随机读出的方法读出第二个学生的数据。程序中定义 boy 为 stu 类型变量，qq 为指向 boy 的指针。以读二进制文件方式打开文件，程序第 22 行移动文件位置指针。其中的 i 值为 1，表示从文件头开始，移动一个 stu 类型的长度，然后再读出的数据即为第二个学生的数据。

9. 文件检测函数

Linux C 中常用的文件检测函数有以下几个。

1) 文件结束检测函数 feof

feof 函数的调用格式如下：

feof(文件指针);

它的功能是判断文件是否处于文件结束位置。如文件结束，则返回值为 1；否则，为 0。

2) 读写文件出错检测函数 ferror

ferror 函数的调用格式如下：

ferror(文件指针);

它的功能是检查文件在用各种输入输出函数进行读写时是否出错。如 ferror 返回值为 0 表示未出错；否则，表示有错。

3) 文件出错标志和文件结束标志置 0 函数 clearerr

clearerr 函数的调用格式如下：

clearerr(文件指针);

它的功能是用于清除出错标志和文件结束标志，使它们为 0 值。

10. C 库文件

Linux 支持的 C 系统提供了丰富的系统文件，称为库文件。C 库文件分为两类：一类是扩展名为“.h”的文件，称为头文件，在前面的包含命令中我们已多次使用过。在“.h”文件中包含了常量定义、类型定义、宏定义、函数原型以及各种编译选择设置等信息。另一类是库函数，包括了各种函数的目标代码，供用户在程序中调用。 通常在程序中调用一个库函数时，要在调用之前包含该函数原型所在的“.h”文件。

下面给出 Turbo C 的全部“.h”文件。

ALLOC.h：说明内存管理函数(分配、释放等)。

ASSERT.h：定义 ASSERT 调试宏。

BIOS.h：说明调用 IBM-PC ROM BIOS 子程序的各个函数。

CONIO.h：说明调用 DOS 控制台 I/O 子程序的各个函数。

CTYPE.h：包含有关字符分类及转换的各类信息(如 isalpha 和 toascii 等)。

DIR.h：包含有关目录和路径的结构、宏定义和函数。

DOS.h：定义并说明 MSDOS 和 8086 调用的一些常量和函数。

ERRON.h：定义错误代码的助记符。

FCNTL.h：定义在与 open 库子程序连接时的符号常量。

FLOAT.h：包含有关浮点运算的一些参数和函数。

GRAPHICS.h：说明有关图形功能的各个函数、图形错误代码的常量定义，正对不同驱动程序的各种颜色值及函数用到的一些特殊结构。

IO.h：包含低级 I/O 子程序的结构和说明。

LIMIT.h：包含各环境参数、编译时间限制、数的范围等信息。

MATH.h：说明数学运算函数，还定义了 HUGE VAL 宏，说明了 matherr 和 matherr 子程序用到的特殊结构。

MEM.h：说明一些内存操作函数(其中大多数也在 STRING.h 中说明)。

PROCESS.h：说明进程管理的各个函数，spawn…和 EXEC …函数的结构说明。

SETJMP.h：定义 longjmp 和 setjmp 函数用到的 jmp buf 类型，说明这两个函数。

SHARE.h：定义文件共享函数的参数。

SIGNAL.h：定义 SIG[ZZ(Z]　[ZZ)]IGN 和 SIG[ZZ(Z]　[ZZ)]DFL 常量，说明 rajse 和 signal 两个函数。

STDARG.h：定义读函数参数表的宏(如 vprintf、vscarf 函数)。

STDDEF.h：定义一些公共数据类型和宏。

STDIO.h：定义 Kernighan 和 Ritchie 在 Unix System V 中定义的标准和扩展的类型和宏。还定义标准 I/O 预定义流：stdin、stdout 和 stderr，说明 I/O 流子程序。

STDLIB.h：说明一些常用的子程序、转换子程序、搜索/排序子程序等。

STRING.h：说明一些串操作和内存操作函数。

SYS\STAT.h：定义在打开和创建文件时用到的一些符号常量。

SYS\TYPES.h：说明 ftime 函数和 timeb 结构。

SYS\TIME.h：定义时间的类型 time[ZZ(Z]　[ZZ)]t。

TIME.h：定义时间转换子程序 asctime、localtime 和 gmtime 的结构，ctime、 difftime、gmtime、localtime 和 stime 用到的类型，并提供这些函数的原型。

VALUE.h：定义一些重要常量，包括依赖于机器硬件的和为与 Unix System V 相兼容而说明的一些常量，包括浮点和双精度值的范围。

11. 文件小结

C 系统把文件当作一个“流”，按字节进行处理。

C 文件按编码方式分为二进制文件和 ASCII 文件。

C 语言中，用文件指针标识文件，当一个文件被打开时，可取得该文件指针。

文件在读写之前必须打开，读写结束必须关闭。

文件可按只读、只写、读写、追加四种操作方式打开，同时还必须指定文件的类型是二进制文件还是文本文件。

文件可以字节、字符串、数据块为单位读写，文件也可以指定的格式进行读写。

文件内部的位置指针可指示当前的读写位置，移动该指针可以对文件实现随机读写。

本章小结

本章介绍了 Asianux 3.0 平台中的 GCC 编译器的编译流程、GDB 调试器和 Makefile 文件管理器。从实际编程出发，归纳出在 Linux 操作系统的支持下 C 程序的一些编制方法；探讨如何能从实用的角度出发，让初学者或原来没真正掌握而实际又需要的读者，很快地学会 C 编程，掌握 C 程序的设计方法。其中对 C 函数、指针、链表、位运算、文件等的编程容易出问题的地方作了清晰的描述，有助于广大计算机应用编程的爱好者对 C 中较难的指针变量(或简称指针)、变量指针、一维数组指针、二维数组指针、指针的指针、函数指针和返回指针值函数等的理解。通过对本章的学习，应学会用指针的运算，解决指针取地址运算、指针指向运算、指针赋值运算、指针加常量运算、指针减常量运算和指针减法运算等灵活编程，解决实际问题。

习　题

1. 哪些方法可以编译 C 语言程序？
2. 请写一个简单的 Makefile 文件，内容可以自己定义。
3. 试用数组和指针编写一程序，要求输入 12 个实数，每个实数只保留 1 位小数，经过计算机处理后，能以每行 4 个数的格式输出。
4. 试编写一函数用来实现左右循环移位。
5. 试编写一程序，对 data.dat 文件写入 12 条记录。

第 11 章　C++　编　程

11.1　实用的 C++ 编程

11.1.1　C++ 概述

C++ 语言最初是一个 C 语言的超集，称为“面向对象的 C”，后来，面向对象的概念广泛深入人心，于是 C++ 开始被更多的人关注。目前在大中型软件或规模较大的信息软件中 C++ 有不可替代的作用，一般大型软件多采用 C++ 开发，而以其它语言作为辅助。在信息技术领域，如大中型电信计费系统，大型银行核算系统，大型证券交易系统，电子商务交易支付系统，全国工业、消费数据统计系统，全国税收征稽核算系统，城市道路交通车辆监视系统，海关核算系统，航空预售票、全国铁路预售票系统，电子政务系统等的底层应用软件，以及几乎全球所有的操作系统、大型数据库系统软件等多采用 C++ 进行开发。

C++ 是为克服 C 的不足而出现的。其主要实现了面向对象、抽象、封装性、继承、多重继承、字符串变量等特性，适宜于大中型程序与团队协调的软件开发，虽效果、安全性好，但复杂度高，初学者掌握的难度大。下面列举一个 C++ 程序示例，进行学习。

试分析下面的程序，判断程序执行结果，从而理解 C++ 程序与 C 程序的不同点。

```
#include <iostream>
int main()
{
    using namespace std;      //使用 std 命名空间
    int factAry = 0;          //C 语言风格声明赋值语句
    int fact(1);              //典型 C++风格声明赋值语句，定义 fact 变量，并给其
                              赋初始值 1
    do
    {
      cout << "Factorial of:"; //C++标准输出，相当于 C 中的 printf("Factorial of \n");
      cin >> factAry;              // C++标准输入
            if(factAry<0){
                cout <<"no negative value,please!" << endl;
      }
    }while(factAry<0);
```

```
        int i = 2;
        while(i<=factAry){
            fact = fact * i;
            i = i+1;
        }
        cout <<"The Factorial of "<< factAry <<" is "<< fact <<endl;
        return 0;
    }
```

此程序是一段计算阶乘的小程序，展示了 C++ 语法中的一些基本要素。

通过上述程序，不难发现 C++ 程序和 C 语言程序并没有太大的区别。程序中的第 4 行 using namespace std 意思是导入命名空间 std，在 C++ 中，标准库中的符号都包含在命名空间 std 中。程序中的第 6 行是 C++ 典型的声明赋值语句。

1. 命名空间

C++ 中的命名空间是由类、函数和对象组成的一个集合，其中的元素都可以通过名字前缀来定位。C++ 语言提供一个全局的命名空间(namespace)，可以避免全局命名冲突问题。

此处以一个例子说明，请注意以下两个头文件：

```
one.h                        //头文件 1
char func(char);
class String { ... };
somelib.h                    //头文件 2
class String { ... };
```

如果按照上述方式定义，那么这两个头文件不可能包含在同一个程序中，因为 String 类会发生冲突。

所谓命名空间，是一种将程序库名称封装起来的方法，它就像在各个程序库的边界上立起一道道分隔的围墙。比如：

```
one.h
namespace one
{
    char func(char);
    class String { ... };
}
somelib.h
namespace Somelib
{
    class String { ... };
}
```

现在就算在同一个程序中使用 String 类也不会发生冲突了，因为它们分别变成了 one::String()和 somelib::String()。也即，通过声明命名空间就可以区分不同的类或函数等。

2. 输入与输出

在本章的第一个例子中，命令 #include <iostream> 允许我们使用预定义的全局输入/输出流对象，分别如下：

cin：标准输入流，默认为标准输入设备，如计算机键盘。

cout：标准输出流，默认为标准输出设备，如控制台屏幕。

cerr：标准出错流，另一个输出到控制台屏幕的输出流。

在上述示例中，我们使用了一个全局流对象 cout，通过调用其成员函数 operator<<()把程序结果输出到屏幕上，其标准语句如下：

```
cout.operator<<("Factorial of");
```

而我们使用了省略掉成员函数名 operator 的一种更灵活、可读性更好的语法：

```
cout<<"Factorial of";
```

此操作符经过预定义，可以使用很多内置类型，如下所示：

```
cout<<"The cost is $"<<29.35<<"for"<<6<<"iteams. "<<'\n';
```

实现了 ostream 的对象 cout 调用其函数 operator<<()完成输出。与 ostream 类似，在下面的示例中我们可以看到通过 istream 的对象 cin 调用其函数 operator>>()来完成输入。

例如：通过 istream 的对象 cin 调用其函数 operator>>()。

程序如下：

```
#include <iostream>
#include <string>
int main(){
    using namespace std;
    const int THISYEAR = 2008;
    string youName;
    int birthYear;

    cout<< "what you name?__"<<flush;
    cin >>yourName;

    cout<<"hello "<<yourName<<", what year were you born?";
    cin>>birthYear;

    cout<<"nice to meeting you!,"<<yourName<<"."
        <<"And you are approximately "
        <<(THISYEAR - birthYear)
        <<" year old."<<endl;
}
```

符号 flush 与 endl 是为了方便起见而加到命名空间 std 中的操作符，操作符(控制符)是对应函数的隐式调用，这些函数能够以各种方式改变流对象的状态。

3. 输入输出流的控制符

如果使用了控制符，程序开头除了加<iostream>外，还要加<iomanip>。<iomanip>的作用是对 cin、cout 类的具体格式加以控制；它是 I/O 流控制头文件，就像 C 程序里的格式化输出一样，如一些常见的控制函数的 dec 置基数为 10，相当于“%d”；hex 置基数为 16，相当于“%X”；oct 置基数为 8，相当于“%o”等。控制符及其作用如表 11-1 所示。

表 11-1　<iomanip>的控制符及作用

控　制　符	作　　用
dec	设置整数为十进制
hex	设置整数为八进制
oct	设置整数为十六进制
setbase(n)	设置整数为 n 进制(n=8，10，16)
flush	刷新缓冲区
ends	终止字符串
endl	终止一行并刷新缓冲区
setfill(n)	设置字符填充，n 可以是字符个数或字符变量
setprecision(n)	设置浮点数的有效数字为 n
setw(n)	设置字段宽度为 n 位
setiosflags(ios::fixed)	设置浮点数以固定的小数位数显示
setiosflags(ios::scientific)	设置浮点数以科学计数法表示
setiosflags(ios::left)	输出左对齐
setiosflags(ios::right)	输出右对齐
setiosflags(ios::skipws)	忽略前导空格
setiosflags(ios::uppercase)	科学计数法输出 e 与十六进制输出 X，以大写格式输出，否则以小写格式输出
setiosflags(ios::showpos)	输出正数时显示“+”号
resetiosflags()	终止已经设置的输出格式状态，在括号中应指定内容

11.1.2　C++ 基本数据类型和一些参数

1. C++ 的基本数据类型

C++ 支持的基本数据类型有布尔型(bool)、字符型(char 和 wchar_t)、整型(short，int，long)、浮点型(double，float，long double 等)和指针(int*，char*，bool*，double*，void*等)。

布尔型是用来表示逻辑值，或称布尔值。布尔型数据的值只有两个：True(逻辑真)和 False(逻辑假)。其中，规定了 False<TRUE，FALSE 的序号为 0，TRUE 的序号为 1。

字符型分普通字符型(通常指 ASCII 范围)和汉字字符型，汉字字符型(wchar_t)是 Unicode 用的字符类型。在 C++中，可用汉字字符型表示 1 个汉字字符，即用双字母位表示一个汉字字符，也就是指汉字字符类型表示也可称为英文字母的双字符位。

整型分短整型、整型和长整型。浮点型分双精度、单精度和长双精度。指针分整型、字符型、布尔逻辑型、双精度和空指针等。各个数据类型所占空间的长度可通过下述程序来查看。

各个数据类型所占空间的长度查看程序如下：

```
#include <assert.h>
#include <iostream>
#include <string>
int main(){
using namespace std;
int i=0;
char array1[34]="this is a dreaded C array of char";
    char array2[]="if not for main, we could avoid it entirely.";
    char *charp = array1;
    string stlstring = "this is an standsrd library string. much preferred.";
    assert (sizeof(i)==sizeof(int));
    cout<<"size of char="<<sizeof(char)<<"\n";
    cout<<"size of wchar_t="<<sizeof(wchar_t)<<"\n";
    cout<<"size of int="<<sizeof(int)<<"\n";
    cout<<"size of long="<<sizeof(long)<<"\n";
    cout<<"size of float="<<sizeof(float)<<"\n";
    cout<<"size of double="<<sizeof(double)<<"\n";
    cout<<"size of double*="<<sizeof(double*)<<"\n";
    cout<<"size of array1="<<sizeof(array1)<<"\n";
    cout<<"size of array2="<<sizeof(array2)<<"\n"<<endl;
    cout<<"size of string="<<sizeof(string)<<"\n"<<endl;
    cout<<"size of stlstring="<<sizeof(stlstring)<<"\n"<<endl;
}
```

2. main 函数与命令行参数

main 函数是程序启动时调用的第一个函数；如果程序接收命令行参数，我们必须给 main 函数定义完整的形参列表。

在 C++ 中，main()函数定义参数形式很灵活，因此可能会看到其定义类似于下面三种形式之一：

```
int main(int argc, char   * argv[])
int main (int argc, char ** argv)
int main(int argCount , char *const argValue[])
```

上面所有的形式都是合法的，均定义了两个参数，这些参数包含了从父进程(命令行 Shell 窗口管理器等)向程序传递命令行参数的充足信息。

C++ 中 main 函数的基本用法可由一段程序说明如下：

```
#include<iostream>
using namespace std;
int main(int argCount , char*argValue[]){
    for(int i=0;i<argCount;++i){
        cout<<"argv# "<< I <<"is"<<argValue[i]<<endl;
    }
    return 0;
}
```

编译源文件，运行程序并传递一些参数，我们将得到如图 11-1 所示的输出结果。

```
[root@localhost chat1]# ./main1 aaa bbb ccc ddd
argv# 0 is ./main1
argv# 1 is aaa
argv# 2 is bbb
argv# 3 is ccc
argv# 4 is ddd
[root@localhost chat1]# █
```

图 11-1　编译 C++源文件并运行程序的输出结果

不难发现，第一个参数总是该可执行文件的名字，其余的参数是命令行中由空格与制表符分隔而得到的字符串。如果要传递一个包含空格的字符串作为参数，则需要用双引号将这个字符串括起来。

3. C++ 标准库字符串

C++ 中有一个能方便用户处理字符串的库，它大大简化了子程序中对字符串的构建和修改，这就是 C++ 标准库字符串。

现以 exmstring.cpp 演示其基本的应用。

程序如下：

```
#include <string>
#include <iostream>
int main(){
    using namespace std;
    string s1("this"), s2(" is a "), s3("string");
    s1+=s2;
    string s4=s1+s3;
    cout<<s4<<endl;
    string s5("the length of that string is: ");
    cout << s5 << s4.length() << "characters. " << endl;
    cout << "Enter a sentence: "<<endl;
    getline(cin,s2);
    cout<< "Here is your sentence : \n"<< s2 << endl;
    cout<< "The length of it was: "<< s2.length() <<endl;
}
```

编译并执行成功后的结果如图 11-2 所示。

```
[root@localhost chat1]# ./exmstring
this is a string
the length of that string is: 16characters.
Enter a sentence:
nihao
Here is your sentence :
nihao
The length of it was: 5
```

图 11-2　程序运行结果

4. 关键字 const

某个实体被声明为 const 后，编译器会将其视为只读，所以用 const 修饰的对象必须在声明时进行恰当的初始化。例如：

```
const int x=33;
const int v[] = { 1 , 6 , x , 2*x }
```

针对上面的申明，下面的操作都是错误的：

```
++x;
v[2]=44;
```

使用 const 实体来代替代码中嵌入的常量表达式是一种非常好的编程风格，这为后期修改数值提供了便利，并提高了程序的可维护性。例如，在下面的代码段中我们应该使用第二段代码来代替第一段代码：

```
for ( i = 0; i<237 ;++i ) {
    ……
}

// 声明常量
cont int SIZE=237;
……
for ( i = 0; i < SIZE ;++i ) {
    ……
}
```

5. 指针与内存的访问

C 和 C++ 允许通过指针直接访问内存。

1) 一元运算符&与*

变量是一个能被编译器识别的有名对象，可以将其名字当作变量本身进行使用。例如：int x =5，我们可以使用 x 来代表值为 5 的整型变量，也可以通过名字 x 来直接操作此整型变量，如：++x。

对象是一个可以存储数据的内存区域，每一个对象都有一个内存地址(数据在内存中的起始地址)，一元运算符 & 可以用来返回某对象的地址，一般将其看做是取地址运算符，例如：&x，将返回变量 x 的内存地址。

保存另外一个对象内存地址的对象称为指针，我们称该指针指向该存储地址处的对象，即

```
int *y = &x;
```

在上面的示例中，y 指向整数 x，int 后面的 * 表明变量 y 是一个整型指针，此处，将整型指针 y 初始化为指向整型变量 x。指针最强大的功能是：某类型指针可以指向一个不同但相关类型的对象。

在 C 程序中，经常使用 NULL 这个宏来代表 0。这是一个特殊的指针，它可以在指针初始化或者重新初始化时赋值给指针变量。0 不是某个对象的地址，存储了 0 的指针称为空指针。相对于 C 中 NULL 的应用，建议在 C++ 中使用 0。

一元运算符 * 是引用运算符，当应用到非空指针时，返回指针指向对象的内容。

以下为指针的一个实例。输入程序如下：

```
pointerdemo.cpp
#include <iostream>
using namespace std;
int main(){
    int x=4;
    int *px=0;
    px=&x;

    cout<<"x = "<<x<<"\n"
             <<"px = "<<px<<"\n"
              <<"&px = "<<&px <<endl;

    *px = *px + 1;
    cout<<"将指针加 1(*px+1)运算之后!"<<endl;
    cout<<"x = "<<x<<"\n"
              <<"*px = "<<*px<<"\n"
              <<"px = "<<px<<endl;
    cout<<"px+1 = "<<px<<"\n"
         <<"px++="<<px++<<"\n";

  return 0;
}
```

```
[root@localhost chat1]# ./pointerdemo
x = 4
px = 0xbff9bef4
&px = 0xbff9bef0
将指针加1(*px+1)运算之后!
x = 5
*px = 5
px = 0xbff9bef4
px+1 = 0xbff9bef8
px++=0xbff9bef4
```

图 11-3　pointerdemo.cpp 的执行结果

编译运行后的结果如图 11-3 所示。

2) 运算符 new 和 delete

C++ 支持运行时动态内存机制，这意味着程序员不必预先估计程序的内存需求也可以保证程序需要的最大内存量得到满足，运行时动态内存分配是帮助程序员构建有效可扩展系统的强大工具。

new 运算符从内存堆中分配内存，并且返回指向最新分配对象的指针，如果由于某种原

因无法完成内存分配，就会弹出一个异常。

delete 运算符则刚好相反，它用于释放动态分配的内存，将其返回给内存堆。注意：对于每一个由 new 运算符返回的指针或者空指针，只能进行一次 delete 操作；并且，如果不对 new 运算符返回的指针进行 delete 操作，则会引起内存泄漏。例如以下代码：

```
{
      int* ip=0;                  //空指针
      ip = new int;               //给一个 int 变量分配空间
      int *jp = new int(13);      //分配空间并初始化
      ……
      delete ip;                  //若无此句，则会引起内存泄漏
      delete jp;                  //同上
}
```

3) 左值

左值是指向某个对象的表达式。典型的左值包括变量、数组元素、解引用的指针等。从本质上说，左值是任何具有内存地址并且可以拥有别名的元素。

在 C++中，引用提供了一个给左值赋别名的机制，在避免变量复制时非常有用。例如向一个函数传送一个非常大的对象作为参数。引用必须在声明时进行初始化。

要创建一个 some 类型对象的引用，必须声明一个 some 类型的变量。例如：

```
int n;
int & rn=n;
```

这样就可以声明一个 rn 的引用，引用变量 rn 是实际变量 n 的别名。注意，此时的&被当作类型修饰符，而不是一个取地址运算符。

在整个生命周期中，引用变量都可以作为一个初始化该变量的实际左值的别名，但这种关系可以相互转移。例如：

```
int a=10 ， b=20；
int & ra=a；
ra=b；                  //此句是把 20 赋给了 a
const int c=45；        //c 是一个常量，其值为只读
const int & rc=c；      //给常量定义一个引用变量，但没什么实际用处
rc=10；                 //错误，因为常量数据不允许改变
```

4) 取地址运算符和引用符的区分

取地址运算符和引用符的区分有以下两点：

(1) 取地址运算符应用到一个对象上，返回其地址。

(2) 当作为引用符时，它一定出现在引用名字声明时，并出现在其左侧。

11.1.3　类定义

1. 类的概念

C++中有一种称为类的数据类型，它非常类似于结构体。一个简单的类定义类似于：

```
class classname{
    members
};
```

类定义的第一行称为类头。类的特征包括数据成员、成员函数以及访问限定符，其中成员函数用来操作或管理数据成员。

类的成员函数规定了类的所有对象的行为，这些成员函数可以访问该类的所有成员，而非成员函数则通过调用此类的成员函数来间接地操纵对象。一个对象数据成员的值集合称为对象的状态。

类是一组具有相同属性特征的对象的抽象描述，是面向对象程序设计的又一个核心概念。类是对象抽象的结果。有了类，对象就是类的具体化，是类的实例。类可以有子类，同样也可以有父类，从而构成类的层次结构。类之间主要存在三种关系，分别是关联、聚合和泛化。

继承是类之间的一种常见关系。这种关系为共享数据和操作提供了一种良好的机制。通过继承，一个类的定义可以基于另外一个已经存在的类。继承是面向对象程序设计方法的一个重要标志，利用继承机制可以大大提高程序的可重用性和可扩充性。

不同的类对象收到同一个消息可以产生完全不同的响应效果，这种现象叫做多态。利用多态机制，用户可以发送一个通用的消息，而实现的细节由接收对象自行决定，这样，同一个消息可能会导致调用不同的方法。

面向对象有四个特性：抽象性、封装性、继承性和多态性。具体内容将在后文中加以介绍。

为了定义一个类，通常把定义放在头文件中，而该文件一般倾向于与类同名且后缀为.h。例如：

```
fraction.h
#ifndef  _FRACTION_H_
#define _FRACTION_H_
#include <string>
Using namespace std;
class Fraction{
    public:
        void set(int numerator, int denominator);
        double toDouble() const;
        string toString() const;
    private:
        int m_Numerator;
        int m_Denominator;
};
#endif
```

预处理过程通常会将某个文件包含的多个头文件插入到此文件当中，这是为了防止一个头文件在某个编译过的文件中被错误地包含多次。通常使用#ifndef，#define … #endif 预处理宏来将头文件包裹起来。

通常，我们把成员函数的实现放在类定义之外，并存放在一个单独的扩展名为.cpp 的实现文件中。任何类成员在类外部进行定义时，都需要使用作用域解析运算符，即在成员名之前使用“类名::”。作用域解析运算符告诉编译器类的范围扩展到了类定义之外，并且包含符号 :: 与函数定义结束符之间的代码。例如：

```
fraction.cpp
#include "fraction.h"
#include <iostream>

void Fraction::set(int nn,int nd){            //作用域解析
      m_Numerator = nn;
      m_Denominator = nd;
}

Double Fraction::toDouble() const{
      return 1.0*m_Numerator / m_Denominator;
}

String Fraction::toString() const{
      Ostringstream sstr;
      sstr<< m_Numerator<<"/"<<m_Denominator;
      return sstr.str(); //把流转化成字符串
}
```

2. 构造函数和析构函数

在面向对象的语言中，构造函数是一个比较重要的概念，构造函数在 C++中用缩写 ctor 表示，它是一种控制对象初始化过程的特殊成员函数，每一个构造函数与其类同名，它没有返回值，也没有返回值类型。

1) 构造函数定义

在面向对象的语言中，程序在实际执行的时候操作的都是对象，而对象的产生就是通过(隐式或显式)调用构造函数初始化对象得到的。定义构造函数的语法格式如下：

```
Classname::classname(parameter_list)
：init_list
{
      Constructor body
}
```

当(且仅当)一个类的定义中没有提供任何构造函数时，编译器会默认提供如下的一个构造函数：

```
Classname:：classname()
{}
```

可以不带参数进行调用的构造函数称为默认构造函数。默认构造函数会对该类的对象进行默认初始化。

例如：complex.h

```
class Complex {
    public :
        Complex(double realPart,double imPart);
        Complex(double realPart);
        Complex();
    private:
        double m_R, m_T;
}

Complex.cpp

#include "complex.h"
#include <iostream>
using namespace std;

Complex:: Complex(double realPart,double imPart)
    : m_R(realPart),m_I(imPart)
{
        Cout<<" Complex("<<m_R<<","<<m_I<<")"<<endl;
}
Complex(double realPart){
        Complex(double realPart,0);
    }
    Complex::Complex():m_R(0.0),m_I(0.0){}
    int main(){
        Complex c1;            //使用默认构造函数
    Complex c2(3.14);
    Complex c3 (6.2,10.23);
}
```

2) 析构函数

析构函数缩写为 dtor，它也是一个特殊的成员函数，此函数在对象销毁之前进行自动清理工作。

析构函数的名字以波浪号~开始，它也没有返回类型和返回值，因此析构函数不能被重载，如果类的定义中没有包含析构函数，编译器会提供一个如下的默认析构函数：

```
Classname:: ~classname()
{ }
```

进程会在对象销毁之前调用该类所有成员的析构函数，调用时按照成员在类定义中出现的次序进行。

11.2 面向对象 C++ 编程

11.2.1 面向对象 C++ 编程的理念

面向对象程序设计(Object-Oriented Programming，OOP)方法是软件业界流行的软件设计方法。虽然能实现面向对象程序设计的用户没有 C 程序设计那么多，但所有程序设计都在向面向对象的程序设计方法靠拢，究其原因是面向对象程序设计确实代表着软件设计的一个研发方向。

面向对象的程序设计方法强调直接以问题域(现实世界)中的事物为中心来思考和认识问题，并按照这些事物的本质特征把它们抽象为对象，以作为构成软件系统的基础。

1. 对象(Object)

每个对象都具有属性(Attribute)和方法(Method)这两方面的特征。对象的属性描述了对象的状态和特征，对象的方法说明了对象的行为和功能；并且对象的属性值只应由这个对象的方法来读取和修改，两者结合在一起就构成了对象的完整描述。

2. 类(Class)

具有相似属性和行为的一组对象，就称为类。有了类的概念以后，就可以对具有共同特征的事物进行统一描述。

3. 消息(Message)

在面向对象的程序设计中，由于对象描述了客观实体，它们之间的联系通过对象间的联系来反映。当一个对象需要另外一个对象提供服务时，它向对方发出一个服务请求，而收到请求的对象会响应这个请求并完成指定的服务。这种向对象发出的服务请求就称为消息。当一个消息发送给某一对象时，其中包含了要求接收对象去执行某个服务的信息。接收到消息的对象经解释，然后予以响应，此种通信机制称为消息传递。发送消息的对象不需要知道接收消息的对象如何对消息予以响应，如图 11-4 所示。

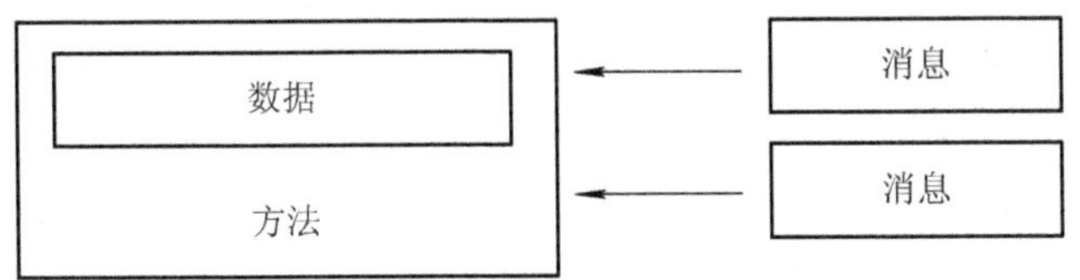

图 11-4 各对象通过消息相互作用

4. 封装(Encapsulation)

封装把对象的属性和方法看成一个密不可分的整体，从而使对象能够完整地描述并对应一个具体事物。对象向外界提供访问接口，外界只能通过接口来访问对象。

5. 继承(Inheritance)

将客观事物进行归类是一个逐步抽象的过程，反之，将类进行层层分类便是一个概念逐渐细化的过程。

在面向对象的程序设计中，允许在已有类的基础上通过增加新特征而派生出新的类，这称为继承。其原有的类称为基类(base class)，而新建立的类称为派生类。

6. 多态性(Polymorphism)

多态性是面向对象的另一重要特征。在通过继承而派生出的一系列类中，可能存在一些名称相同但实现过程和功能不同的方法(Method)。

所谓多态性，是指当程序中的其它部分发出同样的消息时，按照接收消息对象的不同能够自动执行类中相应的方法。其好处是，用户不必知道某个对象所属的类就可以执行多态行为，从而为程序设计带来更多便利。

11.2.2　C++程序的编写

面向对象的程序设计方法(OOP 方法)指将设计目标从模拟现实世界的行为转向了模拟现实世界中存在的对象及其各自的行为。

在 OOP 中，将“对象”作为系统中最基本的运行实体，整个程序即由各种不同类型的对象组成，各对象既是一个独立的实体，又可通过消息相互作用，对象中的方法决定要向哪个对象发送消息、发送什么消息以及收到消息时如何进行处理等。

OOP 方法的特点主要有：

(1) OOP 以“对象”或“数据”为中心。由于对象自然地反映了应用领域的模块性，因此具有相对稳定性，可以被用作一个组件去构成更复杂的应用，又由于对象一般封装的是某一实际需求的各种成分，因此，某一对象的改变对整个系统几乎没有影响。

(2) 引入了“类”(class)的概念。类与类以层次结构组织，属于某个类的对象除具有该类所描述的特性外，还具有层次结构中该类上层所有类描述的全部性质，OOP 中称这种机制为继承。

(3) OOP 方法的模块性与继承性，保证了新的应用程序设计可在原有对象的数据类型和功能的基础上通过重用、扩展和细化来进行，而不必从头做起或复制原有代码，大大减少了重新编写代码的工作量，同时降低了程序设计过程中出错的可能性，达到了事半功倍的效果。

与传统的面向过程程序设计相比，C++的 OOP 程序设计主要有如下优势：

(1) 传统的结构化程序设计方法以过程为中心构造应用程序，数据和处理数据的过程代码相分离，是相互独立的实体，设计出的程序可重用代码少，且当代码量增加时，维护数据和代码的一致性出现困难。面向对象程序设计方法中，对象所具有的封装性和继承性使得代码重用成为可能，并大大减少了程序出错的可能性。

(2) 面向对象方法吸收了结构化程序设计方法的优点，同时引入了新概念、新机制并建立了比传统方法更高层次的抽象。

通过前面 C 程序设计的学习，之所以 C 程序设计的生命力如此强，并以其独有的特点而备受青睐，主要表现在以下几点：

(1) 语言简洁、紧凑，使用方便、灵活。C 语言只有 32 个关键字，程序书写形式自由。

(2) 具有丰富的运算符和数据类型。

(3) 可以直接访问内存地址，能进行位操作，使其能够胜任开发操作系统的工作。

(4) 生成的目标代码质量高，程序运行效率高。

(5) 可移植性好。

C 程序有一定的局限性，主要在于：

(1) 数据类型检查机制相对较弱，这使得程序中的一些错误不能在编译阶段发现。

(2) C 本身几乎没有支持代码重用的语言结构，因此一个程序员精心设计的程序，很难为其它程序所用。

(3) 当程序的规模达到一定程度时，程序员很难控制程序的复杂性。

C++包含了整个 C，C 是建立 C++ 的基础。C++ 包括 C 的全部特征和优点，同时添加了对面向对象编程(OOP)的完全支持。C++ 迎合了程序不断发展的需求，在国内外市场上正逐渐崛起。

1. C++程序的结构与基本组成

一个简单的 C++ 程序由若干个函数构成，其中有且仅有一个名称为 main 的函数存在。图 11-5 说明了 C++ 程序的基本架构。

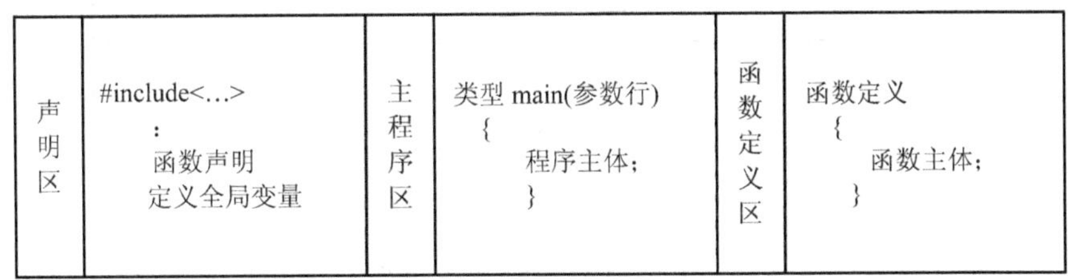

图 11-5　C++ 程序的基本架构

由图 11-5 可知，C++ 程序的基本架构由声明区、主程序区和函数定义区三部分组成。

声明区处于程序文件的所有函数的外部，主要包括：

(1) 头文件。如：#include "iostream.h"。

(2) 宏定义。如：#define PI 3.1415926。

(3) 类定义。如：class name{…}。

(4) 结构体定义。如：struct record{…}。

(5) 函数声明。如：void print()。

(6) 全局变量声明。如：float H=2.58。

(7) 条件编译。如：#ifdef …#else …#endif 等。

主程序区以 main()函数开始，是整个程序运行的入口，该函数中可能包含的内容主要如下：

(1) 局部变量的声明。如：int i=1。

(2) 函数调用。如：y=sin(x)。

(3) 一般运算。如：a=b+c+d/3。

(4) 结构控制。如：if(a>b) c=a。

(5) 对象与结构的处理。

(6) 文件的处理等。

函数定义区指程序中除了 main 函数之外，还可以包含其它的函数，每个函数是由函数说明和函数体两部分构成的，如图 11-6 所示。

函数定义区	函数说明	int max(int a,int b)

	函数体	{
		int c;
		c=a+b;
		return(c);
		}

图 11-6　C++ 函数的组成

把上述三部分组合在一起，就组成一个基本的 C++程序，如图 11-7 所示。

声明区	#include "iostream.h" #include "stdio.h" void print(); //函数声明
主程序区	void main() { int i; char s[80]; print( ); cout<<"What's your name?\n"; cin>>s; cout<<"How old are you?\n"; cin>>i; cout<<s<<" is "<<i<<" years old.";}

函数定义区	void print( )
	{
	printf("printf is also can be used\n");
	}

图 11-7　C++程序的基本组成

以下为一个简单 C++ 程序：

```
// This is first C++ program
/* C 语言的某些特征仍可沿用*/
#include "iostream.h"
#include "stdio.h"
void print(); //函数声明
void main()
{ int i;
  char s[80];
  print( );
  cout<<"What's your name?\n"; // 用 C++特有的方式输出数据
  cin>>s;
```

```
    cout<<"How old are you?\n";
    cin>>i;
    //验证结果
    cout<<s<<" is "<<i<<" years old.";
}
void print( )
{ printf("printf is also can be used\n");
}
```

从上述程序可以看出：

(1) C++不仅沿用了 C 语言中原有的规则和语句，同时又增添了很多新的风格。

(2) 一个 C++ 程序是由一到若干个函数构成的，但其中必须有且仅有一个名称为 main 的函数存在。不管一个程序中有多少个函数，只有 main 函数是整个程序运行时的入口，程序运行时总是从 main 函数开始执行。main 函数在程序中所处的前后位置先后并不影响整个程序运行时的最初入口。

(3) 一个 C++ 函数由两部分构成，即函数的说明部分和函数体。函数的说明部分包括了函数的返回值的类型、函数的名称、圆括号、形参及形参的类型说明。函数体由一对大括号{ }括起来，其内容由若干条语句构成，函数体的内容决定了该函数的功能。

(4) C++ 对程序中的名称是大小写“敏感”的，除特殊情况外，应一律小写。

(5) 程序中的注释，可以用 /* … */ 或 //(单行注释)对程序中的内容进行注释。二者的区别在于，采用 /* … */ 方法时，注释可以写成多行；而采用//方法时，注释只能写成一行，它可单独占一行，也可写在某行程序代码的末尾。

(6) 数据输出。除了使用 printf( )函数外，还可使用功能更强大、更方便的 cout 对象进行输出数据。格式如下：

cout<<数据 1<<数据 2<< … <<数据 n

上例中的语句“cout<<s<<"is"<<i<<"years old. ";”表示同时输出了变量 s 的值、字符串“is”、变量 i 的值和字符串“years old.”。

(7) 数据输入。除了使用 scanf( )函数外，还可使用 cin 对象进行数据输入。格式如下：

cin>>变量 1>>变量 2>>…>>变量 n

如上例中的语句“cin>>s;”表示给变量 s 输入一个值。

(8) 在分别使用 cout 和 cin 进行数据的输出和输入时，需要在程序的开头嵌入“iostream.h”文件。在该头文件中定义了输入/输出流对象 cout 和 cin 等。

(9) 一个 C++ 的源程序文件在存盘时，要以 .cpp 为文件名后缀，而不是.c。

2. C++ 数据类型、运算符和表达式

1) 数据类型

(1) 预定义数据类型(基本数据类型)，包括字符型、整型、浮点型、无值型四种，其中浮点型又分为单精度浮点型和双精度浮点型两种。

(2) 构造数据类型，包括数组、结构体、共用体(联合)、枚举、类等。

本节重点介绍 C++ 的基本数据类型。基本数据类型在程序中使用时，必须预先定义，

故称为预定义数据类型。C++ 中基本数据的关键字写法以及在桌面系统所占用的字节数和限定数值范围如表 11-2 所示。

表 11-2　C++基本数据类型

数据类型	关键字	字节数	数值范围
字符型	char	1	−128～127
整　型	int	4	−2147483648～2147483647
单精度浮点型	float	4	±(3.4e−38～3.4e38)
双精度浮点型	double	8	±(1.7e−308～1.7e308)
无值型	void	0	valueless

2) 类型修饰符

C++ 还允许在基本数据类型(除 void 类型外)前加上类型修饰符，来更具体地表示数据类型。

C++ 的类型修饰符包括：

signed：有符号。

unsigned：无符号。

short：短型。

long：长型。

C++ 的基本数据类型修饰符如表 11-3 所示。

表 11-3　C++的基本数据类型修饰符

数据类型标识符	字节数	数值范围	常量写法举例
char	1	−128～127	'A', '0','\n'
signed char	1	−128～127	56
unsigned char	1	0～255	100
short [int]	2	−32768～32767	100
signed short [int]	2	−32768～32767	−3456
unsigned short [int]	2	0～65535	0xff
int	4	−2147483648～2147483647	1000
signed int	4	−2147483648～2147483647	−123456
unsigned int	4	0～4294967295	0xffff
long [int]	4	−2147483648～2147483647	−123456
signed long [int]	4	−2147483648～2147483647	−3246
unsigned long [int]	4	0～4294967295	123456
float	4	±(3.4e−38～3.4e38)	2.35, −53.231，3e−2
double	8	±(1.7e−308～1.7e308)	12.354, −2.5e10
long double	10	±(1.2e−4932～1.2e4932)	8.5e−300

类型修饰符说明：

(1) 表中带[ ]的部分表示可以省略，如 short [int]可以写为 short int 或简写为 short，二者的含义相同。

(2) 四种修饰符都可以用来修饰整型和字符型。用 signed 修饰的类型，其值可以为正数或负数，用 unsigned 修饰的类型，其值只能为正数。

(3) 用 short 修饰的类型，其值一定不大于对应的整数；用 long 修饰的类型，其值一定不小于对应的整数。

3) 常量

在 C++中，数据分为常量和变量两大类。由于 C++ 程序中的数据都有类型，因此 C++ 的常量和变量都有类型之分。

常量按照不同的数据类型可以分为整型常量、浮点型常量、字符型常量以及字符串常量等。程序根据程序中常量的书写格式来区分它是哪种类型的常量。C++中常量的表示形式如下：

(1) 整型常量。

在程序中书写整型常量时，没有小数部分。用户根据需要分别可以用十进制、八进制和十六进制的形式书写。

十进制格式 ：由数字 0～9 和正、负号组成，书写时直接写出数字，如：923、–5160、+3000 等。

八进制格式：以数字 0 开头的数字(0 至 7)序列，如：0121、010607、0177777 等。

十六进制格式：以 0x 或 0X 开头的数字(数字 0～9、字母 a～z)序列，如：0x68AC、0xBFFF 等。

(2) 浮点型常量。

只能用十进制来表示浮点型常量。可以采用小数或指数形式，且不分单精度和双精度类型。如：34.5、.345、1.5e–3 等。

(3) 字符型常量。

① 用一对单撇号括起来的一个字符，单撇号只是字符与其它部分的分割符，不是字符的一部分，并且，不能用双撇号代替单撇号。在单撇号中的字符不能是单撇号或反斜杠。如：

```
'a' , 'A', '#'        合法的字符常量
''' , '\'             非法的字符常量
"A"                   不代表字符常量
```

② 另一种表示字符常量的方法是使用转义字符。C++规定，采用反斜杠后跟一个字母来代表一个控制字符，具有新的含义。

C++中常用的转义字符见表 11-4。

(4) 字符串常量。

用一对双撇号括起来的一个或多个字符的序列称为字符串常量或字符串。字符串以双撇号为定界符，但双撇号不作为字符串的一部分。如：

"Hello"，"Good Morning! "，"I say: \" Goodbye!\ " "

字符串中的字符数称为该字符串的长度，在存储时，系统自动在字符串的末尾加以字符串结束标志，即转义字符 '\0'。

表 11-4　C++中常用的转义字符

转义字符	含　义	ASCII 码值(十进制)
\a	响铃(BEL)	7
\b	退格(BS)	8
\n	换行(LF)	10
\r	回车(CR)	13
\t	水平制表(HT)	9
\v	垂直制表(VT)	11
\\	反斜杠	92
\'	单撇号	39
//"	双撇号	34
\0	空格符(NULL)	0
\ddd	任意字符	3 位八进制数
\xhh	任意字符	2 位十六进制数

(5) 符号常量。

常量也可用一个标识符来代表，称为符号常量。如：

```
#define   PRICE 60
main()
{……}
```

使用符号常量应注意以下两个问题：

① 它不同于变量，在作用域内其值不能改变和赋值。如在上例中再用“PRICE=40;”这一语句进行赋值则是错误的。

② 符号常量名一般用大写，而变量名用小写，以示区别。

(6) 程序中常量的表示方法。

在程序中常量有以下三种表示方法：

① 在程序中直接写入常量。

如：-200，3.4e-10, 'A'，'1'，0x120，045，5.35，1000l

```
int i; char s; float f;
i=20; s='a'; f=2.0;
```

② 利用#define 定义宏常量。

一般格式：#define 宏名　常数

如：#define　PI　3.14

```
    …………
    s=2*PI*r;
    …………
```

③ 利用 const 定义正规常数。

一般格式：const　数据类型标识符　常数名=常量值;

说明：

• const 必须放在被修饰类型符和类型名前面。

• 数据类型是一个可选项，用来指定常数值的数据类型，如果省略了该数据类型，那么编译程序认为它是 int 类型。

如："const　int　a=10;" 表示定义了一个初始值为 10 的整型常量，它在程序中不可改变，但可用于表达式的计算中。

4) 变量

(1) 变量的概念及特点。

每一变量就相当于一个容器，对应着计算机内存中的某一块存储单元，用于存储程序中的数据。变量的值具有以下两个特点：

① "一充变新"。即将一个新数据存放到一个变量中时，该变量中原存值消失(一充便失)，变量的值变成了新值。

如：执行完语句 "int i; i=10; i=20;" 后 i 的值为 20，而不是 10。

② "取之不尽"。可将某个变量的值与程序中的其它数据进行各种运算，在运算过程中，如果没有改变该变量的值，不管用该变量的值进行多少次运算，其值始终保持不变。

如：语句 "int i,j,k; i=10; j=i+10; k=i+j*5;" 中，i 的值可无限制地多次使用，但它的值始终能保持为 10，因为在程序中没有改变变量 i 的值。

(2) 定义变量。

程序中的每一变量，都要先定义、后使用。变量不定义不得使用。

定义变量一般有以下三种格式：

① 数据类型标识符　　变量名;

② 数据类型标识符　　变量名=初始化值;

③ 数据类型标识符　　变量名 1[=初始值 1]，变量名 2[=初始值 2]，…;

如：

```
char m;            //定义字符型变量 m
int i=1000;        //定义整型变量 i，i 的初始值为 1000
float a=2,b=3,c;   //定义浮点型变量 a、b、c 且 a、b 的初始值分别为 2、3
```

变量名是每个变量的名称，其命名遵循标识符的规定规则：

① 由字母、数字和下划线(_)三类符号排列组合形成，且开头字符必须是字母或下划线。

② 名称中字符的最大个数是 31 个。

③ C++ 中区分变量名的大小。

④ 变量名不能和 C++ 中的关键字同名，也不能和用户编制的函数或 C++库函数同名。如：int, double 或 static 都不能作为变量名。

⑤ 变量名尽量做到"见名知意"。

(3) 定义变量的位置。

在程序中的不同位置采用不同的变量定义方式，从而也决定了该变量具有不同的特点。变量的定义一般可有以下三种位置：

① 在函数体内部。在函数体内部定义的变量称为局部变量，这种局部变量只在进入定义它的函数体时起作用，离开该函数体后该变量就消失(被释放)，即不再起作用。因此，

不同函数体内部可以定义相同名称的变量，而互不干扰。例如：

```
void func1(void)
{ int y;
    y=2;
}
void func2(void)
{ int y;
    y=-100;
}
```

在本例中，函数 func1 和 func2 的函数体内部都分别定义了变量 y，但它们都只能在各自的函数体内起作用，都是局部变量，且互不干扰。

② 形式参数。当定义一个有参函数时，函数名后面括号内的变量统称为形式参数。例如：

```
int is_in(char *a, char b)
{   while(*a)
      if (*a==b)
         return 1;
      else
         a++;
    return 0;
}
```

本例中，函数名 is_in 后面括号内的变量 a 和 b 是该函数的形式参数，它们都只能在该函数体内起作用，是该函数的局部变量。

③ 全局变量。在所有函数体外部定义的变量，其作用范围是整个程序，并在整个程序运行期间有效。

以下为一定义全局变量的程序：

```
#include "stdio.h"
int count;                          //定义 count 变量是全局变量
void func1(void);
void func2(void);
int   main()
{   count=10;
    func1();
    return 0; }
void func1(void)
{   int temp;
    temp=count;
    func2();
    printf("count is %d", count);    //输出 10
```

```
}
void func2(void)
{   int count;
    for(count=1;count<10;count++)
    putchar('. ');
}
```

5) 运算符和表达式

程序中对数据进行的各种运算是由运算符来决定的；不同运算符的运算方法和特点有所不同。一个运算式子中要涉及到数据及运算符，而运算符是对数据进行指定操作，并产生新值的特殊符号。

(1) 算术运算符和算术表达式。算术运算符就是对数据进行算术运算，如：加、减、乘、除等，是在程序中使用最多的一种运算符，C++ 的算术运算符如表 11-5 所示。

表 11-5　C++的算术运算符

运算符	功　能	数据类型	举　例
-	负	数值	x=-y
+	加	数值	z=x+y
-	减	数值	z=x-y
*	乘	数值	z=x*y
/	除	数值	z=x/y
%	求余	整数	z=x%y
++	自加	数值	z++, ++z
--	自减	数值	z--, --z

算术表达式是指由算术运算符和括号将常量、变量、函数、圆括号等连接形成的一个有意义的式子。如：

```
(1+x)/(3*x)
(((2*x-3)*x+2)*x)-5
3.14*sqrt(r)
b*b-4.0*a*c
```

注意：

① 表达式中的括号不管有多少层，一律使用圆括号。

② 在将一个数学上的运算式子写成对应的 C++ 的表达式时，要注意进行必要的转换。

③ 乘号不能省略，在程序中乘号用 * 表示。

④ 数学表达式中出现的数学运算函数要用 C++ 提供的对应的数学运算库函数来代替。

⑤ 要特别注意表达式中两个整型数相除的情况。如：有一数学表达式为 2/3(f-32)，要写成对应的 C++ 的表达式时，正确的写法应是 2.0/3.0*(f-32)，而不是 2/3*(f-32)。

(2) 赋值运算符和赋值表达式。赋值运算符的功能是将某个数据的值赋给某个变量。

赋值运算符的用法格式如下：

变量名　赋值运算符　常量、变量或表达式

说明：

① 被赋值的目标，即赋值运算符左边的量必须是变量，而不能是常量或表达式。

② C++ 中的赋值运算符如表 11-6 所示。

表 11-6　C++中的赋值运算符

赋值运算符	举　例	等价形式
=	x=x+y;	x=x+y
+=	x+=y+z;	x=x+(y+z)
-=	x-=y+z;	x=x-(y+z)
*=	x*=y+z	x=x*(y+z)
/=	x/=y+z;	x=x/(y+z)
%=	x%=y+z;	x=x%(y+z)

③ 要注意区分赋值运算符“=”与数学上的“等号”间的区别，如下程序段：

```
int x,y;        //定义变量 x、y 为 int 类型变量
x=10;           //将变量 x 赋成值 10
x=x+20;         //将 x 的值在原值(10)的基础上再加上值 20 后(结果为 30)赋给变量 x
y-=x+5;         //等价于 y=y-(x+5)；右边表达式的值为 30-(31+5)=-6，y 被赋成值 -6
x%=y+10;        //等价于 x=x%(y+10)；右边表达式的值为 31%(-6+10)=3，y 被赋成值 3
```

(3) sizeof 运算符。sizeof 运算符功能是求某一数据类型或某一变量在内存中所占空间的字节数。其使用的一般形式如下：

sizeof(变量名或数据类型)或 sizeof 变量名或数据类型

sizeof 运算符的示例见下述程序：

```
#include <iostream.h>
void main()
{short int aShort;
   int anInt;
   long aLong;
   char aChar;
   float aReal;
   cout<<"data type\tmemory used(bytes)";
   cout<<"\nshort int\t"<<sizeof(aShort);
   cout<<"\ninteger    \t"<<sizeof(anInt);
   cout<<"\nLong integer\t"<<sizeof(aLong);
   cout<<"\nchar achar\t" <<sizeof(aChar);
   cout<<"\nfloat\t"<<sizeof(aReal);
}
```

其输出结果为

```
data type          memory used(bytes)
short int                 2
```

integer　　　　　4
Long integer　　4
char achar　　　1
float　　　　　　4

(4) 关系运算符和关系表达式。关系运算符就是对两个量进行比较的运算符，如表 11-7 所示。

表 11-7　C++中的比较运算符

关系运算符	含　义	举　例
<	小于	i<10
<=	小于或等于	(x+y)*2<=100
>	大于	x+y>z
>=	大于或等于	x-y>=a*b+2
==	等于	x+y==a+b
!=	不等于	x-y!=0

由关系运算符将两个表达式连接形成的运算式子叫做关系表达式。关系表达式的值是一个逻辑值，当为真时，值为 1，为假时，值为 0。

如：假设 a=1，b=20，c=3，则

a<b　　　　表达式成立，其值为 1
b==c　　　 表达式不成立，其值为 0
(a+b)!=c　　表达式成立，其值为 1

注意：在比较两个表达式的值是否相等时，要用运算符“==”，而不能写成“=”。

(5) 逻辑运算符和逻辑表达式。逻辑运算符是在两个逻辑量间进行运算的运算符，如表 11-8 所示。

表 11-8　C++中的逻辑运算符

<table>
<tr><th>逻辑运算符</th><th>含　义</th><th>举　例</th></tr>
<tr><td>!</td><td>逻辑非</td><td>!(x>10)</td></tr>
<tr><td>&&</td><td>逻辑与</td><td>(i>1)&&(i<10)</td></tr>
<tr><td>||</td><td>逻辑或</td><td>c==0||c==9</td></tr>
</table>

由逻辑运算符将两个表达式连接形成的式子叫做逻辑表达式。各种逻辑运算的“真值表”如表 11-9 所示。对于参加逻辑运算的操作数，系统认为“非 0”为真，“0”为假，而逻辑表达式的结果只能为逻辑真(1)或逻辑假(0)。

表 11-9　逻辑运算真值表

<table>
<tr><th>a</th><th>B</th><th>a&&b</th><th>A||b</th><th>!a</th><th>!b</th></tr>
<tr><td>假</td><td>假</td><td>假</td><td>假</td><td>真</td><td>真</td></tr>
<tr><td>假</td><td>真</td><td>假</td><td>真</td><td>真</td><td>假</td></tr>
<tr><td>真</td><td>假</td><td>假</td><td>真</td><td>假</td><td>真</td></tr>
<tr><td>真</td><td>真</td><td>真</td><td>真</td><td>假</td><td>假</td></tr>
</table>

注意：

① C 或 C++ 中在给出一个逻辑表达式的最终计算结果值时，用 1 表示真，用 0 表示假。但在进行逻辑运算的过程中，凡是遇到非零值时就当真值参加运算，遇到 0 值时就当假值参加运算。如：int a=10,b=15,c=14，则(a+6)&& (b>c)的值为 1(真)。

② 在逻辑表达式的求值过程中，并不是所有的逻辑运算符都被执行，只是在必须执行下一个逻辑运算符才能求出表达式的值时，才执行该运算符。

③ 对于 a && b && c，只有 a 为真时，才需要判别 b 的值，只有 a 和 b 的值都为真时才需要判别 c 的值。如：int i=10，则表达式 i && (i=0) && (++i)的值为 0(假)，该表达式运算结束后，变量 i 的值为 0，而不是 1。

④ 对于 a||b||c，只要 a 为真，就不必须判断 b 和 c；只有 a 为假，才判别 b；a 和 b 都为假才判别 c。如：int i=1,j，则表达式 i++||i++||i++的值为 1(真)，运算结束后，变量 i 的值为 2，而不是 4。

⑤ 对于数学上的表示多个数据间进行比较的表达式，在 C 或 C++ 中要拆写成多个条件并用逻辑运算符连接形成一个逻辑表达式。如：在数学上，要表示一个变量 a 的值处于 -1 和 -9 之间时，可以用 -9<a<-1，但在 C++ 语言中必须写成 a>-9 && a<-1，而不能写成 -9<a<-1。因为，假设变量 a 当前的值为 -5，它的值确实处在 -1 和 -9 之间，但在 C++ 语言中求 -9<a<-1 时，从左向右进行计算，先计算 -9<a，得 1 (真)，此时该表达式可简化为 1<–1，结果为 0(假)，因此必须写成 a>-9 && a<-1 的形式。

(6) 条件运算符。在 C++中只提供一个三目运算符，即条件运算符“？：”，其一般形式如下：

表达式 1？表达式 2：表达式 3

条件运算的规则是：首先判断表达式 1 的值，若其值为真(非 0)，则取表达式 2 的值为整个表达式的值；若其值为假(0)，则取表达式 3 的值为整个表达式的值。

如：若 a=3，b=4，则条件表达式 a>b?a:b 的值为 4。

(7) 位运算符。

① 位运算符及其运算规则。所谓位运算符是指能进行二进制位运算的运算符。C++提供的位运算符如表 11-10 所示。

表 11-10　C++ 中的位运算符

运算符	含　义	举　例
&	按位与	!&128
|	按位或	j|64
^	按位异或	j^12
~	按位取反	~j
<<	按位左移	i<<2
>>	按位右移	j>>2

位运算的运算规则如下：

- 按位与&：两个运算量相应的位都是 1，则该位的结果值为 1，否则为 0。
- 按位或|：两个运算量相应的位只要有一个是 1，则该位的结果值为 1，否则为 0。

• 按位异或^：两个运算量相应的位不同，则该位的结果值为 1，否则为 0。

• 按位取反~：将运算量的每一位取反。

• 按位左移<<：将操作数中的每一位向左移动指定的位数，移出的位被舍弃，空出的位补 0。

• 按位右移>>：将操作数中的每一位向右移动指定的位数，移出的位被舍弃，空出的位补 0 或补符号位。

如：a=5，b=6，则

```
a      00000101      00000101      00000101
b    & 00000110    | 00000110    ^ 00000110    ~ 00000110
       00000100      00000111      00000011      11111001
```

即 a&b=4，a|b=7，a^b=3，~b=249。

② 复合位运算符。位运算符与赋值运算符结合可以形成复合位运算符，如表 11-11 所示。

表 11-11 C++ 中的复合位运算符

运算符	举 例	等价形式
&=	x&=y+z	x=x&(y+z)
|=	x|=x+2	x=x|(x+2)
^=	x^=y	x=x^y
<<=	x<<=y+z	x=x<<(y+z)
>>=	x>>=y+z	x=x>>(y+z)

(8) 强制类型转换运算符。该运算符的功能是将某一数据从一种数据类型向另一种数据类型进行转换。其使用的一般形式如下：

数据类型标识符 (表达式)

(数据类型标识符)表达式

如：int i=2;

float a,b;

a=float(i); //将变量 i 的类型强制转换为浮点型，并将其值赋给变量 a

b=(float)i; //将变量 i 的类型强制转换为浮点型，并将其值赋给变量 b

(9) 逗号运算符。逗号运算符的运算优先级是最低的。一般形式如下：

表达式 1，表达式 2，…，表达式 N

在计算逗号表达式的值时，按从左至右的顺序依次分别计算各个表达式的值，而整个逗号表达式的值和类型是由最右边的表达式决定的。

如：有语句“int a=3,b=4;”，则表达式“a++,b++,a+b”的值为 9。

再如：设有“int i;”，则表达式“i=1,i++==2?i+1:i+4”的值为 6。

(10) 运算符的优先级与结合性。每个运算符都有自己的优先级和结合性。当一个表达式中包含多个运算符时，要确定运算的结果，必须首先确定运算的先后顺序，即运算符的优先级和结合性。C++中运算符的优先级和结合性如表 11-12 所示。

表 11-12　C++运算符的优先级和结合性

优先级	运算符	结合性
1	() :: [] -> . .* ->*	自左至右
2	! ~ ++ -- + - * & (类型) sizeof new[] delete[]	自右至左
3	* / %	自左至右
4	+ -	自左至右
5	<< >>	自左至右
6	< <= > >=	自左至右
7	== !=	自左至右
8	&	自左至右
9	^	自左至右
10	|	自左至右
11	&&	自左至右
12	||	自左至右
13	?:	自右至左
14	= += -= *= /= %= <<= >>= &= ^= |=	自右至左
15	,	自左至右

3. 数据的输入与输出

在 C++ 语言中，数据的输入和结果的输出是分别使用系统所提供的输入流对象 cin 和输出流对象 cout 来完成的。在使用过程中，只要在程序的开头嵌入相应的头文件“iostream.h”即可。

1) *数据的输出 cout*

输出流对象输出数据的语句格式如下：

```
cout<<数据 1<<数据 2<<…<<数据 n;
```

说明：

(1) cout 是系统预定义的一个标准输出设备(一般代表显示器)；“<<”是输出操作符，用于向 cout 输出流中插入数据。

(2) cout 的作用是向标准输出设备上输出数据，被输出的数据可以是常量、已有值的变量或是一个表达式。

以下为一个 cout 向标准输出设备上输出数据的实例说明。输入程序：

```
#include <iostream.h>
#include <math.h>
void main()
{ float a=3,b=4;
    cout<< "The result is ";
    cout<<sqrt(a*a+b*b);   }
```

该程序的输出结果为

```
The result is 5
```

(3) 可以在 cout 输出流中插入 C++ 中的转义字符。如：

```
cout<< " the value of a:\n";
cout<<a;
```

这表示输出完字符串“the value of a:”后，在下一行输出变量 a 的值。

(4) 可以将多个被输出的数据写在一个 cout 中，各输出项间用“<<”操作符隔开即可。但要注意，cout 首先按从右向左的顺序计算出各输出项的值，然后再输出各项的值。如：

```
cout<<" value of a:"<<a<<" value of b:"<<b<<" The result is :"<< sqrt(a*a+b*b);
```

再如：设变量 i 的值为 10，则“cout<<i<<","<<i++<<","<<i++;”的输出结果为“12,11,10”。

(5) 一个 cout 语句也可拆成若干行来书写，但注意语句结束符“;”只能写在最后一行。对于上面的语句，也可写成如下形式：

```
cout<<" value of a:"    //注意行末无分号
    <<a
    <<" value of b:"
    <<b
    <<" The result is :"
    << sqrt(a*a+b*b);    //在此处书写分号
```

(6) 在 cout 中，实现输出数据换行功能的方法：既可使用转义字符“\n”，也可使用表示行结束的流操作子 endl。如：

```
cout<<"This is first Line.\n"<<"This is second line. ";
```

上面的语句可等价地写为

```
cout<<"This is first Line."<<endl<<"This is second line. ";
```

(7) 在 cout 中还可以使用流控制符控制数据的输出格式，但使用这些流控制符时，要在程序的起始位置嵌入头文件 #include <iomanip.h>。常用的流控制符及其功能如表 11-13 所示。

表 11-13　I/O 流的常用控制符

控　制　符	功　　能
dec	十进制数输出
hex	十六进制数输出
oct	八进制数输出
setfill(c)	在给定的输出域宽度内填充字符 c
setprecision(n)	设显示小数精度为 n 位
setw(n)	设域宽为 n 个字符
setionflags(ion::fixed)	固定的浮点显示
setiosflags(ios::scientific)	指数显示
setiosflags(ios::left)	左对齐
setiosflags(ios::right)	右对齐
setiosflags(ios::skipws)	忽略前导空白
setiosflags(ios::uppercase)	十六进制数大写输出
setiosflags(ios::lowercase)	十六进制数小写输出
setiosflags(ios::showbase)	按十六/八进制输出数据时，前面显示前导符 0x/0

① 设置域宽。所谓域宽，是指被输出数据所占的输出宽度(单位是字符数)。设置域宽可以使用流控制符 setw(n)和 cout 的方法 cout.width(n)。其中 n 为正整数，表示域宽。但是，cout.width(n)和 setw(n)二者都只对下一个被输出的数据有作用。若一个输出语句内有多个被输出的数据而要保持一定格式域宽，则需要在每一输出数据前加上 cout.width(n)或 setw(n)。

此外，当参数 n 的值比实际被输出数据的宽度大时，则在给定的域宽内，数据靠右输出，不足部分自动填充空格符；若被输出数据的实际宽度比 n 值大，则按数据所占的实际位数输出数据，设置域宽的参数 n 不再起作用。

cout 流控制符 setw 的使用举例。

输入如下程序：

```
#include <iostream.h>
#include <iomanip.h>
void main()
{
    int a=21,b=999;
    cout<<setw(3)<<a<<setw(4)<<a<<setw(5)<<a<<endl;
    cout<<setw(3)<<b<<setw(4)<<b<<setw(5)<<b<<endl;
    cout<<setw(3)<<a+b<<setw(4)<<a+b<<setw(5)<<a+b<<endl;
}
```

其输出结果如下：

```
␣21␣␣21␣␣␣21        //程序中第一个 cout 的输出结果
999␣999␣␣999        //程序中第二个 cout 的输出结果
10201020␣1020       //程序中第三个 cout 的输出结果
```

注：上面输出结果中，␣表示空格间隔。以下章节中类同。

② 设置域内填充字符。在默认情况下，当被输出的数据未占满域宽时，会自动在域内靠左边填充相应个数的空格符。我们也可以设置在域内填充其它的字符，方法是利用 cout.fill(c)或 setfill(c)。cout.fill(c)和 setfill(c)可以对所有被输出的数据起作用。

例如：在上例的基础上增加域内填充字符的功能。

输入如下程序：

```
#include "iostream.h"
#include "iomanip.h"
void main()
{
    int a=21,b=999;
    cout.fill(' #');      //设置域内填充字符为#字符
    cout<<setw(3)<<a<<setw(4)<<a<<setw(5)<<a<<endl;
    cout<<setw(3)<<b<<setw(4)<<b<<setw(5)<<b<<endl;
    cout.fill(' %');      //将域内填充字符改为%字符
    cout<<setw(3)<<a+b<<setw(4)<<a+b<<setw(5)<<a+b<<endl;
}
```

其输出结果如下：

```
#21##21###21      //程序中第一个 cout 的输出结果，未占满域宽的部分填充#字符。
999#999##999      //程序中第二个 cout 的输出结果。
10201020%1020 //程序中第三个 cout 的输出结果，未占满域宽的部分填充%字符。
```

当采用流控制符设置填充字符时，上面程序代码也可等价地改为：

```
#include <iostream.h>
#include <iomanip.h>
void main()
{
   int   a=21,b=999;
   cout<<setw(3)<<setfill('#')<<a<<setw(4)<<a<<setw(5)<<a
   <<endl;
   cout<<setw(3)<<b<<setw(4)<<b<<setw(5)<<b<<endl;
   cout<<setw(3)<<setfill('%')<<a+b<<setw(4)<<a+b<<setw(5)
   <<a+b<<endl;
}
```

③ 设置输出数据的进位计数制。在默认情况下，被输出的数据按十进制格式输出，但可以通过流控制符 hex 和 oct 来控制数据的输出格式为十六进制和八进制。一旦设置成某种进位计数制后，数据的输出就以该种数制为主，可利用流控制符 dec 将数制重新改成十进制。

例如：在①设置域宽下的例子的基础上，增加输出数据的进位计数制的功能。

输入如下程序：

```
#include <iostream.h>
#include <iomanip.h>
void main()
{    int a=21,b=999;          //设置以十六进制格式输出数据
     cout<<setw(3)<<setfill('#')<<hex<<a<<setw(4)<<a<<setw(5)<<a<<endl;
     cout<<setw(3)<<b<<setw(4)<<b<<setw(5)<<b<<endl;
     cout<<setw(3)<<setfill('%')<<a+b<<setw(4)<<a+b<<setw(5)<<a+b<<endl;
                                          //设置以八进制格式输出数据
     cout<<setw(3)<<setfill('#')<<oct<<a<<setw(4)<<a<<setw(5)<<a<<endl;
     cout<<setw(3)<<b<<setw(4)<<b<<setw(5)<<b<<endl;
     cout<<setw(3)<<setfill('%')<<a+b<<setw(4)<<a+b<<setw(5)<<a+b<<endl;
                                          //设置以十进制格式输出数据
     cout<<setw(3)<<setfill('#')<<dec<<a<<setw(4)<<a<<setw(5)<<a<<endl;
     cout<<setw(3)<<b<<setw(4)<<b<<setw(5)<<b<<endl;
     cout<<setw(3)<<setfill('%')<<a+b<<setw(4)<<a+b<<setw(5)<<a+b<<endl;
  }
```

该程序的输出结果为：

```
#15##15###15          //以十六进制格式输出数据
```

```
3e7#3e7##3e7
3fc%3fc%%3fc
#25##25###25          //以八进制格式输出数据
17471747#1747
17741774%1774
#21##21###21          //以十进制格式输出数据
999#999##999
10201020%1020
```

④ 设置浮点数的输出格式。浮点数既可以用小数格式输出，也可以用指数格式输出。这可以分别通过 setiosflags(ios::fixed)和 setiosflags(ios::scientific)来控制。

例如：已知圆的半径 r=6.779，计算并输出圆的周长和面积，要求分别采用指数和小数两种格式输出。

输入如下程序：

```
#include <iostream.h>
#include <iomanip.h>
void main()
{
    const double pi=3.14159;
    double r=6.779,c,s;
    c=2.0*pi*r;      //计算圆的周长
    s=pi*r*r;        //计算圆的面积
  //以指数格式输出圆的面积和周长
    cout<<"圆的周长(指数)为："<<setiosflags(ios::scientific)<<c<<endl;
    cout<<"圆的面积(指数)为："<<s<<endl;
  //以小数输出圆的面积和周长
    cout<<"圆的周长(小数)为："<<setiosflags(ios::fixed)<<c<<endl;
    cout<<"圆的面积(小数)为："<<setiosflags(ios::fixed)<<s<<endl;
}
```

该程序的输出结果如下：

```
圆的周长(指数)为：4.259368e+001
圆的面积(指数)为：1.443713e+002
圆的周长(小数)为：42.5937
圆的面积(小数)为：144.371
```

2) 数据的输入 cin

在 C++程序中，数据的输入通常采用 cin 流对象来完成，其格式如下：

```
cin>>变量名 1>>变量名 2>>…>>变量名 n;
```

说明：

(1) cin 是系统预定义的一个标准输入设备。

(2) cin 的功能：当程序在运行过程中执行到 cin 时，程序会暂停执行并等待用户从键盘输入相应数目的数据；用户输入完数据并回车后，cin 从输入流中取得相应的数据并传送给其后的变量。

(3) “>>”操作符后除了变量名外不得有其它数字、字符串或字符，否则系统会报错。

如：

```
cin>>"x=">>x;          //错误，因含有字符串 "x="
cin>> 'x' >>x;         //错误，因含有字符 'x'
cin>>x>>10;            //错误，因含有常量 10
```

(4) cin 后面所跟的变量可为任何数据类型。若变量为整型数据类型，则在程序运行过程中从键盘输入数据时，可分别按十进制、八进制或十六进制输入该整数。但要注意：

① 当按十进制格式输入整数时，直接输入数据本身即可。

② 若以十六进制输入整数，则数据前要冠以 0x 或 0X。

③ 若按八进制格式输入整数，则数据前要冠以数字 0。

④ 若 cin 后面的变量为浮点类型(单精度或双精度)，则可分别按小数或指数的格式表示该浮点数。

⑤ 若 cin 后面的变量为字符类型，则可直接输入字符数据而不能在字符的两端加单撇号。

(5) 当程序中用 cin 输入数据时，最好在该语句之前用 cout 输出一个需要输入数据的提示信息，以正确引导和提示用户输入正确的数据。如：

```
cout<< "请输入一个整数："
cin>>x;
```

(6) 当一个 cin 后面同时跟有多个变量时，用户在输入数据时的个数应与变量的个数相同，且各数据之前用一个或多个空格隔开，输入完后按回车键；或者每输入一个数据按回车键也可。如：

```
int x;
double a;
char c1;
cout<<"输入一个整数、一个浮点数和一个字符:";
cin>>x>>a>>c1;
cout<<"整数："<<x<<"浮点数："<<a<<"字符："<<c1;
```

运行过程中，屏幕上显示“输入一个整数、一个浮点数和一个字符:”，用户输入数据的格式可以是

```
100␣3.14␣a
```

或者

```
100␣␣␣␣3.14␣␣␣a
```

或者

```
100
3.14
a
```

最后，程序的输出结果为

整数：100 浮点数：3.14 字符：a

4. C++ 的控制语句

1) C++ 语句概述

语句(statement)是程序中最小的可执行单位。一条语句可以完成一种基本操作，若干条语句组合在一起就能实现某种特定的功能。C++ 中语句可以分为以下三种形式：

(1) 单一语句。在任何一个表达式后面加上分号(;)就构成了一条简单的 C++ 语句。例如：

```
c=a+b;
b++;
a>b?a:b;
cout<<"Hello C++"<<endl; 等等。
```

(2) 空语句。空语句是仅由单个分号构成的语句，即

```
;
```

空语句不进行任何操作。该语句被用在从语法上需要一条语句，但实际上却又不进行任何操作的地方。

(3) 复合语句。复合语句是用一对花括号{ }括起来的语句块。复合语句在语法上等效于一个单一语句。

使用复合语句时应注意以下几点：

① 花括号必须配对使用。

② 花括号外不要加分号。

2) C++ 程序的三种基本结构

在 C++ 程序设计中，语句可以按照结构化程序设计的思想构成三种基本结构，分别是顺序结构、选择结构和循环结构。此处不再解释，可参考前一章 C 程序设计中的相关内容。

5. C++ 中数组及其使用

除了 C++ 的基本数据类型，如整型、字符型、实型等外，C++ 语言还提供了构造数据类型，如数组、结构体、联合体等，有的文献中也将其称为“导出数据类型”，本节先介绍数组。

数组是由若干相同数据类型的数据所组成的有序集合。数组中每一个数据又称为数组元素，它们之间具有固定的先后顺序，用一个统一的数组名和下标来唯一地确定数组中的元素。

凡是具有一个下标的数组称为一维数组，具有两个或两个以上下标的数组称为多维数组。

1) 一维数组

(1) 定义。一维数组定义的一般格式如下：

```
类型说明标识符    数组名[常量表达式];
```

如： int b[5];

对定义作几点说明:

① 数组名的命名遵循 C++ 语言标识符的命名规则。

② 数组名后是用 [ ] 括起来的常量表达式，而不能用圆括号。

③ 常量表达式表明该数组的长度，即数组中元素的个数。如: “int　b[5];” 表示 b 数组中共有 5 个元素。

④ 常量表达式中可以包括常量和符号常量，不能为变量，即不允许对数组的大小作动态定义。以下定义不正确:

```
int  n;
scanf("%d", &n);
int  a[n];
```

(2) 一维数组的引用。一维数组中各元素在内存中所占的存储单元按下标序号顺序存放，C++语言规定，只能逐个引用数组中的元素，而不能一次引用整个数组，而数组元素的表示形式为

数组名[下标]

例如：定义一个一维数组，把各元素值清 0，并输出各元素值。

输入如下程序：

```
#include <iostream.h>
void main()
{   int   i;
    int   b[5];
    for(i=0;i<=4;i++)
        b[i]=0;
    for(i=4;i>=0;i--)
        cout<<b[i]<<endl;
}
```

(3) 一维数组的初始化。可以用赋值语句或输入语句使数组中的元素得到值，也可以使数组在运行之前初始化，即在编译阶段使之得到初值，可用以下几种方法：

① 在定义数组时对数组元素赋以初值，如：

```
int   a[5]={0,1,2,3,4};
```

将数组元素的初值放在一对大括号内，各值之间用逗号隔开。定义后的结果为：a[0]=0，a[1]=1，a[2]=2，a[3]=3，a[4]=4。

② 可以只给一部分元素赋值，如：

```
int   a[5]={0,1,2};
```

这说明 a 数组中 5 个元素只有 3 个元素赋初值，即 a[0]=0，a[1]=1，a[2]=2，后两个元素的值为 0。

③ 如果想使一个数组中全部元素值为 0，则可以写成

```
int a[5]={0,0,0,0,0};
```

④ 在对全部元素赋初值时，可以不指定数组的长度。如：

```
int   b[5]={0,1,2,3,4};
```

也可写成

```
int   b[]={0,1,2,3,4};
```

2) 二维数组

(1) 二维数组的定义。二维数组定义的一般形式为

类型说明符号 数组名[常量表达式][常量表达式]

如：int a[3][4]; // 定义了一个 3*4(3 行 4 列)的数组

注意不能写成“ int a[3,4]; ”的形式。

为了便于初学者理解，我们可以把 “int a[3][4];”看做是一个一维数组,它有 3 个元素 a[0]、a[1]、a[2]，这每个元素又是一个分别含 4 个元素的一维数组：

	a[0]	a[0][0],a[0][1],a[0][2],a[0][3]
a	a[1]	a[1][0],a[1][1],a[1][2],a[1][3]
	a[2]	a[2][0],a[2][1],a[2][2],a[2][3]

C++语言中，二维数组中元素在计算机内存中的存放顺序是按行存放，即先在内存中存放第一行的元素，再放第二行的元素，如：

a[0][0]、a[0][1]、a[0][2]、a[0][3]、a[1][0]、a[1][1]、a[1][2]、a[1][3]等。

(2) 二维数组的使用。二维数组元素的表示方式为

数组名[下标][下标]

注意：下标不要超过各维的大小。

(3) 二维数组的初始化。对于二维数组，有下列初始化方法：

① 分行给二维数组赋初值，如：

```
int a[3][4]={{1,2,3,4},{5,6,7,8},{9,10,11,12}};
```

这种赋值方法比较直观，把第一对括号内的数值赋给第一行的元素，第二括号内的数值赋给第二行的元素，依此类推。

② 可以将所有数据写在一个花括号内，这时，计算机自动按数组元素在内存中的排列顺序对各元素赋初值。如：

```
int   a[3][4]={1,2,3,4,5,6,7,8,9,10,11,12};
```

③ 可以只对数组中部分元素初始化。如：

```
int   a[3][4]={{1},{5},{9}};
```

此处，a[0][0]元素被赋予 1，a[1][0]元素被赋予 5，a[2][0]元素被赋予 9，而数组中的其它元素被初始化为 0。

④ 如果对二维数组的全部元素初始化，则定义数组时第一维长度可以省略，但第二维长度不能省。如：

```
int   a[3][4]={1,2,3,4,5,6,7,8,9,10,11,12};
```

可写成

```
int   a[ ][4]={1,2,3,4,5,6,7,8,9,10,11,12};
```

也可以只对部分元素初始化而省略第一维的长度，但应分行进行初始化，如：

```
int a[][4]={{0,0,3},{},{0,10}};
```

3) 字符数组

(1) 字符数组的定义。用来存放字符型数据的数组为字符数组。数组中的一个元素中只能存放一个字符，整个数组可以存放一个字符串。如：“char c[5];”可存放 5 个字符，整个数组可以存放不超过 5 个字符的一个字符串。

(2) 字符数组的初始化。字符数组的初始化方式与一维数组的初始化类似，如：

```
char   c[5]={ 'a', 'b', 'c', 'd', 'e' };
```

(3) 字符和字符串结束标志。在 C++语言中，字符串以 '\0' 为结束标志。以"C++␣program"是 11 个字符的字符串为例，但它在内存中实际要占 12 个字节，最后一个字节存放结束标志 '\0'。

注意，字符串只能用字符数组来保存，不能用一个简单的字符变量来保存。另外，字符数组的初始化方式也可写为

```
char c[11]={"C++ program"};
```

显然，C[11]数组有 12 个元素，C[0]～C[10]中的前 11 个元素放有"C++ program"这一字符串，而 C[11]存放结束标志 '\0'。

(4) 字符串的输出。对于字符串的输出可以采用下列方法来完成：

① 采用 cout，格式如下：

```
cout<<字符串或字符数组名;
```

设有"char s[20]={"This is a string."};"，则"cout<<s;"的输出结果为"This is a string."。也可直接输出字符串，如：

```
cout<<"This is a string."
```

② 采用 cout 流对象的 put 方法，格式如下：

```
cout. put(字符或字符变量);
```

利用这种方法，每次只能输出一个字符；若要输出整个字符串，则应采用循环的方法。

输出字符串举例如下：

```
#include <iostream.h>
void main()
{       char s[20]={"This is a string."};
        int i=0;
        while (s[i]!='\0')
        {     cout.put (s[i]);
              i++;
        }
}
```

③ 采用 cout 流对象的 write 方法，格式如下：

```
cout.write(字符串或字符数组名，个数 n);
```

其作用是输出字符串中的前 n 个字符。

例如：输出字符串前 4 个字符。

输入如下程序：

```
#include <iostream.h>
void main()
{     char s[20]={"This is a string."};
      cout.write(s,4);                          //输出字符串的前 4 个字母
}
```

该程序的输出结果为 This。

(5) 字符串的输入。除了可以在程序中利用字符数组初始化的方法或赋值方法将字符串存放到字符数组外，还可以采用以下方法。但要注意，下述方法只能用字符数组接收输入的字符串。

① 利用 cin 直接输入的方法，格式如下：

cin>>字符数组名；

例如：一个只能接收空格前的字串输入的程序。如下：

```
#include <iostream.h>
void main()
{     char s[20];
      cin>>s;
      cout<<s;   }
```

当程序运行时，输入 abcde 并回车时，则输出结果为 abcde，但当输入 ab cde 时，输出结果为 ab。因此，这种方法输入字符串时，cin 只能接收空格符之前的部分，而无法完成接收全部的字符串。

② 利用 cin 流对象的 getline 方法，格式如下：

cin.getline(字符数组名，输入字符串的最大长度 n);

其中，“字符数组名”是存放字符串的数组名称；“输入字符串的最大长度 n”包括字符串结束标记 \0 在内。如：

可接收带有空格的字符串的方式。程序如下：

```
#include <iostream.h>
void main()
{   char s[20];
    cin.getline(s,20);
    cout<<s;   }
```

在程序运行过程中输入 abcdef 并回车时，程序的输出结果为 abcdef。而当输入 ab␣cdef 回车时，程序的输出结果为 ab cdef。由此可见，该种方法可以接收含有空格符的字符串。它是利用了 cin 流对象的 getline 方法，获得了一行字符串的数据。

③ 利用 cin 流对象的 get 方法，格式如下：

格式 1：cin.get(字符数组名，输入字符串的最大长度 n);

格式 2：[字符变量名=]cin.get()；

说明：

- 格式 1 中参数的含义同 getline 方法。
- 格式 2 表示输入一个字符，如果要保存该字符，则在其左边写上被赋值的变量名和赋值号，如果不保存该字符，则可写为“cin.get();”。例如：

```
#include <iostream.h>
void main()
{     char s[20];
      char c;
```

```
cin.get(s,10);
cout<<s;
c=cin.get();
cout<<c;  }
```

在程序运行过程中输入 ab cdef 并回车时，程序的输出结果为 ab cdef 和换行。由此可见，字符串 ab cdef 被接收到字符数组 s 中，而输入过程中的换行符 \n 被接收到了变量 c 中。这说明输入过程中的换行符 \n 并未被 s 接收，而还残留在输入缓冲区中。这一点也是 cin.get 与 cin.getline 的区别。

6. 函数

一个 C++ 程序是由若干个源程序文件构成的，而一个源程序文件由若干个函数构成。从用户的角度看，有两种不同的函数：库函数和用户自定义函数。库函数也称标准函数，由 C++ 系统提供。而用户自定义函数则需要用户先定义后再使用。

1) 函数的定义

(1) 函数的定义格式。定义函数的一般形式如下：

```
函数返回值的数据类型标识符    函数名(形式参数表及其类型)
{
        函数体
}
```

例如：定义一个函数。

程序如下：

```
void display_larger( int x, int y)
{
      if (x<y)
          cout<<"The larger is : "<<y<<"\n";
      else if(x>y)
          cout<<"The larger is : "<<x<<"\n";
      else
          cout<<"Two values are equal. "<<"\n";
}
```

在 C++ 中定义函数时应注意：

① 函数的形参及类型说明要采用新的 ANSI 标准，即必须放在函数名后面的括号内。

② 当形参有多个时，必须用逗号隔开。

③ 如果函数是无参函数，则括号也不能省略。

④ 所有的函数都要先定义、后使用(调用)。

⑤ 不能省略函数值的类型，必须表明该函数的函数值的类型，即使该函数没有返回值，也要注明函数值的类型为 void。上例中被定义的函数就无返回值，所以，定义函数的函数名冠以 void，说明此被定义的函数不要返回值。

(2) 函数的参数。所谓调用函数是指在程序中使用了该函数。这里，要理清程序中的主调函数、被调函数和调用点，首先要清楚形式参数和实际参数(形参和实参)间的关系。

在调用函数时，大多数情况下，主调函数和被调函数之间有数据传递关系。函数之间的数据传递是靠函数的参数进行的；而对无参函数的调用，没有数据传递。

在定义函数时，函数名后面括号内的变量名为“形式参数”(形参)。在调用函数时，函数名后面括号内的表达式为“实际参数”(实参)。

形式参数和实际参数举例。参考下述程序：

```
void main()
{   int a,b,c;
    cin>>a>>b;
    c=max(a,b);
    cout<<"max is"<<c;   }
int max(int x,int y)
{ int z;
    z=a>y?x:ty;
    return(z);   }
```

关于 C++ 下形参和实参的说明如下：

① 实参可以是变量、常量或表达式，但必须有确定的值，而形参必须是变量。

② 只有存在发生函数调用时，形参才被分配存储单元；在调用结束时，形参所占的内存单元被释放。

③ 实参与形参的类型必须一致，否则会发生“类型不匹配”的错误。

④ 实参对形参的数据传递是“值传递”，即单向传递。由实参把数据传给形参，并且存储单元与形参是不同的单元，并将实参对应的值依次传递给形参变量。调用结束后，形参单元被释放，而实参单元保留并维持原值。

(3) 函数的返回值。

① 函数的返回值是通过函数中的 return 语句获得的。return 语句的格式如下：

return(表达式)；

或　　return 表达式；

return 语句的功能包括：

- 强制程序执行的流程从被调函数返回到主调函数。
- 给主调函数带回一个确定的函数值。

如：
```
int max(int a,int b)
{   return(a>b?a:b);   }
```

② 函数值返回值的类型。函数返回值的类型是在定义函数时的函数值类型。在定义函数时，若函数值说明的类型和 return 语句中的表达式类型不一致，则以函数类型为准。

③ 如果被调用函数中没有 return 语句，为了明确表示函数“不返回值”，就要用 viod 定义无类型。如：

```
viod print()
{   printf("c language");
}
```

这样系统就可保证不使函数带回任何值。

2) 函数的调用

(1) 函数调用的格式如下：

函数名(实参数)

如果调用的是无参函数，则实参表可略去，但函数的括号不能省。

如果实参表中有多个参数，则参数之间用逗号隔开，实参的类型、个数应与形参的顺序一一对应。

函数通过下列三种方式完成函数调用：

① 函数调用语句：以一个函数的调用后面加上“；”作为一个语句。如“printf();”。

② 函数表达式：函数出现在一个表达式中，这时要求函数带回一个确定的值以参加表达式的运算。如“c=2*max(a,b);”。

③ 函数参数：以函数的调用作为一个函数的实参。如“M=max(a,max(b,c));”。

(2) 调用函数时的前提条件。

在一个函数中调用另一个函数，需要具备以下条件：

① 首先被调用的函数必须是已经存在的函数。如果调用库函数，一般还应在本文件的开头用 #include 命令将调用有关库函数时所需用到的信息包含到本文件中。

② 如果调用用户自己定义的函数，则必须对被调函数的原型进行说明。函数的原型包括：函数返回值的类型标识符，被调用函数名(形参及其类型表)。

③ 对函数原型的说明，通常放在程序的顶部，也可以存放到一个头文件中，然后利用 #include 语句嵌入到程序中。

3) 函数的定义与函数调用的区别

(1) 函数的“定义”是一个函数功能的确立，包括指定函数名、函数返回值的类型、形参及其类型、函数体等，它是一个完整的、独立的函数单位。

(2) 函数的“说明”则只是对已经定义好的函数的返回值进行类型说明，它包括函数名、函数类型和一对括号，而不包括形参和函数体。

(3) 对函数进行说明的作用是告诉系统在本程序中将要用到的函数是什么类型，以便在主调函数中按此类型对函数值作相应的处理。

(4) 函数的嵌套调用。C++ 语言中函数的定义是平行的、独立的，所以，函数的定义不能进行嵌套，但函数的调用可以。嵌套调用即在调用一个函数的过程中，又调用另一函数。此前已讲述，不再赘述。

4) 函数递归调用

函数的递归调用是指一个函数在执行过程中出现了直接或间接地调用函数本身的函数调用方式。下面以求解 n! 为例，介绍函数递归调用的 C++程序实现过程。

例如：定义求 n! 的函数。

程序如下：

```
long fact(long n)
{
    if (n==1)
        return 1;
```

```
        return fact(n-1)*n;        //出现了函数 fact 自己直接调用本身的函数调用
    }
```

为了能正确地理解函数的递归调用，要清楚程序执行的流程和返回点。

由本例可以看出，C++ 和 C 程序中实现递归调用的过程没有什么不同。

5) 内联函数

(1) 内联函数的定义方法和格式如下：

```
inline  函数值的类型  函数名(形参及其类型列表)
{   函数体   }
```

例如：

```
inline double square(double x)
  { return x*x; }
void main()
{     double x;
      cout<<"input a data";
      cin>>x;
      cout<<"the squre is" <<square(x);
}
```

(2) 内联函数与普通函数的区别和联系如下：

① 在定义内联函数时，函数值的类型左面有“inline”关键字，而普通函数在定义时没有此关键字。

② 程序中调用内联函数与调用普通函数的方法相同。

③ 当在程序中调用一个内联函数时，是将该函数的代码直接插入到调用点，然后执行该段代码，所以在调用过程中不存在程序流程的跳转和返回问题。而普通函数的调用，程序是从主调函数的调用点转去执行被调函数，待被调函数执行完毕后，再返回到主调函数的调用点的下一语句继续执行。

④ 从调用机理看，内联函数可加快程序代码的执行速度和效率，但这是以增加程序代码为代价来求得速度的。

(3) 对内联函数的限制。应注意，不是任何一个函数都可定义成内联函数。主要限制如下：

① 内联函数的函数体内不能含有复杂的结构控制语句，如 switch 和 while。如果内联函数的函数体内有这些语句，则编译时将该函数视同普通函数那样产生函数调用代码，并不当作内联函数看待或按内联函数处理。

② 递归函数不能被用来作为内联函数。

③ 内联函数一般适合于只有 1～5 行语句的小函数，对一个含有很多语句的大函数，没有必要使用内联函数来实现。

6) 函数重载

(1) 函数重载是指一个函数可以和同一作用域中的其它函数具有相同的名字，但这些同名函数的参数类型、参数个数、返回值、函数功能可以完全不同。例如：

```
#include <iostream.h>
void   whatitis(int i)
```

```
    { cout<<"this is integer"<<i<<endl;}
void whatitis(char c[])
   { cout<<"this is string"<<c<<endl; }
main()
{ int i=1;
   char c[]="abcdef";
   whatitis(i);
   whatitis(c);
}
```

本例中定义了两个名称都叫 whatitis 的函数；但由于它们的形参类型不同，因此，这两个函数就是重载函数。

(2) 使用函数重载的原因。在 C 语言中，每个函数必须有其唯一的名称，这样的缺点是所有具有相同功能、而只是函数参数不一样的函数，都必须用不同的名称。而 C++ 中采用了函数重载，对于具有同一功能的函数，如果只是由于函数参数类型不一样，则可以定义相同名称的函数。

(3) 匹配重载函数的顺序。由于重载函数具有相同的函数名，在进行函数调用时，系统一般按照调用函数时的参数个数、类型和顺序来确定被调用的函数。具体来说，按以下三个步骤找到并调用函数：

① 寻找一个严格的匹配，即调用与实参的数据类型、个数完全相同的函数。

② 通过内部转换寻求一个匹配，即通过①的方法没有找到相匹配的函数时，则由 C++ 系统对实参的数据类型进行内部转换，转换完毕后，如果有匹配的函数存在，则执行该函数。

③ 通过用户定义的转换寻求一个匹配，若能查出有唯一的一组转换，就调用那个函数。即在函数调用处由程序员对实参进行强制类型转换，以此作为查找相匹配函数的依据。

例如：

```
#include <iostream.h>
void print(double d)
      { cout<<"this is a double "<<d<<"\n"; }
void print(int i)
    { cout<<"this is an integer "<<i<<"\n"; }
void main()
{   int x=1,z=10;
    float y=1.0;
    char   c='a';
    print(x);              //按步骤① 自动匹配函数 void print(int i)
    print(y);              //按步骤② 通过内部转换匹配函数 void print(double i),
                           //因为系统能自动将 float 型转换成 double 型
    print(c);              //按步骤② 通过内部转换匹配函数 void print(int i),
                           //因为系统能自动将 char 型转换成 int 型
    print(double(z));      //按步骤③ 匹配 void print(double i),
```

```
                //因为程序中将实参 z 强制转换为 double 型
    }
```

(4) 定义重载函数时的注意事项如下：

① 重载函数间不能只是函数的返回值不同，应至少在形参的个数、参数类型或参数顺序上有所不同。

例如：

```
void myfun(int i)
  {  …  }
int myfun(int i)
   { …  }
```

这种重载就是错误的，因为此种写法对重载的函数未理解清楚，属于重复的乱写，未起到重载函数的作用，显然不属于重载函数。

② 应使所有的重载函数的功能相同。如果让重载函数完成不同的功能，将会破坏程序的可读性。

7) 默认参数的函数

C++ 允许在定义函数时给其中的某个或某些形式参数指定默认值，这样，当发生函数调用时，如果省略了对应位置上的实参的值，则在执行被调函数时，以该形参的默认值进行运算。

对默认参数的函数在程序中的使用举例。

程序如下：

```
#include <iostream.h>
void sum(int num=10)   //形参默认值
{    int i,s=0;
     for(i=1;i<=num;i++)
        s=s+i;
        cout<<"sum is "<<s<<"\n"; }
void main()
{    sum(100);     //提供了实参值，被调函数以 100 进行运算，输出结果为 5050
     sum();        //省略实参值，使用形参默认值 10，输出结果为 55
}
```

显然赋值语句提供实参和省略实参，使用形参默认值不同。所以，使用默认参数的函数应注意以下几点：

(1) 默认参数一般在函数说明中提供。如果程序中既有函数的说明又有函数的定义，则定义函数时不允许再定义参数的默认值。如果程序中只有函数的定义，而没有函数说明，则默认参数才可出现在函数定义中。例如：

```
void   point(int x=10,y=20);
void   main()
  {  …   }
void   point (int x, int y)
{
```

```
        cout<<x<<endl;
        cout<<y<<endl;
    }
```

(2) 默认参数的顺序。如果一个函数中有多个默认参数，则在形参分布中，默认参数应从右至左逐渐定义。例如：

```
void myfunc(int a=1,float b,long c=20);         //错误
void myfunc(int a,float b=2.1,long c=30);       //正确
```

7．C++ 中指针类型及使用

1) 指针的概念

一个变量在内存中所占存储单元的地址号就是该变量的指针。

例如：int i;

　　　i=20;

假设 i 变量在内存中所占存储单元的地址号为 1000 ，此时称 1000 这个存储地址为变量 i 的指针，而 20 是变量 i 的值。

(1) 指针变量的定义。专门存放其它变量地址的变量称为指针变量。与其它变量的定义类似，指针变量在使用前也必须定义其类型。其定义的一般形式如下：

　　类型标识符号　*指针变量名表

例如：int i=50;

　　　int *ip;

说明：

① 指针变量名前面的“*”表示该变量为指针变量，它不是变量名本身的一部分。

② 此处的类型标识符是该指针变量所要指向变量的类型。

③ 变量的指针和指向变量的指针变量的区分：指针是某一变量在内存中所占存储单元的地址，是一个地址值；而指针变量则是专门存放其它变量地址的变量，是一个变量，如果某一指针变量中存放了另外一个变量的指针，则称该指针变量是指向那个变量的指针变量。

(2) 与指针运算有关的两个运算符。

① &。&运算符若放在表达式中的某个变量之前，则为求某一变量所占存储单元的存储地址。

例如：int i=50;

　　　int *ip;

　　　ip=&i;

本程序段中第三行的&i 即为求变量 i 的存储单元地址(即指针)，此时，指针变量 ip 存放了变量 i 的存储地址(指针)，因此称指针变量 ip 此时是指向了变量 i。

② *。* 运算符取出指针变量所指向的变量的内容，其后面跟指针变量。如 *ip 为取出指针变量所指向的变量内容。即因为 ip 是指向变量 i，此时 *ip 指取出指针变量所指向的变量内容，所以 *ip 与 i 等价。

(3) 指针变量的引用。指针变量的引用，即使用指针变量，其使用方法和普通变量的使

用原理一致，但要注意：

① 指针变量是一个变量，一个指针变量和普通变量一样，在内存中也占用存储单元，因为一个指针变量也相当于一个容器，所以指针变量也有其指针，这就是指针变量的指针。

② 指针变量内只能存放其它变量的地址，而不能直接随意存放一个普通数据。

③ 一个指针变量只能指向同一个类型的变量，如上例中指针变量 ip 只能指向整型变量。

④ 一个指针变量只有先指向某一个变量后，才可利用该指针变量对它所指向的变量进行操作(间接访问)。

指针变量及其使用方法举例。

程序如下：

```
#include<iostream.h>
void main()
{   int a,b;
    int *ip1,*ip2;          //定义了两个指向整型数的指针变量
    a=100;b=100;
    ip1=&a;ip2=&b;          //将变量 a、b 的地址赋给两个指针变量，这时，指针变量
                            ip1 指向变量 a，而 ip2 指向 b
  cout<<a<<' '<<b<<endl;
  cout<<*ip1<<' '<<*ip2<<endl;          //等价于 cout<<a<<' '<b<<endl;
  *ip1=200;                             //等价于 a=200;
  *ip2=300;                             //等价于 b=300;
  cout<<*ip1<<' '<<*ip2<<endl;
}
```

(4) const 指针。

① 指向常量的指针变量的定义与使用。语句格式如下：

const 类型标识符 *指针变量名；

例如：const int *p;

用这种方法定义的指针变量，借助该指针变量只可读取它所指向的变量或常量的值，不可借助该指针变量对其所指向的对象的值进行修改(即重新赋值)，但可允许这种指针变量指向另外一个同类型的其它变量。

指向常量指针使用时出错举例。

程序如下：

```
include <iostream.h>
void main()
{    const int i=20;
        int k=40;
     const int *p;              //定义指向常量的指针变量 p
        p=&i;                   //指针变量 p 指向变量 i
        cout<<*p<<i;
```

```
        *p=100;          //该句错误，不可借助 p 对它所指向的目标进行重新赋值
         p=&k;           //可以使 p 指向另外一个同类型的变量
      cout<<*p<<k;
         *p=200;         //该句错误
          k=200;}
```

② 指针常量。指针常量的定义格式如下：

类型标识符 * const 指针变量名=初始指针值；

例如：char * const p="abcde"

用该种方法定义的指针变量，其值(是一个指针值)不可进行修改，但可以借助该指针变量对其所指向的对象的值进行读取或修改。另外，这种指针在定义时必须初始化。例如：

```
void main()
{    char s[]="askdfsljfl";
     char * const p=s;    //必须初始化
     p=" xyz";            //该句错误，不可再使指针变量指向另外一个地址(指针)
     cout<<*p;
     *p= 's';
     cout<<*p;
     p++;
     *p= 'q';
     cout<<*p;   }
```

③ 指向常量的指针常量。指向常量的指针常量的定义方法如下：

const 类型标识符 * const 指针变量名=初始指针值；

例如： int b;

const int * const p=&b;

用这种方法定义的变量，既不允许修改指针变量的值，也不允许借助该指针变量对其所指向的对象的值进行修改。另外，该变量在定义时必须初始化。例如：

```
void main()
{   int a=10; int c=30;
    const int b=20;
    const int * const p=&a;
    const int * const q=&b;
    p=&c;                 //错误
    *p=50;                //错误
}
```

2) 指针与函数

如前所述，函数的参数可以为整型、实型、字符型等普通变量。实参与形参间参数的传递是单向的“值传递”。

但函数的参数也可以为指针，它的作用是将一个变量的地址传给被调函数的形参。此时主调函数的调用点上的实参必须是地址值(指针)，而被调函数的形参一定要定义为指针变

量的形式。

此时，被调函数的形参得到的是实参的指针，因此，该形参变量就指向实参，在被调函数中对形参的操作就相当于对它所指向的实参的操作。

例如：交换两个变量的值，可输入如下程序：

```
#include<iostream.h>
void swap(int *p1, int *p2)      //形参 p1 和 p2 要定义成指针变量形式
{    int p;
     p=*p1;
     *p1=*p2;
     *p2=p;   }
void main()
{    int a,b;
     cin>>a>>b;
     swap(&a,&b);  // 以变量 a 和变量 b 的地址作为实参值
     cout<<a<<','<<b;
}
```

(1) 函数的指针。一个函数在内存中的起始地址就是该函数的指针。在 C++中，函数的名称就代表了该函数的指针。指向函数的指针变量的一般定义形式如下：

数据类型标识符　(*指针变量名) ( );

在 C++ 语言中，指针变量可以指向普通变量，它也可以指向函数。

例如：在 C++ 中，求 a 和 b 中的较大者，可输入如下程序：

```
#include "iostream.h"
int max(int x, int y);     //声明被调函数 max
void main()
{    int a,b,c;
     cin>>a>>b;
     c=max(a,b);
     cout<<c;   }
int   max(int x,int y)
{    int z;
     if(x>y)
        z=x;
     else
        z=y;
     return(z);   }
```

从这一程序看出，C++ 和 C 程序中的写法没有太大的区别。如果改用指向函数的指针变量，则 main 函数如下：

```
void main()
{    int (*p)();    //定义了一个指向返回值为 int 型函数的指针变量 p
```

```
        int a,b,c;
        p=max;          //将函数 max 的首地址(即指针)赋给指针变量 p
         cin>>a>>b;
         c=(*p) (a, b);
         cout<<c;
    }
```

从本例可以看出：

① int (*p)() 说明了一个指向返回值为整型数据的函数的指针。

② p=max 表示把函数的入口地址赋给指针变量 p，那么*p 就是函数 max。因此 c=(*p)(a,b)和 c=max(a,b)等价。

在编写 C++ 程序时应注意以下几个方面：

① 函数的调用可以通过函数名调用，也可通过函数指针调用。

② int (*p)()只是表示定义了一个指向函数的指针变量。

③ 在函数指针变量赋值时，只需给出函数名，不必给出参数。如本例中的 p=max 是因为它只是传递函数的地址。

④ 对指向函数的指针进行 p+n、p++、p--等算数运算无意义。

(2) 把指向函数的指针变量作函数参数。函数的指针变量主要的用途就是把指针作为参数传递到其它函数。例如：

```
sub(int (*x1)(),int (*x2)())
{     int a,b,i,j;
      a=(*x1)(i);
      b=(*x2)(j);    }
```

(3) 返回指针值的函数。返回指针值的函数的定义方式如下：

类型标识符号　*函数名(参数名)

例如：

```
int   *a(int x, int y)
    {…}
```

此时，该函数体内的 return 语句的形式为

return(指针值);

例如：定义 findmax()函数，其功能是寻找数组中的最大元素，将该元素的下标通过参数返回，并返回其地址值，编程实现 findmax()函数。

程序如下：

```
#include "iostream.h"
int *findmax(int *array,int size,int *index);
void main()
{     int a[10]={33,91,54,67,82,37,85,63,19,68};
      int *maxaddr;
      int idx;
      maxaddr=findmax(a,sizeof(a)/sizeof(*a),&idx);
```

```
        cout<<idx<<endl;
        cout<<maxaddr<<endl;
        cout<<a[idx]<<endl;   }
    int *findmax(int *array,int size,int *index)
    {   int max,i;
        max=*(array+0);
        for (i=1;i<size;i++)
        if (max<*(array+i))
        {   max=*(array+i);
            *index=i;   }
        return(array+*index);   }
```

(4) 指针与数组。数组的指针即整个数组在内存中的起始地址；数组元素的指针是数组中某一元素所占存储单元的地址。数组元素的引用是利用数组的下标进行的，也可以利用指针来进行。

利用指针引用某一数组元素时，即可以先使一指针变量指向某一数组元素，然后通过该指针变量对它所指向的数组元素进行操作。

① 指向数组元素的指针变量的定义与赋值。指向数组元素的指针变量的定义与以前定义指针变量的方法相同，只要注意指针变量定义时的类型要与所要指向的数组的类型一致即可。例如：

```
int a[10];
int *p;
p=&a[0];                //把数组元素 a[0]的地址赋给指针变量 p
```

C++ 中规定：数组名就代表数组首地址，即数组第 0 号元素的地址。例如：

```
int a[10];
int *p;
p=&a[0];                //与 p=a 等价
```

在此程序段中 p=&a[0]与 p=a 等价。但要注意，其作用是把数组 a 的起始地址赋给指针变量 p，而不是把数组 a 的各元素的地址赋给 p。这一点和 C 程序设计中相同。

② 通过指针变量使用数组元素。假设 p 为指向某一数组元素的指针变量。C++ 语言规定：p+1 指向数组的下一个元素。注意它不是单纯的 p 加 1。

设定义一个数组 a[10]，p 的初值为 &a[0]，即此时 p 指向 a[0]元素，则

- p+1 或 a+1 就是 a[1]元素的存储地址，即它们都指向数组的第 1 号元素 a[1]。所以*(p+1)或*(a+1)就与 a[1]是等价的。
- p+i 或 a+i 就是 a[i]元素的存储地址，即它们都指向数组的第 i 号元素 a[i]。所以 *(p+i)或*(a+i)就与 a[i]等价。因此，利用此方法就可访问到数组元素。例如：

```
main()
{   int a[0];
    int *p,i;
    for(i=0;i<10;i++)
```

```
            cin>>a[i];
        p=a;
        for (i=0;i<10;i++)
            cout<<*(p+i);   //等价于 cout<<a[i];
    }
```

对上述内容再作几点补充说明：

假设已定义了一个数组 a[10]，且定义了一个指针变量 p，赋初值给 a，即 p=a ，则

- p++是指向数组元素的下一个元素，即 a[1]。
- *p++等同于*(p++)，它的作用是先得到 p 所指向的元素的值(即 *p)，然后再使 p+1。

例如：

```
for(i=0;i<10;i++,p++)
cout<<*p++;
```

③ *(p++)与*(++p)的作用不同，*(p++)是先取 p 的值作 * 运算，然后再使 p 加 1(即指向下一个元素)。*(++p)是先使 p 加 1(即使 p 指向下一个元素)，然后再作 * 运算。

例如：若 p 的初值为 a(即&a[0])，输出 *(p++)时，得到 a[0]的值，而输出 *(++p)，则得到 a[1]的值。

- (*p)++ 表示 p 所指的元素值加 1，对上例来说 a[0]++。
- 对于指针的 -- (自减)，运算原理同上。
- 只有指向数组元素的指针变量才可进行自加或自减运算。

④ 数组名作函数参数。数组名可以用来作为实参和形参。用数组名作实参，在调用函数时实际上是把数组的首地址传递给形参，这样，实参数组就与形参数组共占同一段内存，那么形参数组中元素的值发生变化后，实参数组中各元素的值也发生变化，但这种变化并不是从形参传回实参，而是由于形参与实参数共享同一段内存而造成的。

利用数组名作为函数的参数时，可以用以下四种方法实现：

- 形参和实参都用数组名。
- 实参用数组名，形参用指针变量。
- 实参和形参都用指针变量。
- 实参用指针变量，形参用数组名。

例如：函数 func 是实现数组排序的过程。主函数将 8 个整数读入，调用 func 排序并输出结果。

程序如下：

```
#include <iostream.h>
void func(int *);                       //func 的函数原型
void main()
{   int   data[8];
    int   i;
    cout<<"\n 输入 8 个数:";
    for ( i =0; i<8; i++ )
        cin>>data[i];
    func(data);
```

```
        cout <<"\n 排序输出：  ";
        for ( i =0; i<8; i++ )
            cout<<data[i]<<", ";
        cout <<endl<<endl;
    }
    void func(int *s)
    {   int   i, j;
        int   work;
        for ( i=0; i<8; i++ )
            for ( j=i; j<8; j++ )
            if (*(s+i)<*(s+j))
        {   work=*(s+i);
            *(s+i)=*(s+j);
            *(s+j)= work;
        }
    }
```

(5) 指针与字符串。

① 字符串的指针和指向字符串的指针变量。字符串在内存中的首地址称为字符串的指针。在 C++ 程序中，可以用两种方法来实现字符串的保存，即用字符数组来实现和用字符串指针实现。例如：

```
    main()
    {   char *string="languaye";
        cout<<string;
    }
```

输出结果如下：

```
    c language
```

注意，输出时的指针变量的写法是 string 而不是*string。

② 字符串指针作函数参数，可以采用以下四种方法：

方法 1　　实参：数组名；　　　　形参：数组名。

方法 2　　实参：数组名；　　　　形参：字符指针变量。

方法 3　　实参：字符指针变量；　形参：字符指针变量。

方法 4　　实参：字符指针变量；　形参：数组名。

例如：将字符串 a 复制为字符串 b。

程序如下：

```
    #include<iostream.h>
    void copy_string(char *from,char *to)
    {   for(;*from!='\0';from++,to++)
            *to=*from;
        to='\0';   }
```

```
void main()
{    char a[20]="c language";
     char b[20]="very good";
     copy_string(a,b);
     cout<<a<<endl;
     cout<<b<<endl;    }
```

(6) 指针数组和指向指针的指针。

① 指针数组。如果一个数组中的元素均为指针类型的数据，则称这个数组为指针数组。其定义方式如下:

类型标识符　　* 数组名[数组长度]

例如：int *p[6]；

这种指针数组比较适合于处理字符串。如：

char *name[5]={"Unix", "Linux", "Solaris", "Mac", "Windows"};

② 指向指针的指针。前面已经介绍过指针数组，如“char *name[3];”说明该数组中的元素都是指针，数组代表了该指针数组的起始地址，name 是指向指针型数据的指针。

定义指向指针的指针变量的方式如下：

类型标识符号　　**变量名

例如：char　**p；

其中，**p 相当于 *(*p)，说明指针变量 p 是指向一个字符指针变量(指向字符型数据的指针变量)。

8. 引用

1) 引用的概念

引用类型是 C++ 新增加的一个类型，引用类型标识符用 & 表示。引用就是某一变量或对象(目标)起一个别名，这样对引用的操作就是对目标的操作。

引用的声明方法的格式如下：

类型标识符　　&引用名=目标变量名；

例如：int a;

```
int &ra=a;    //定义引用 ra，它是变量 a 的引用，即变量 a 的别名
```

使用引用时要注意以下几个方面：

(1) &在此不是求地址运算，而是起标识作用。

(2) 类型标识符是指目标变量的类型。

(3) 声明引用时，必须同时对其进行初始化。

(4) 引用声明完毕后，相当于目标变量名有两个名称，即该目标原名称和引用名。

(5) 声明一个引用，不是新定义了一个变量，它只表示该引用名是目标变量名的一个别名，所以系统并不给引用分配存储单元。

C++的引用主要用于以下三个方面：

(1) 定义变量或对象的别名。

(2) 定义函数的引用类型参数。

(3) 定义函数的引用类型返回值。

在引用的使用中，一旦一个引用被声明，则该引用名就只能作为目标变量名的一个别名来使用，而不能再把该引用名作为其它变量名的别名，任何对该引用的赋值就是该引用对应的目标变量名的赋值。对引用求地址，就是对目标变量求地址。

引用的定义及使用方法举例。

程序如下：

```
#include <iostream.h>
void main()
{   int a,b=10;
    int &ra=a;        //定义引用 ra，初始化成变量 a，所以 ra 是变量 a 的引用(别名)
    a=20;
    cout<<a<<endl;
    cout<<ra<<endl;          //等价于 cout<<a<<endl;
    cout<<&a<<endl;          //输出变量 a 所占存储单元的地址
    cout<<&ra<<endl;         //等价于 cout<<&a<<endl;
    ra=b;                    //等价于 a=b;
    cout<<a<<endl;
    cout<<ra<<endl;                  //等价于 cout<<a<<endl;
    cout<<b<<endl;
    cout<<&a<<endl;
    cout<<&ra<<endl;         //等价于 cout<<&a<<endl;
    cout<<&b<<endl;
}
```

2) 指针变量的引用

由于指针变量也是变量，因此，可以声明一个指针变量的引用。方法如下：

类型标识符 *&引用名=指针变量名；

例如：

```
#include <iostream.h>
void main()
{
    int *a;              //定义指针变量 a
    int *&p=a;           //定义引用 p，初始化为指针变量 a，所以 p 是 a 的引用(别名)
    int b=10;
    p=&b;                 //等价于 a=&b，即将变量 b 的地址赋给 a
    cout<<*a<<endl;   //输出变量 b 的值
    cout<<*p<<endl;   //等价于 cout<<*a;
}
```

但是，不能建立数组的引用，因为数组是一个由若干个元素所组成的集合，无法建立一个数组的别名。引用是对某一变量或目标对象的引用，它本身并不是一种数据类型，因此引用本身不占存储单元，这样，就不能声明引用的引用，也不能定义引用的指针。如下程序段中的操作是达不到的：

```
int a;
int &ra=a;
int &*p=&ra;    //错误
```

注意：不能建立空指针的引用，如：不能建立“int &rp=NULL;”；也不能建立空类型 void 的引用，如：不能建立“void &ra=3;”，因为尽管在 C++语言中有 void 数据类型，但没有任何一个变量或常量属于 void 类型。

3) 用引用作为函数的参数

一个函数的参数也可定义成引用的形式。如，我们定义交换两个数的函数 swap，将函数的参数定义成引用的形式：

```
void swap(int &p1, int &p2) //此处函数的形参 p1、p2 都是引用
{    int p;
        p=p1;
        p1=p2;
        p2=p;
}
```

为在程序中调用该函数，则在相应的主调函数的调用点处，直接以变量作为实参进行调用即可，而无需对实参变量有任何的特殊要求。如：对应上面定义的 swap 函数，相应的主调函数可写为

```
void main()
{      int a,b;
       cin>>a>>b;  //输入 a、b 两变量的值
       swap(a,b);  //直接以变量 a 和 b 作为实参调用 swap 函数
       cout<<a<<' '<<b;  //输出结果
}
```

上述程序运行时，如果输入数据“10 20”并回车，则输出结果为“20 10”。

通过上述例子，作几点说明：

(1) 传递引用给函数与传递指针的效果是一样的。被调函数的形参就作为原来主调函数中的实参变量或对象的一个别名来使用，所以在被调函数中对形参变量的操作就是对其相应的目标对象(在主调函数中)的操作。

(2) 使用引用传递函数的参数，在内存中并没有产生实参的副本，它是直接对实参操作；而使用一般变量传递函数的参数，当发生函数调用时，需要给形参分配存储单元，这样形参与实参就占用不同的存储单元，所以形参变量的值是实参变量的副本。因此，当参数传递的数据量较大时，用引用比用一般变量传递参数的效率高且不占用存储空间。

(3) 使用指针作为函数的参数虽然也能达到与使用引用的效果，但是，在被调函数中需要重复使用“*指针变量名”的形式进行运算，这很容易产生错误且程序的阅读性较差；另一方面，在主调函数的调用点处，必须用变量的地址作为实参。

例如：

```
void swap(int *p1, int *p2)
{    int p;
     p=*p1; //必须用"*指针变量名"的形式操作目标数据
     *p1=*p2;
     *p2=p;
}
main()
{    int a,b;
     cin>>a>>b;
     swap(&a,&b);    //必须以变量 a 和 b 的地址作为实参
     cout<<a<<b;
}
```

4) 使一个被调函数同时返回多个值

函数的返回值是通过函数体中的 return 语句完成的，但一个 return 语句只能返回一个值，为此，我们可以采用以下方法：

(1) 利用全局变量的方法：可以在程序的开头定义一些全局变量。这样，当被调函数执行完毕后，所需要的数据已保存在全局变量中，在主调函数中直接读取全局变量的值即可。

(2) 使用指针或数组的方法：在指针作为函数的情况下，可将主调函数的某些变量的地址传递给被调函数。

(3) 利用引用的方法：使用引用传递参数，可以在被调函数中改变主调函数中目标变量的值，这种方法实际上就是可以使被调函数返回多个值。

例如：使用引用使函数返回多个值。以下程序定义了可以同时返回 10 个数中最大值和最小值的函数 max_min：

```
#include <iostream.h>
void max_min(int *p,int n,int &max,int &min);    //声明函数 max_min
void main()
{
     int a[10];
     int ma,mi;
     int i;
     for(i=0;i<10;i++)
          cin>>a[i];
     max_min(a,10,ma,mi);                         //调用函数 max_min
     cout<<ma<<mi;
}
void max_min(int *p,int n,int &max,int &min)     //形参 max 和 min 定义成引用
{
     int i=0;
```

```
        max=*(p+i);
        min=*(p+i);
        for(i=1;i<n;i++)
        {
            if  (max<*(p+i))
                    max=*(p+i);                //实质上就是对实参变量 ma 赋值
                if  (min>*(p+i))
                    min=*(p+i);                //实质上就是对实参变量 mi 赋值
        }
    }
```

5) 用引用返回函数值

若要引用返回函数值，则函数定义时要按以下格式：

类型标识符 &函数名(形参列表及类型说明)

{　函数体　}

说明：

(1) 以引用返回函数值，定义函数时需要在函数名前加&。

(2) 用引用返回一个函数值的最大好处是在内存中不产生被返回值的副本。

例如：以下程序中定义了一个普通的函数 fn1(它用返回值的方法返回函数值)，另外一个函数 fn2，它以引用的方法返回函数值：

```
#include <iostream.h>
float temp;                  //定义全局变量 temp
float fn1(float r);          //声明函数 fn1
float &fn2(float r);         //声明函数 fn2
float fn1(float r)           //定义函数 fn1，它以返回值的方法返回函数值
{
    temp=(float)(r*r*3.14);
    return temp; }
float &fn2(float r)          //定义函数 fn2，它以引用方式返回函数值
{
    temp=(float)(r*r*3.14);
    return temp;
}
void main()               //主函数
{   float a=fn1(10.0);    //第 1 种情况，系统生成要返回值的副本(即临时变量)

    float &b=fn1(10.0);   //第 2 种情况，可能会出错(不同的 C++系统有不同规定)，
                          //不能从被调函数中返回一个临时变量或局部变量的引用
    float c=fn2(10.0);    //第 3 种情况，系统不生成返回值的副本，可以从被调函数
                          //中返回一个全局变量的引用
```

```
    float &d=fn2(10.0);  //第 4 种情况，系统不生成返回值的副本，可以从被调函数
                         //中返回一个全局变量的引用
    cout<<a<<c<<d;}
```

6) 一个返回引用的函数值作为赋值表达式的左值

一般情况下，赋值表达式的左边只能是变量名，即被赋值的对象必须是变量，只有变量才能被赋值，常量或表达式不能被赋值，但如果一个函数的返回值是引用时，赋值号的左边可以是该函数的调用。

例如：测试用返回引用的函数值作为赋值表达式的左值。

程序如下：

```
#include <iostream.h>
int &put(int n);
int vals[10];
int error=-1;
void main()
{   put(0)=10;        //以 put(0)函数值作为左值，等价于 vals[0]=10;
    put(9)=20;        //以 put(9)函数值作为左值，等价于 vals[9]=10;
    cout<<vals[0];
    cout<<vals[9];}
    int &put(int n)
{   if (n>=0 && n<=9 )
        return vals[n];
     else      { cout<<"subscript error";
        return error;   }
}
```

7) 用 const 限定引用

用 const 限定引用的声明方式如下：

const 类型标识符 &引用名=目标变量名；

用这种方式声明的引用，不能通过引用对目标变量的值进行修改，从而使引用的目标成为 const，达到了引用的安全性。例如：

```
#include "iostream.h"
double &fn(const double &pd)
{   static double ad=32;
    ad+=pd;
    cout<<pd<<endl;
    return ad;
}
void main()
{   double a=100.0;
    double &pa=fn(a);
```

```
    cout<<pa<<endl;
    a=200.0;
    pa=fn(a);
    cout<<pa<<endl;
}
```

程序运行的结果如下：

```
100
132
200
332
```

8) 引用总结

(1) 在引用的使用中，单纯给某个变量取个别名是毫无意义的，引用的目的主要用于在函数参数传递中，解决大对象的传递效率和占用空间的问题。

(2) 用引用传递函数的参数，能保证参数传递中不产生副本，提高传递的效率；且通过 const 的使用，保证了引用传递的安全性。

(3) 引用与指针的区别是，指针通过某个指针变量指向一个对象后，对它所指向的变量间接操作，程序中使用指针，程序的可读性差；而引用本身就是目标变量的别名，对引用的操作就是对目标变量的操作。

9. 编译预处理

在 C++ 程序的源代码中可以使用各种编译指令，这些指令称为编译预处理命令。C++ 提供的预处理命令主要有以下三种：

- 宏定义命令
- 文件包含命令
- 条件编译命令

这些命令在程序中都是以"#"来引导，每条预处理命令必须单独占用一行；它们不是 C++的语句，因此在结尾没有分号"；"。

1) 宏定义命令

宏定义的一般形式如下：

```
#define  宏名  字符串
```

其中，define 是宏替换的关键字，"宏名"是需要替换的标识符，"字符串"是被指定用来替换的字符序列。如：#define PI 3.1415926。

说明：

(1) #define、宏名和字符串之间一定要有空格。

(2) 宏名一般用大写字母表示，以区别于普通标识符。

(3) 宏被定义以后，一般不能再重新定义，但可以用#undef 来终止宏定义。

(4) 一个定义过的宏名可以用来定义其它新的宏，但要注意其中的括号。如：

```
#define A 20
#define B (A+10)
```

(5) 可以有带参数的宏替换。如：

```
#define MAX(a,b) ((a)>(b)?(a):(b))
```

2) 文件包含命令

“文件包含”，是指将另一个源文件的内容合并到当前程序中。C++中，文件包含命令的一般形式如下：

#include<文件名>　　或　　#include "文件名"

文件名一般是以.h 为扩展名，因而称它为“头文件”，文件包含的两种格式区别在于：将文件名用“< >”括起来，用来包含那些由系统提供并放在指定子目录中的头文件；将文件名用双引号括起来的，用来包含用户自己定义的放在当前目录或其它目录下的头文件或其它源文件。文件包含可以将头文件中的内容直接引入，而不必再重复定义，节省了编程时间。

注意：一条 #include 命令只能包含一个文件，若想包含多个文件，则应使用多条包含命令。

3) 条件编译命令

在一般情况下，源程序中的所有语句都会参加编译，但是有时候会希望根据一定的条件编译源文件的部分语句，这就是“条件编译”。条件编译使得同一源程序在不同的编译条件下得到不同的目标代码。

在 C++ 中，常用的条件编译命令有如下三种：

(1) #ifdef 标识符。

```
    程序段 1
#else
    程序段 2
#endif
```

该条件编译命令的功能是：如果在程序中定义了指定的“标识符”，就用程序段 1 参与编译；否则，用程序段 2 参与编译。

(2) #ifndef 标识符。

```
    程序段 1
#else
    程序段 2
#endif
```

该条件编译命令的功能是：如果在程序中未定义指定的“标识符”，就用程序段 1 参与编译；否则，用程序段 2 参与编译。

(3) #if 常量表达式 1。

```
    程序段 1
#elif 常量表达式 2
    程序段 2
        ……
#elif 常量表达式 n
    程序段 n
#else
     程序段 n+1
```

#endif

该条件编译命令的功能是：依次计算常量表达式的值，当表达式的值为真时，用相应的程序段参与编译；如果全部表达式的值都为假，则用 else 后的程序段参与编译。

10. 文件及其操作

文件是指存储在存储介质上的数据的集合。C++ 将文件看做是由一个一个字符(字节)的数据顺序组成的。它的组成形式可以分为 ASCII 文件和二进制文件。ASCII 文件又称文本文件，它的每一个字节存放一个 ASCII 代码，代表一个字符；二进制文件是将数据用二进制形式存放在文件中，它保持了数据在内存中存放的原有格式。

无论是文本文件还是二进制文件，都需要用“文件指针”来操纵。一个文件指针总是和一个文件相关联，当文件每一次打开时，文件指针指向文件的开始，随着对文件的操作，文件指针不断地在文件中移动，并一直指向最后处理的字符(字节)位置。

对文件的操作有两种方式：顺序文件操作和随机文件操作。

1) 顺序文件操作

顺序文件操作，即从文件的第一个字符(字节)开始，顺序地处理到文件的最后一个字符(字节)，文件指针相应地从文件的开始位置到文件的结尾。

顺序文件操作包括打开文件、读写文件和关闭文件三个步骤。

文件的打开和关闭是通过使用 fstream 类的成员函数 open 和 close 来实现的。fstream 类是用来对文件流进行操作，它和前面的标准输出/输入流(cout、cin)一起构成了 C++实现流操作的最基本的类，而且它们有一个共同的基类 ios。为了能使用这些类的相关函数，还必须在程序中添上相关的包含文件。例如：cout 和 cin 的头文件是 iostream.h，而 fstream 类的头文件是 fstream.h。

(1) 打开文件。打开文件应使用成员函数 open()，该成员函数的函数原型如下：

```
void open(const unsigned char *filename,int mode,int access=filebuf::openprot);
```

其中，filename 是一个字符型指针，指定要打开的文件名；mode 指定文件的打开方式，其值如表 11-14 所示；access 指定了文件的系统属性，其取值为 0 则表示一般文件，为 1 则表示只读文件，为 2 则表示隐藏文件，为 3 则表示系统文件。

表 11-14　在 ios 类中定义的文件打开方式

文件打开方式	含　义
in	以输入(读)方式打开文件
out	以输出(写)方式打开文件
app	打开一个文件使新的内容始终添加在文件的末尾
ate	文件打开时，文件指针位于文件尾
trune	若文件存在，则清除文件所有内容；否则，创建新文件
binary	以二进制方式打开文件，缺省时以文本方式打开文件
nocreat	打开一个已有文件，若该文件不存在，则打开失败
noreplace	若打开的文件已经存在，则打开失败
ios:inlion::out	以读/写方式打开文件
ios::inlios::binary	以二进制读方式打开文件
ios::outlios::binary	以二进制写方式打开文件

(2) 关闭文件。在文件操作结束时，应及时调用成员函数 close()来关闭文件。如要关闭的文件名为 myfile，则可使用如下语句关闭文件：

```
myfile.close();
```

(3) 文件的读/写。在打开文件后，就可以对文件进行读/写操作。

例如：向文本文件中分别写入一个整数、一个浮点数和一个字符串，并读出其中的信息。

程序如下：

```
#include<iostream.h>
#include<fstream.h>
#include<stdlib.h>
void main()
{     fstream myfile;
      myfile.open("f1.txt",ios::out);        //以写方式打开文件 f1.txt
       if(!myfile)
         { cout<<"Can't open file!!"<<endl;
           abort();                        //退出程序，包含在 stdlib.h 中
                     }
       myfile<<20<<endl;
       myfile<<4.58<<endl;
       myfile<<"Hello World!"<<endl;
       myfile.close();
}
```

2) 随机文件操作

随机文件操作，即在文件中通过 C++相关的函数移动文件指针，并指向所要处理的字符(字节)。随机文件提供在文件中来回移动文件指针和非顺序地读/写文件的能力，这样在读/写文件中的某一数据之前不需要再读/写其前面的数据，从而能快速地检索、修改和删除文件中的信息。

istream 类中提供了以下三个操作读指针的成员函数：

```
istream&istream::seekg (long pos);
istream&istream::seekg(long off,dir);
streampos istream::tellg();
```

其中，pos 为文件指针的绝对位置；off 为文件指针的相对偏移量；dir 为文件指针的参照位置，其可能值为

cur=1：文件指针的当前位置。

beg=0：文件开头。

end=2：文件尾。

tellg()函数没有参数，它返回一个 long 型值，用来表示从文件开始处到当前指针位置之间的字节数。

ostream 类中同样提供了以下三个操作写指针的成员函数：

```
ostream&istream::seekp (long pos);
ostream&istream::seekp(long off,dir);
streampos istream::tellp();
```

这三个成员函数的含义与前面三个操作读指针的成员函数相同，只不过它们是用来操作写指针。

通过以上对 C++ 基本内容的介绍，可看出 C++语言的基础内容与 C 语言多数一致。

11.3　面向对象 C++ 编程应用

文件输入/输出在 C++ 中比较简单。下面详细解释 ASCII 和二进制文件输入/输出的每个细节，但值得一提的是，这些不全都是只用 C++完成。

1. ASCII 输出

为了使用下面的方法，必须包含头文件<fstream.h>。而在标准 C++ 中，已经使用<fstream>取代<fstream.h>，所有的 C++ 标准头文件都是无后缀，因为它是<iostream.h>的一个扩展集，提供有缓冲的文件输入/输出操作的功能。事实上，<iostream.h>已经被<fstream>包含，故不必要将这两个文件都包含，如果想要显示包含它们，那也可根据用户自己的习惯来进行。从文件操作类的设计开始，介绍如何进行 ASCII I/O 操作。下面介绍分别使用 ifstream 和 ofstream 作为输入/输出的方法。

如果使用过标准控制台流 cin 和 cout，那么问题就很简单。现在先看输出部分，首先声明一个类对象 ofstream fout，如果要打开一个文件，就必须采用以下方式调用 ofstream::open()：

```
fout.open("output.txt");
```

也可以把文件名作为构造参数来打开一个文件，即

```
ofstream fout("output.txt");
```

这样创建和打开一个文件更简单。如果要打开的文件不存在，则它会创建一个文件。下面就输出到文件，该过程看起来和 "cout" 的操作很像。若不熟悉控制台输出 cout，则可参考如下例子：

```
int num = 150;
char name[] = "John Doe";
fout << "Here is a number: " << num << "n";
fout << "Now here is a string: " << name << "n";
```

当要保存文件时，必须先关闭文件，或者回写文件缓冲。文件关闭之后就不能再操作，所以只有在不再操作这个文件的时候才调用它，它会自动保存文件。回写缓冲区会在保持文件打开的情况下保存文件，所以只要有必要就使用它。回写看起来像另一次输出，然后调用方法关闭。如下：

```
fout << flush; fout.close();
```

现在用文本编辑器打开文件，内容如下：

```
Here is a number: 150 Now here is a string: John Doe
```

2. ASCII 输入

输入和“cin”流很类似。先看如下文本：

```
12 GameDev 15.45 L This is really awesome!
```

为了打开这个文件，必须创建一个 in-stream 对象，形式如下：

```
ifstream fin("input.txt");
```

现在读入前四行。在 “<<” (插入)操作符之后是“>>” (提取)操作符。使用方法是一样的。读取的四行代码如下：

```
int number;
float real;
char letter, word[8];
fin >> number; fin >> word; fin >> real; fin >> letter;
```

也可以把这四行读取文件的代码写为更简单的一行，则为

```
fin >> number >> word >> real >> letter;
```

文件的每个空白之后，“>>” 操作符会停止读取内容, 直到遇到另一个 “>>” 操作符。因为我们读取的每一行都被换行符分割开(是空白字符)，“>>” 操作符只把这一行的内容读入变量。这就是这个代码也能正常工作的原因。但是，注意不要遗漏文件的最后一行：

```
This is really awesome!
```

如果想把整行读入一个 char 数组，就不能使用 “>>” 操作符，因为每个单词之间的空格(空白字符)会中止文件的读取。验证：

```
char sentence[101]; fin >> sentence;
```

的目的是想包含整个句子“This is really awesome!”，但却因为空白，现在它只包含了“This”。下面采用读取整行的方法 getline()：

```
fin.getline(sentence,100);
```

这是函数参数。第一个参数显然是用来接受的 char 数组。第二个参数是在遇到换行符之前，数组允许接受的最大元素数量。现在我们得到了想要的结果：“This is really awesome!”。

3. 二进制输入/输出

我们不再使用插入和提取操作符，即“<<” 操作符和“>>”操作符。因为它们不会用二进制方式读/写，所以必须使用 read() 和 write() 方法读取和写入二进制文件。创建一个二进制文件，即

```
ofstream fout("file.dat", ios::binary);
```

这会以二进制方式打开文件，而不是默认的 ASCII 模式。函数 write() 包含两个参数：第一个是指向对象的 char 类型的指针；第二个是对象的大小，用字节数表示。例如：

```
int number = 30; fout.write((char *)(&number), sizeof(number));
```

第一个参数写做 “(char *)(&number)”，用于把一个整型变量转为 char *指针。第二个参数写做 “sizeof(number)”。sizeof()用来返回对象大小的字节数。

二进制文件可以在一行把一个结构写入文件。如果有 12 个不同的成员，用 ASCII 文件的话，就只能每次写入一个成员。但二进制文件可方便代替上述过程。例如：

```
struct OBJECT { int number; char letter; } obj;
obj.number = 15;
obj.letter = 'M';
fout.write((char *)(&obj), sizeof(obj));
```

这样就写入了整个结构。接下来是输入，用于输入的 read()函数的参数和 write()是完全一样的，使用方法也相同。输入如下：

```
ifstream fin("file.dat", ios::binary);
fin.read((char *)(&obj), sizeof(obj));
```

二进制文件比 ASCII 文件使用简单，但缺点是无法用文本编辑器编辑。下面介绍 ifstream 和 ofstream 对象的一些其它方法。

4. 更多方法

1) 检查文件

除了 open()和 close()方法外，还可以采用 good()方法返回一个布尔值，表示文件打开是否正确。

类似地，bad()方法可返回一个布尔值表示文件打开是否错误。如果出错，就不要继续操作。

此外，还有 fail()方法，和 bad()方法有点相似，但出错率没有 bad()方法那么严重。

2) 读文件

get()方法：每次返回一个字符。

ignore(int，char)方法：跳过一定数量的某个字符，但必须传给它两个参数：第一个是需要跳过的字符数；第二个是一个字符，当遇到这个字符时程序就会停止。例如：

```
fin.ignore(100, 'n');
```

即跳过 100 个字符，或者不足 100 个字符时，跳过包括 n 之前的所有字符。

peek()方法：返回文件中的下一个字符，但并不实际读取它。所以如果用 peek()方法查看下一个字符，用 get() 在 peek()之后读取，就会得到同一个字符，然后移动文件计数器。

putback(char)方法：输入字符，一次一个地到流输出中。这个函数确实存在。

3) 写文件

put(char)方法，每次向输出流中写入一个字符。

4) 打开文件

我们用以下语法打开二进制文件:

```
ofstream fout("file.dat", ios::binary);
```

其中，“ios::binary”是打开选项的额外标志。默认情况下，文件以 ASCII 方式打开，若不存在则创建，存在就覆盖。以下是一些额外的标志，可用来改变选项：

ios::app ：添加到文件尾。

ios::ate ：把文件标志放在末尾而非起始。

ios::trunc ：默认，截断并覆写文件。

ios::nocreate ：文件不存在也不创建。

ios::noreplace ：文件存在则错误。

5) 文件状态

状态函数是 eof()，它返回标志是否已经到了文件末尾，可用在循环中。例如，下面的代码段统计小写'e'在文件中出现的次数：

```
ifstream fin("file.txt");
char ch; int counter;
while (!fin.eof()) {
      ch = fin.get();
      if (ch == 'e' ) counter++;
}
fin.close();
```

还有很多方法，但是它们很少被使用。如有需要，读者可参考 C++书籍或者文件流的帮助文档。

本章小结

本章对基于 Linux 平台的程序设计进行了简要的介绍，首先介绍 C++的基本数据类型和一些参数、类定义，接着讲授面向对象 C++编程，对 C++程序编写的要点、难点和方法的掌握以实例作了介绍。

习　题

1. 头文件中 ifndef/define/endif 的作用是什么？

2. #include<file.h> 与 #include "file.h"的区别有哪些？

3. 利用流格式控制进行考核绩效成绩和姓名的输出，要求姓名左对齐，绩效考核成绩右对齐。

参 考 文 献

[1] 潘红，张同光. Linux 操作系统. 北京：高等教育出版社，2006.
[2] 谭浩强，陈明. Linux 基础与应用. 北京：清华大学出版社，2005.
[3] 雷震甲. 网络工程师教程. 2 版. 北京：清华大学出版社，2006.
[4] 姚华，姜广坤. Linux 操作系统. 大连：大连理工大学出版社，2006.
[5] 王奋乾. 电子商务平台的几种方案比较. 中国管理信息化，2008，11(21)：93-95.
[6] [美]Roderick W. Smith. Linux 工具集. 王军，译. 北京：电子工业出版社，2004.
[7] [美]Klaus Wehrle Frank Pahlke Hartmut Ritter，Daniel Muller Marc Bechler. Linux 网络体系结构：Linux 内核中网络协议的设计与实现. 汪青青，卢祖英，译. 北京：清华大学出版社，2006.
[8] 冯昊. Linux 服务器配置与管理. 北京：清华大学出版社，2005.
[9] 谭浩强. C 程序设计. 3 版. 北京：清华大学出版社，2005.
[10] 葛日波. C 语言程序设计. 北京：北京邮电大学出版社，2008.
[11] 夏涛. C 语言程序设计. 北京：北京邮电大学出版社，2007.